U0210730

本书的主要研究内容得到国家自然科学基金项目（51078093，51278137）、广州市科技计划项目（12C42011564）资助。

结构变形检测的数字图像法

袁向荣　著

科 学 出 版 社

北 京

内 容 简 介

本书介绍工程结构静、动变形检测的一些数字图像技术，包括结构检测的数字图像技术发展状况，图像采集设备，数字图像、视频的基本处理技术，结构变形检测的整像素方法和亚像素方法。重点介绍亚像素边缘检测方法，同时介绍数字图像和视频技术在结构静动试验检测方面的应用，以及数字图像技术在结构虚实结合施工控制探索方面的应用。图像及视频检测应用包括索、简支梁、连续梁、桁架梁、箱梁、斜拉桥等模型试验及车桥耦合振动模型试验。

本书可作为工程结构检测、试验方面科研及技术人员的自学读物，也可供高等院校师生学习参考。

图书在版编目(CIP)数据

结构变形检测的数字图像法/袁向荣著. —北京：科学出版社，2017.8

ISBN 978-7-03-053505-4

I. ①结… II. ①袁… III. ①数字图象－应用－土木结构－变形－检测－研究 IV. ①TU317

中国版本图书馆 CIP 数据核字（2017）第 136343 号

责任编辑：郭勇斌 邓新平 欧晓娟 / 责任校对：彭珍珍
责任印制：徐晓晨 / 封面设计：蔡美宇

科学出版社出版
北京东黄城根北街 16 号
邮政编码：100717
http://www.sciencep.com

北京中石油彩色印刷有限责任公司 印刷

科学出版社发行 各地新华书店经销

*

2017 年 8 月第 一 版 开本：720×1000 1/16
2018 年 1 月第二次印刷 印张：12 1/2
字数：241 000

定价：68.00 元

（如有印装质量问题，我社负责调换）

前　言

我从 20 世纪 80 年代开始从事结构分析计算及检测试验方面的工作，90 年代开始从事模型修正、结构破损检测及健康评估工作，2005～2007 年参与了100 余座桥梁的现场试验工作。工作中常与同行学者进行交流，有的学者认为结构破损检测的工程实用性不理想，主要原因是结构识别理论研究方面的不足；目前工程试验的主要难点之一是海量数据的分析处理问题而不是数据采集的问题。对此，我有不同意见。按照目前的模型修正、参数识别及破损检测理论，在满足一定条件下，只要数据是完备的，即使数据误差较大，结构状态的识别也是可行的。主要问题是检测数据的完备性欠缺，虽然研究远说不上完善，但与检测数据（尤其是大型结构的检测数据）采集技术相比，识别理论的研究进展是明显超前的。现在的一些大型结构在建设时安装了实时监测设备，日积月累，检测数据是海量的，在分析处理过程中的存储量及计算量确实是个大问题。但这种实测数据在完备性方面是有先天不足的，数据的时间间隔以分钟甚至小时计，与采样定理要求的秒、亚秒甚至毫秒的要求相差甚远。与分析计算网格密度相比，检测点仅设置在结构的关键截面，网格密度很低甚至构不成网格。依据粗放的原始数据追求精细化的识别结果是不现实的。

基于上述想法，我从 10 年前开始将工作重点放在结构变形检测的数字图像研究方面，寻找某些完备性数据检测方案，使结构检测数据在空间和时间上与分析计算数据匹配，为建立与有限元代表的数字计算模型对应的数字试验模型打基础。本书算是这 10 年相关工作的总结。

第一章简要介绍结构变形检测的研究背景及现状。第二章介绍图像的基础知识、采集设备及相关技术。第三章介绍整像素处理方法，亚像素处理如形心法及数字图像相关的插值法。第四章介绍一维边缘检测法，第五章介绍二维边缘检测法。第六章介绍静变形检测，第一、二节的试验主要由研究生刘敏完成，他还做了一维边缘的多项式拟合编程工作，这也是本书有关工作中唯一由学生所做的编程工作。第七章介绍结构振动检测，该章及以后的内容涉及的所有方案、程序、技术、论文模板及多数设备由我提供。第一、二节的试验及数据处理主要由张盼和任张晨完成，第三节试验主要由董湘婉完成，第四节主要由徐旻杰和李昆伦完成。第八章介绍关于车桥耦合振动的同步检测，相关试验由徐文锋和吴晶完成，陈琨和廖晓云也做了相关数据处理工作，分析处理工作由我完成，学生的工作见参考文献。第九章介绍结构施工虚实控制方面的探索研究，第二节的计算由郑仰坤完成，第三节的试验主要由胡帮义完成，第四节的试验主要由罗川舟和廖汇完成，第五节的试验主要由刘辉完成。第十章内容是传统方法进行结构振动试验，第二节的试验主要由我和郑仰坤完成，第三节的试验主要由罗川舟完成，第四节的试验主要由胡帮义和任张晨完成，第五和第七节的试验主要由刘辉完成，第六和第八节的试验主要由胡帮义完成，第九节的试验主要由陈尧元完成。

限于作者的学识和研究水平，本书难免有疏漏之处，希望专家、读者指正。

作　者

目　录

第一章 概　述

工程结构的静态变形包括静位移、转角和应变，主要的动态变形包括动位移、速度、加速度、动应变。

结构变形是反映结构状态的重要指标。结构设计和计算时可以由结构内力和结构变形表征结构的状态。结构检测时，内力检测通常较困难，一般由检测变形推导结构内力。工程结构试验的目的通常是根据结构变形检测结果评估结构的状态。例如，公路桥梁检测方法规定，按照桥梁最大实测挠度与应变、最大残余挠度与应变满足一定的限值，判断桥梁的承载能力和使用性能。大量关于结构完整性评估和破损检测的研究理论和实践，也是以结构检测变形为基础的。

第一节　传统变形检测

传统的变形检测仪器有机械式测试仪器、电测仪器、光学仪器、声学仪器、复合式仪器和伺服式仪器等。

常规的结构检测方法常用加速度计、速度计、顶杆式或拉线式或吊锤式位移计、电阻式应变计、振弦式应变计、连通式位移测量仪、靶标式光电挠度仪、百分表、千分表或水准仪进行检测。

加速度计和应变计应用最广泛。加速度属于结构的整体动态变形，加速度计属于惯性式传感器，适用于被测结构振动频率远小于传感器固有频率的情况，桥梁结构振动频率一般在数十赫兹以下，传感器选择范围较大，压电式、压阻式和电容式均可。应变属于结构局部变形，常用的应变计有电阻式、电容式、光纤光栅式和振弦式等，电阻式和振弦式属于点式传感器，应用最广；电容式和光纤光栅式已经开发出线状或面状分布式传感器，但在精度、适用、操作及灵敏度方面远不如电阻式和振弦式应变计。

惯性式位移计要求被测结构振动频率远大于传感器的固有频率。中、大型桥梁基频只有几赫兹，甚至低于 1 Hz，传感器做不到远低于此的低频，有时采用悬吊重锤的方式降低传感器的固有频率，但低频检测的效果仍然不好。水准仪只适用于静位移检测且费时费力。百分表只能检测静位移且必须有固定参考点，桥梁检测须搭支架，对跨河、跨线桥实施困难。靶标式光电挠度仪，一仪一靶，一次测一点，效率不高。顶杆式或拉线式位移计属于点式传感器，可以接多通道采集仪，同时检测多个点，对于跨河、跨线桥，顶杆或拉线要在河底或交通繁忙的路线上固定有困难。倾角仪在精度、灵敏度及操作方面都适合桥梁检测，但倾角检测的需求不足，一般是通过倾角检测间接识别桥梁的挠度。

结构振动检测的速度传感器应用较少，惯性式速度传感器要求被测结构振动频率等于传感器的固有频率，通常很难满足这个条件，检测误差较大。

工程结构检测技术发展过程中，一些结合信息、电子等新技术的手段、设备逐渐普及，其中较成功的有光纤光栅、红外、超声、雷达、激光、GPS、图像和视频等无损检测技术。GPS 可以检测结构静、动变形，采样频率最高可达 60 Hz，满足桥梁振动检测要求。其水平面精度在亚厘米级，垂直面精度在厘米级，适用于千米级跨径的桥梁跨中部分的检测，其他情况下精度有所不足。

由于如上所述传感器安装方面的局限，桥梁振动试验中常常只采用惯性式传感器，即只检测加速度、动应变或倾角。如果需要了解位移或速度可采用数字积分方法。加速度对时间积分一次得速度，再积分一次得位移，积分需要 2 个积分常数，第一个可以假定桥梁初始静止，即初始加速度为 0，第二个可以假定桥梁挠度在支座处为 0 间接获得。位移也可以由倾角和应变在空间积分获得，应变积分一次得倾角，倾角积分一次得位移。积分的局限一是数据的完整性，二是信噪比。由积分获得挠度，要求倾角和应变测点沿桥梁纵向有较高的分布密度。检测数据一般都含噪声信号，应按随机过程分析处理。理论角度，通常意义的积分不成立，应采用统计意义上的积分。近似情况下，采用数值积分，效果受噪声的影响较大。

结构静、动变形检测在数据采集设备方面和数据处理方面采用新技术较多，发展较快，但在新型采集手段和新型采集传感器开发方面发展较慢，变形检测主要是点式检测，这些检测手段有共同缺点：①只能检测系统的有限个测点；②传统检测一般是接触式，对于危险、有害和难以接近的部位，如高温、有毒环境及高悬部位，难以设置测点，现有的无线检测设备，仍然需要在测点设置传感器和信号发射装置；③对移动体和固定体检测时，如车辆和道路、轨道、桥梁的检测，车辆是用车载设备进行检测，道路、轨道、桥梁是在结构或地面上固定设备进行检测，难以进行同步检测。

结构理论分析方面，以常微分或偏微分方程描述的结构变形是空间连续的，或者说是有无穷个点的变形。计算方面，有限元描述的结构变形与理论分析结构变形同属全域高密度完备性的（Full Field，Intensive，Completeness），计算网格是离散的。与计算网格相比，检测点也是离散的，检测网格极为粗略，甚至不能构成检测网格，检测数据极不完整。

根据检测数据评估结构状态是工程试验的主要任务，如果检测数据相对系统分析数据是完备的或充分多的，对系统的评估无论是理论上还是实践上都可证明是有效的，但各种传统检测元器件的尺寸相对大型工程来说是非常小的，基本上属于点式检测。一般的工程检测，应变、位移或加速度测点数十个，依据这么少的数据对庞大体积的工程结构进行状态评估是不可能全面的。通过仿真和模型试验，由静应变、位移及频率振型识别如梁、索、板等构件的局部破损，现有的研究成果充分证实了全域空间高密度检测数据对识别工作的重要性[1, 2]。

位移、加速度属于结构的整体变形，如果结构存在局部破损导致刚度下降，结构位移和加速度幅值会增大，由此可以判断结构整体出现问题，但难以直接判断破损位置。理论上，结构局部破损不影响结构整体变形的连续性，局部破损严重时，结构整体变形增大，但在破损处没有明显突变，连续性变形的离散型采集数据直观上较光滑。整体变形只是隐含结构局部异常信息。对位移或加速度数据进行分析处理，如采用奇异值分解或小波分析等方法，在数据完整及信噪比较好的情况下，可以提取破损位置处的突变，获取破损位置及程度的相关信息。这里的数据完整是指在破损位置及其领域有较高空间分布密度的检测数据。整体变形中提取局部异常信息的效果受噪声、数据误差的影响较大，对轻微异常信息的提取效果也不好。

应变属于结构的局部变形，刚度连续的结构其应变也是连续的，结构截面局部突变，对应地应变也发生突变。局部破损导致局部刚度下降，局部应变突然增大，但其邻域应变变化不明显。应变检测可以直接识别破损部位及程度，前提条件是破损部位及邻域的应变检测数据是高密度的。

整体变形与局部变形可以相互转换。如杆的伸缩应变是位移的一阶导数，梁的弯曲应变是位移的二阶导数。实测应变可以采用数值积分得到整体位移，实测位移可以通过差分得到局部应变。两种方法都在结构试验中有应用。

工程实践方面，在一些实验结构及大型工程结构上安装了应变、加速度等监测装置，长期采集数据，日积月累形成海量数据，这些数据是通过结构上有限的、稀疏的测点收集到的，虽然这些测点均设置在结构的关键部位，对所测海量数据进行正确适当有效分析处理，可以在一定程度上了解系统的整体状态，但不能据此对测点以外结构局部状态进行评估。

用于混凝土结构检测的应变片一般不足 10 cm，振弦式应变计约 15 cm，用于钢结构检测的应变片一般约 1 cm，用于工程结构的测量，即使覆盖几米范围的检测都需要设置大量的测点，无论是设备、耗材的花费方面还是人员操作方面，测点数目的要求是传统检测手段难以承受的，几乎不可能对结构的全域空间进行高密度检测。

因此，开发应用全域、高密度的变形检测方法，对于工程结构的安全监测和评估至关重要，数字图像技术可以实现这种检测。随着一些关键技术如高精度亚像素变形检测、三维变形立体图像检测、高速高分辨率图像采集等技术的进步，可以预测：数字图像技术将会在工程结构变形检测中逐渐发展并普及。一般的结构检查与检测的主要任务，如外观检查、裂缝监测等也将逐渐普及数字图像技术。

第二节 数字图像分析方法及结构变形检测

相对于传统检测方法，数字图像分析方法检测结构变形的主要优点在于可对系统进行全域空间高密度检测，可进行非接触式检测，可对移动体和固定体进行同时同步集成检测。

图像工程作为一门系统地研究各种图像理论、技术和应用的新的交叉学科得到学者的广泛认可[3-5]。各学科由于各自研究重点不同，在图像工程研究的各个领域取得的进展也不同。以工程结构变形检测为背景的研究，在图像变形检测方面成果很多，发展很快，检测精度最高。

利用光源设备进行结构检测的传统方法，如全息干涉、全息云纹、激光散斑干涉、电子散斑干涉等方法，通常采用专用设备在精心准备的试验环境下进行检测，检测精度可达到纳米级，但大多数现场工程检测和部分实验室内检测不适用这些检测方法。与此相比数字照相（Digital Camera，DC）、摄像（Digital Vidual，DV）变形检测技术不需专用设备，可以采用高档专用照相、摄像器材，也可以采用普通常用的照相机、摄像机，对试验环境也没有特殊要求。

数字图像于 1982 年开始被用于表面位移和应变检测[6]，此后应用数字图像进行结构检测的研究逐渐展开[7-14]，采用的主要方法有数字图像相关（Digital Image Correlation，DIC）法、边缘检测（Edge Detection，ED）法、模板匹配（Pattern Match，PM）法和区域形心（Region Centroid，RC）法等。

DIC 法是采用人工或自然表面斑点图案（Speckle Pattern）为信息载体，对被测物体变形前后采集的图像进行相关分析，以获得物体全域位移。一般是在图像上选择兴趣区域（Region of Interest，ROI，也称模板 template）为子区，在变形图像中找到与参考图像子区完全相关或相关性最大的子区，其对应的像素位移值即为该子区对应点的可能位移值。可以取两子区对应矩阵函数差的范数为目标函数[15]，将图像分析问题变成数学上的优化问题，也有采用相关系数为目标函数[16-20]，即取函数差的范数除以参考矩阵的范数为相似系数。人工标记可以是随机分布斑点[15]，可以是规则的或不规则的网格，选择网格的节点为模板的中心。相关研究认为 DIC 法用于应变检测，检测精度与模板大小等因素有关。应用 DIC 法识别平面图像位移矢量的平移和转角可以检测结构的面外位移和三维位移[8, 22]。实验表明 DIC 法检测结果与传统检测方法的结果高度一致[23]，并且弥补了传统检测方法的一些缺陷，但变形较大时，要匹配到参考图像相应的点较困难。对 DIC 法进行各种改进并对各种方法进行比较评述应用的研究较多[24-26]。

ED 法是分别检测参考图像和变形图像中特征区域的边缘，由边缘像素的位移值得到对应部位的结构变形。在数字图像中的边缘处灰度不连续，常采用一阶导数和二阶导数来检测边缘，数字求导是利用差分完成的，由此出现了各种边缘检测的算子，较常用的有 Roberts 算子、Prewitt 算子、Sobel 算子、Kirsch 算子[27]、Marr-Hildreth 算子[28]、Canny 算子[29]等，采用这些方法，边缘检测的精度是像素级的。结构检测对精度要求较高，因此有必要将检测精度提高到亚像素级[30]。主要的亚像素边缘检测方法有：Tabatabai 提出的基于矩保持的技术[31]，定义一个算子，当它用于实际的边缘时产生一个理想边缘，这两个边缘像素的前 3 阶矩相等，由此可算出边缘的亚像素位置；Fu 提出的拟合法，采用 6 阶多项式函数拟合边缘灰度强度曲线[32]，由灰度的一、二阶导数确定边缘位置；Ye 提出的采用高斯函数与阶跃函数的卷积为边缘灰度强度的估计方法[33]，其中高斯函数的参变量为像素坐标，平面情况下，边缘像素纵坐标与横坐标的关系用抛物线函数描述，估计灰度与图像灰度差的范数为目标函数，采用修正的牛顿方法解优化方程，采用合成图像检验，噪声标准差与边缘对比度的比为 1%时边缘检测绝对最大误差为 0.0476 像素，平均误差为 0.0058 像素，采用模型试验检验，分辨率为 2048×2048 像素照相机，钢梁模型尺寸为 1092 mm×152 mm×6 mm，与 0.0025 mm 精度千分表检测结果相比误差为 0.3%和 0.6%；还有的学者采用样条函数、多尺度分析、小波分析、模糊集等方法研究边缘亚像素检测的算法[34-38]。

笔者通过人工生成图像和静载模型试验图像，研究了多种边缘检测技术，通过比较认为：①6、7 阶多项式拟合识别结果最好；②对模型梁边缘检测结果进行处理，有效地识别了梁的局部破损[1, 39]；③图像检测模型边缘曲线平滑性不好，采用小波分析法对其进行处理，可获得较平滑的边缘曲线[40, 41]；④采用一维 DIC 法进行边缘检测研究，计算量远小于二维 DIC 法和常用的边缘检测算法[42]；⑤为提高边缘识别精度尝试了一种滑动拟合图像灰度的边缘识别方法[43]；⑥多项式拟合跨边缘灰度曲线，拟合精度取决于多项式阶数，阶数高于 6 阶以后，因为病态识别方程的缘故，拟合效果不再提高，为此提出了正交多项式拟合方法[44]，利用多项式的正交性将识别方程对角化，可由简单的除法识别多项式系数，可采用高阶多项式，提高拟合精度；⑦通过对边缘识别精度较好的高斯边缘法[33]展开研究，认为二维边缘模型识别效果较好，提出了二维多项式边缘拟合法[45]；⑧对于二维正交多项式拟合法[46]，二维方法边缘识别精度优于一维方法，识别精度略逊于高斯边缘模型法，但识别简便，计算量方面优于高斯边缘模型法。

PM 法是指在参考和变形图像中预先选定一个模板（子图像），并对两个模板进行相关运算[47]，根据相关运算结果确定变形量。文献[48]介绍了 PM 法在一座三跨混凝土连续梁桥现场试验中的应用，100 m 距离的静挠度遥测结果与百分表检测结果的误差在 5%以内。图像处理中的模板匹配法及其他类匹配法，其匹配都是通过相关计算进行的，可以算作 DIC 法的一种。模板匹配检测的是模板所在点的变形，属于点式检测。

RC 法是选定参考和变形图像中某个或某些区域，计算区域的形心，由区域形心的变化计算变形量。区域识别和形心识别均采用整像素计算，方法简便计算量小，识别的形心位置为亚像素精度[49]。区域选定一般采用图像分割算法和边缘检测法，如果采用亚像素边缘检测选定区域，形心识别也采用亚像素方法，可以进一步提高检测精度。

图像检测的结构变形一般是位移，DIC 法中，变形图像坐标常采用泰勒级数按位移及其一、二阶导数展开。结构弯曲位移的一阶导数为转角，二阶导数为应变，因此，DIC 法 0 次近似可以识别位移，一次近似可以识别转角，二次近似可以识别应变。边缘检测及形心法识别的是位移，可以在空间一次差分得到转角，二次差分得到应变，对时间一次差分得到速度，二次差分得到加速度。与积分相同，含噪声的函数通常意义的微分在理论上不成立，应采用统计意义的微分。近似计算和差分计算的效果受噪声的影响较大。

第三节　视频分析方法及结构振动测试

常见的视频采集分辨率有：①标清，640×480；②高清，1280×720、1920×1080；③4K，3840×2160、4096×2160；④8K，7680×4320、8192×4320。帧率：24，25，30，60，120，240（帧/秒，fps）。工业相机最高帧率可达 1000 fps 或更高。

视频分析第一步是将视频分解为图像，如长度 10 s 帧率为 30 fps 的视频文件，分解为 10×30=300 幅图像。以其中一幅图像为参考图像，依次对此图像序列按上一节所述方法进行分析处理，得到各幅图像中特征对象相对参考图像的变形，变形序列时间间隔为 1/30 s，例如，采用立体 DIC 法，变形是三维的，变形时间序列是四维的；采用平面 DIC 法，变形是二维的；采用 ED 法，变形是一维的；采用 PM 和 RC 法，检测结果与传统点检测一样，变形是单个标量，变形时间序列是一维的。

结构振动测量方面，目前处理结构振动视频图像的研究大致可分为五类：一是在被测物体上设置标识或特征靶，识别视频各帧图像中标识或特征靶的位置，采用 RC 法计算标识或靶的形心位置，得到物体振动的时间历程，研究成果有电池板[50]、钢丝绳[51, 52]、带钢[53]的振动测试，风洞试验模型振动测试[54]、弹簧摆内共振试验[55]，桥梁模型的主梁、支座及盖梁振动测试[56]，微机械驱动梁的振动测试[57]，火炮振动测试[58]，斜拉桥风洞试验中拉索振动测量[59]，等等。二是采用图像分割或边缘检测技术得到各帧图像中被测物体的轮廓，采用 RC 法计算此轮廓的形心位置得到物体振动时间历程，研究成果有弓网振动检测[60]、刚体二维平动振动检测[61]、破碎机锥头振动检测[62]等。三是模板匹配，对振动结构标记人为散斑或者利用结构本身天然散斑进行目标匹配，以获得目标点位移[63]。四是DIC法，例如，美国CSI公司（Correlated Solutions Inc.）的Vic-3D/2D非接触应变测量系统，采用DIC法为结构试验提供二维、三维空间内全视野的形貌、静动位移及应变数据测量，应用领域小至纳米级的MEMS微机电传感器、IC芯片、生物组织，大至飞机机翼、气球、建筑物、桥梁等[64]。五是采用边缘检测技术识别各帧图像中物体的边缘，得到边缘上各个点的时间历程，梁振动检测方面，较简便的是整像素边缘识别结构的振动[65]，精度较高的是亚像素边缘识别技术[66, 67]。前三种方法属点检测范围，第五种是线检测，第四种可以进行点、线、面的检测，甚至是体检测，PM法可认为是点检测的DIC法。由于计算量较大，面、体振动检测研究的很少，线振动检测也不多。相对于国内许多研究者侧重于点测量以识别结构频率及阻尼，本书的研究着眼于振动数据场的测量，通过简支梁、连续梁和弦的测量，不仅识别结构的频率和阻尼，还可以识别其振型[66-70]。通过车致桥梁振动检测研究，可同时检测车、桥振动，还可得车的瞬时位置，可由测试数据进行车、桥系统参数和车、桥相互作用力的识别[71-75]。采用480P、720P和1080P视频可检测结构边缘至多640、1280和1920个点，识别的振型由数百个到近两千个点构成，相对于传统检测其优势是明显的。

桥梁振动检测中用的较多的是PM法，文献[76]、[77]介绍了桥梁模型试验中的应用，文献[78]介绍了青马大桥的振动测试，1000 m外遥测的最小位移在3 mm以内，检测结果与GPS检测结果吻合较好。文献[79]介绍了一个视觉检测系统在桥梁现场测试中的应用，采用PM法、ED法和DIC法检测列车通过时桥梁的振动。图像检测技术在土工测试中也有较好的应用，对结构变形检测有参考价值[80]。

本书的大部分内容是作者采用MATLAB编程完成的，因此书中的坐标系统也采用MATLAB的规定。图像的原点在左上角，水平轴指向右，垂直轴指向下，由函数imshow和imtool显示的图像采用这种坐标。绘图的坐标原点在左下角，垂直轴指向上，函数plot的绘图采用这种坐标。

参考文献

[1] 袁向荣，刘敏，蔡卡宏. 采用数字图像边缘检测法进行梁变形检测及破损识别[J]. 四川建筑科学研究，2013，39(1)：68-70.

[2] 袁向荣. 梁的破损对频率振型及振型曲率的影响[J]. 振动、测试与诊断，1994，14(2)：40-44.

[3] 章毓晋. 图像工程（上册）图像处理[M]. 第2版. 北京：清华大学出版社，2006.

[4] 章毓晋. 图像工程（中册）图像分析[M]. 第2版. 北京：清华大学出版社，2005.

[5] 章毓晋. 图像工程（下册）图像理解[M]. 第2版. 北京：清华大学出版社，2007.

[6] Peters W H，Ranson W F. Digital imaging techniques in experimental mechanics[J]. Optics Engineering，1982，21：427-431.

[7] Chu T C，Ranson W F，Sutton M A. Applications of digital-image-correlation techniques to experimental mechanics[J]. Experimental Mechanics，1985，9：232-245.

[8] Tay C J，Quan C G，Huang Y H，et al. Digital image correlation for whole field out-of-plane displacement measurement using a single camera[J]. Optics Communications，2005，251：23-36.

[9] 李定涛，孙志刚. 视觉检测试验平台的构建[J]. 机械与电子，2004，(4)：43-46.

[10] 耿涛，强锡富，张博明. 图像处理技术在材料表面形变测量中的应用[J]. 光学技术，2003，29(3)：304-306.

[11] 徐芳，刘友光，于承新，等. 利用数字摄影测量进行钢结构挠度的变形监测[J]. 武汉大学学报（信息科学版），2001，26(3)：256-260.

[12] 王国辉，马莉，彭宝富. 数字化近景摄影测量监测隧道洞室位移新技术的应用[J]. 铁道建筑，2005，11：40-41.

[13] 张祖勋，詹总谦，郑顺义. 摄影全站仪系统——数字摄影测量与全站仪的集成[J]. 测绘通报，2005，11：1-5.

[14] 范留明，李宁. 基于数码摄影技术的岩体裂隙测量方法初探[J]. 岩石力学与工程学报，2005，5：792-797.

[15] Hild F，Roux S. Digital image correlation：From displacement measurement to identification of elastic properties-a review[J]. Strain，2006，42：69-80.

[16] 方钦志，李慧敏，王铁军. 数字图像相关分析法增量位移场测试技术[J]. 应用力学学报，2007，24(4)：535-539.

[17] 潘兵，谢惠民，戴福隆. 数字图像相关亚像素位移测量算法的研究[J]. 力学学报，2007，39(2)：245-252.

[18] 潘兵，谢惠民，续伯钦，等. 应用数字图像相关方法测量含缺陷试样的全场变形[J]. 实验力学，2007，22(3-4)：379-384.

[19] 潘兵，谢惠民. 数字图像相关中基于位移场局部最小二乘拟合的全场应变测量[J]. 光学学报，2007，27(11)：1980-1986.

[20] 潘兵，谢惠民. 基于差分进化的数字图像相关方法[J]. 光电子•激光，2007，18(1)：100-103.

[21] Koljonen J，Kanniainen O，Alander J T. An implicit validation approach for digital image correlation based strain measurements[C]. BUROCON 2007，The International Conference on Computer as a Tool，Warsaw，Sept 9-12：250-257.

[22] Quan C G，Tay C J，Sun W，et al. Determination of the three-dimensional displacement using two-dimensional digital image correlation[J]. Applied Optics，2008，47(4)：583-593.

[23] 陈荣华，王路珍，孔海陵. 数字图像相关法在相似材料模拟试验中的应用[J]. 实验力学，

2007，22(6)：605-611.

[24] 杨勇，王琰蕾，李明，等. 高精度数字图像相关测量系统及其技术研究[J]. 光学学报，2006，26(2)：197-201.

[25] 孟利波. 数字散斑相关方法的研究和应用[D]. 北京：清华大学，2005.

[26] Zhang Y H，Wang L H，Ma C X. A new digital measurement method for accurate curve grinding process[J]. The International Journal of Advanced Manufacturing Technology，2008，36：305-314.

[27] 贺兴华，周媛媛，王继阳，等. MATLAB7.x 图像处理[M]. 北京：人民邮电出版社，2006.

[28] Marr D. Vision：A Computational Investigation into the Human Representation and Processing of Visual Information[M]. New York：W. H. Freeman and Company，1982.

[29] Canny J. A computational approach to edge detection[J]. IEEE Transactions on Pattern Analysis and Machine Intelligence，1986，8：679-698.

[30] 倪争技，张永康. 亚像素理论在图像边界处理中的应用研究[J]. 光学仪器，2006，28(3)：46-51.

[31] Tabatabai A J，Mitchell O R. Edge location to subpixel values in digital imagery[J]. IEEE Transactions on Pattern Analysis and Machine Intelligence，1984，6：188-201.

[32] Fu G K，Moosa A G. An optical approach to structural displacement measurement and its application[J]. Journal of Engineering Mechanics，2002，128(5)：511-520.

[33] Ye J，Fu G，Poudel U P. High-accuracy edge detection with blurred edge model[J]. Image and Vision Computing，2005，23：453-467.

[34] 李开宇. 基于B-样条插值的图像边缘检测[J]. 南京航空航天大学学报，2007，39(2)：198-203.

[35] 李建军，韦志辉，张正军. 基于多尺度多方向熵差的二值图像边缘检测法[J]. 智能控制、检测技术及应用，2007，36(10)：75-80.

[36] 康志伟，廖剑利，何怡刚. 基于提升算法的不可分离小波图像边缘检测[J]. 华中科技大学学报（自然科学版），2006，34(4)：56-62.

[37] 杜亚勤，郭雷，高世伟. 基于模糊集的图像边缘检测算法[J]. 电子测量与仪器学报，2007，21(6)：22-24.

[38] Hermosilla T，Bermejo E，Balaguer A. On-linear fourth-order image interpolation for subpixel edge detection and localization[J]. Image and Vision Computing，2008，26(9)：1240-1248.

[39] 刘敏. 数字图像处理技术在桥梁结构检测中的应用研究[D]. 广州：广州大学，2009.

[40] 胡朝辉，袁向荣. 图像测量技术在桥梁变形检测中的应用研究[J]. 长春工程学院学报（自然科学版），2009，10(3)：5-8.

[41] 胡朝辉，袁向荣，刘敏. 简支梁位移场小波去噪的试验研究[J]. 广州大学学报（自然科学版），2010，9(6)：50-53.

[42] 袁向荣. 梁变形检测的一维数字图像相关法[J]. 广州大学学报（自然科学版），2010，9(1)：54-56.
[43] 袁向荣. 边缘识别的多项式滑动拟合法[J]. 微型机与应用，2011，30(19)：44-46.
[44] 袁向荣. 边缘识别的正交多项式拟合及梁变形检测[J]. 实验室研究与探索，2013，32(10)：11-23.
[45] Yuan X R. 2-Dimension polynomial fitting for the edge detection[J]. Applied Mechanics and Materials. 2014，389：969-973.
[46] 袁向荣. 边缘识别的二维正交多项式拟合及结构变形检测[J]. 图学学报，2014，35(1)：79-85.
[47] 白顺科，汪凤泉. 振幅测量的平均成像方法[J]. 工程力学，1999，16(6)：107-112.
[48] 项贻强，李春辉，白桦. 新型非接触式桥梁挠度和变形的检测方法[J]. 中国市政工程，2010，(5)：66-68.
[49] 袁向荣，郑仰坤. 桁架结构施工控制虚实结合模拟研究[J]. 广州建筑，2016，44(3)：34-38.
[50] 周丽英，黄健. 冲击与振动参数可用数字化电视制作系统测量[J]. 振动与冲击，2001，20(3)：88-90.
[51] 孙伟，何小元. 数字图像相关方法在土木测试领域中的实验研究[J]. 南京航空航天大学学报，2009，41(2)：271-275.
[52] 朱艳君，肖兴明，甘立，等. 基于 CCD 图像传感器的提升机钢丝绳振动位移检测[J]. 矿山机械，2013，41(3)：64-66.
[53] 杨国田，金胜骞，卢兴国. 一种多通道视频同步采集方案[J]. 电子设计工程，2011，19(11)：68-70.
[54] 张征宇，喻波，罗川. 2.4m跨声速风洞的模型位移视频测量精度研究[J]. 实验流体力学，2011，25(4)：79-82.
[55] 司丽荣，张竞夫. 弹簧摆内共振现象的实验研究[J]. 物理实验，2012，22(3)：9-12.
[56] 田国伟，韩晓健，徐秀丽，等. 基于视频图像处理技术的振动台试验动态位移测量方法[J]. 世界地震工程，2011，37(3)：174-179.
[57] 李文望，王凌云. 微机械隧道陀螺的振动特性测试[J]. 中国测试，2011，37(1)：10-12.
[58] 欧克寅，傅建平，张培林，等. 基于视频图像技术的火炮射击时振动测试[J]. 四川兵工学报，2008，29(5)：22-25.
[59] 陈艾荣，涂熙，马如进. 斜拉桥气弹模型拉索振动数字摄影测量技术[J]. 同济大学学报（自然科学版），2011，39(10)：1447-1451.
[60] 彭威，贺德强，苗剑，等. 弓网状态监测与故障诊断方法研究[J]. 广西大学学报（自然科学版），2011，36(5)：718-722.
[61] 吴学功，张文锦. 利用普通摄像头实现振动的实时测量[J]. 电子工程师，2006，32(7)：4-7.
[62] 夏晓鸥，蔡美峰，陈帮. 利用数字图像处理技术测量机械运动轨迹的研究[J]. 矿山机械，

2008，36(9)：71-73.
[63] 段元锋，姜平安，叶贵如，等. 应用数字散斑相关法测量结构振动位移和频率[J]. 公路交通科技，2011，28(6)：75-82.
[64] 何能，廖海黎，杨晓龙. 非接触式全场应变及3D位移测量仪在建筑类风洞试验中的应用[C]. 中国空气动力学会测控技术专委会第六届四次学术交流会论文集，2013.
[65] 邱志成，张祥通. 基于视觉的柔性结构振动测量及其控制[J]. 振动、测试与诊断，2012，32(11)：11-16.
[66] 胡朝辉，袁向荣. 振动试验视频图像测试技术[J]. 噪声与振动控制，2011，31(3)：162-165.
[67] 王爱云，胡朝辉. 利用数字图像边缘检测识别梁的模态参数[J]. 低温建筑技术，2012，(4)：54-56.
[68] 黄文，袁向荣. 视频图像振动测试技术研究[J]. 微型机与应用，2011，30(22)：62-64.
[69] 刘超. 基于图像处理技术的连续梁结构振动测试应用研究[J]. 甘肃科技，2014，30(8)：113-115.
[70] 张盼. 基于视频图像量测技术的两跨连续梁振动研究[D]. 广州：广州大学，2016.
[71] Wu J，Yuan X R. Edge detection technology and its application in the model test of Vehicle bridge coupled vibration[J]. Advanced Materials Research ，2014，919-921：373-377.
[72] 徐文锋. 数字图像处理技术在车桥耦合振动分析中的探索研究[D]. 广州：广州大学，2012
[73] 吴晶. 基于图像检测的车桥耦合振动及冲击系数研究[D]. 广州：广州大学，2013.
[74] 陈琨. 基于图像检测技术的车桥耦合振动系统参数识别研究[D]. 广州：广州大学，2014.
[75] 袁向荣. 车桥耦合振动系统数字图像法动力学检测及系统参数识别研究[R]. 国家自然科学基金资助项目结题报告，2013.
[76] 李玲，涂熙，王磊，等. 桁梁局部破断试验中动位移的数字图像测量[J]. 结构工程师，2010，26(1)：113-117.
[77] 段元锋，姜平安，叶贵如，等. 应用数字散斑相关法测量结构振动位移和频率[J]. 公路交通科技，2011，28(6)：75-82.
[78] 叶肖伟，张小明，倪一清，等. 基于机器视觉技术的桥梁挠度测试方法[J]. 浙江大学学报（工学版），2014，48(5)：813-819.
[79] Busca G，Cigada A，Mazzoleni P，et al. Vibration monitoring of multiple bridge points by means of a unique vision-based measuring system[J]. Experimental Mechanics，2014，54(2)：255-271.
[80] 刘松玉，蔡正银. 土工测试技术发展综述[J]. 土木工程学报，2012，45(3)：151-165.

第二章　数字图像及采集设备

第一节　数字图像的基本概念

图像是由各种观测系统以不同形式和手段观测世界获得的，可以直接或间接作用于人眼并进而产生视直觉的实体[1-3]。

常见图像大多是连续的，为了用计算机对图像进行处理，需要对连续性图像进行离散化，离散化图像即为数字图像。模拟采集设备采集的图像是连续的，如胶片相机拍摄的照片和视频。数字图像采集设备采集的图像是离散的数字图像，如数字照相和摄像采集的图像和视频，以及扫描仪得到的图像。数字图像中每个基本单元称为图像像素。

数字图像常用数组表示。二值图像即黑白图像，$n\times m$ 个像素图像用 $n\times m$ 的二维数组表示，数组元素取值为 0 或 1，分别表示黑或白如图 2-1 所示。$n\times m$ 称为此图像的分辨率。

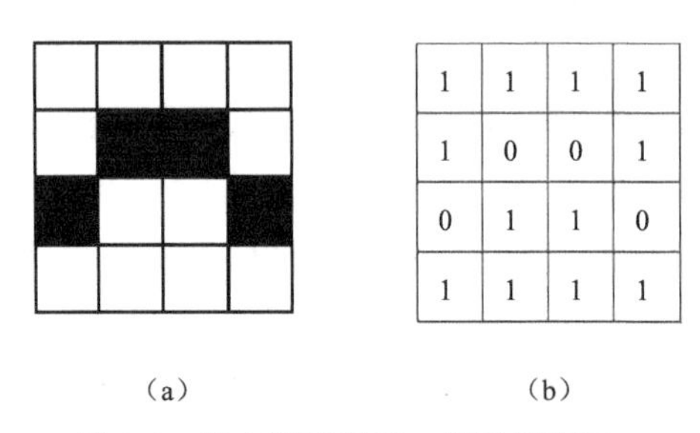

1	1	1	1
1	0	0	1
0	1	1	0
1	1	1	1

（a）　　　　（b）

图 2-1　黑白图像及其二维数组表示

灰度图像用二维数组表示，数组的元素为整数，8 位灰度图像的元素取值范围为 0～255，0 为黑，255 为白。MATLAB 支持整数型和双精度型两种灰度格式，双精度型取值范围为 0～1。图 2-2 为 60×60 灰度图像及像素灰度图。图像竖向正中间一条对应数组的第 30 列，即 G(1：60, 30)=[250 ⋯ 250 211 158 150 128 124 124 124 124 124 124 124 124 124 124 124 124 250 ⋯ 250]^{T}。图 2-2（a）为白底灰色带图像，图 2-2（b）为对应像素灰度图，图像中上下两个白色区域灰度值为 250，对应灰度图内外两个上平面，图像中部暗色区域灰度值 124，对应灰度图的下平面。图像灰色带上缘在横向 20 像素附近，下缘在横向 30 像素处。图像上边缘为过渡式边缘对应于像素灰度图中外侧曲面，一般称为缓坡型阶跃边缘，图像下边缘为断崖式边缘对应于像素灰度图中内侧转折面，称为直坡型阶跃边缘。

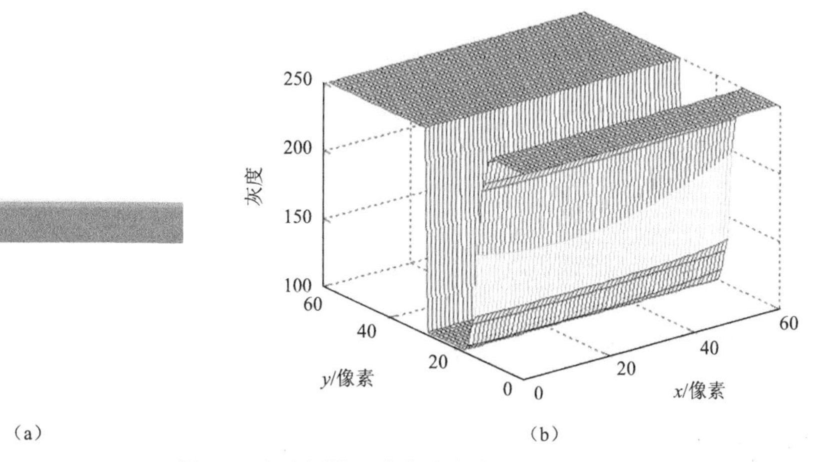

（a）　　（b）

图 2-2　灰度图像及其像素灰度图

彩色图像格式有索引色图像、RGB 图像等。$n \times m$ 个像素 RGB 图像用 $n \times m \times 3$ 的三维数组表示，24 位 RGB 图像中红、绿、蓝各占 8 位，位于(i, j)的像素红、绿、蓝颜色值分别存在$(i, j, 1)$ $(i, j, 2)$ $(i, j, 3)$，数组中各元素取值范围为 0～255。MATLAB 支持整数型和双精度型两种 RGB 格式，双精度型取值范围为 0～1。RGB 图像相当于三个分色图像，每个分色图像由一个二维数组表示。因此可用灰度图像处理方法分别处理 RGB 的三个分色图像，再综合分析三个处理结果。

第二节　数字图像采集设备

数字图像采集设备按简易到贵重大致可以分为网络摄像头、手机、卡片相机、便携式相机、微单相机、单电相机、单反相机、中画幅数码后背、工业用相机等，部分设备见图 2-3。各类照相设备大多具备摄像功能。同样各类摄像机大多具有照相功能。

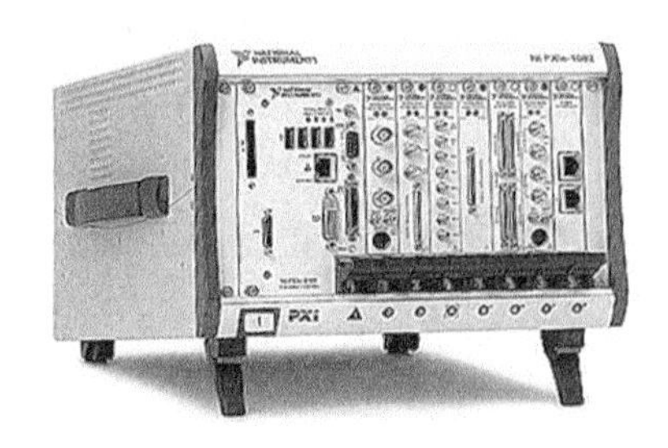

（a）计算机扩展式图像采集仪

（b）中画幅数码后背

（c）工业类摄像机

图 2-3 数字图像采集设备

硬件与软件决定了设备的价格和图像采集质量。软件包括设备控制及图像处理等软件，硬件包括机身和镜头。由于静、动变形检测与图像分辨率和帧率密切相关，这里仅简单介绍感光元器件和帧率。目前最常用的两种感光元器件为电荷耦合器件（Charge Coupled Device，CCD）和互补金属氧化物半导体（Complementary Metal Oxide Semiconductor，CMOS）。现在的设备基本采用CMOS，新出设备采用 CCD 的已很少见。感光元器件两个主要参数为像素和尺寸。

网络摄像头（Webcam）分辨率多为 30 万像素（640×480），帧率 30 fps，较高端的采用了全高清感光元件，可采集 200 万像素图像或视频。

摄像机感光元件 CMOS 的尺寸约为 2/3 英寸①，高档设备尺寸要大一些，2012 年出现了全画幅消费级摄像机。帧率与分辨率为：PAL 制式 25 fps，41 万像素（720×576）；NTSC 制式 30 fps，35 万像素（720×486）；高清（1280×720）；全高清（1920×1080）；2K（2048×1080）；4K（3840×2160 或 4096×2160）；8K（7680×4320 或 8192×2160）。

数码相机感光元件规格沿用了摄像机 CCD 标准：1 英寸芯片长宽为 12.8 mm×9.6 mm，对角线长度为 16 mm。1/2.8 CCD 的对角线长度=16÷2.8=5.71 mm，边长为 4.59 mm×3.42 mm。

手机采用的 CMOS 尺寸约为 1/3.2 英寸，拍照分辨率在 1000 万像素左右，现在已有拍照手机采用 1/1.2 英寸 CMOS，分辨率达到 4000 万像素。

卡片机 CMOS 约为 1/2.5 英寸，便携相机约为 1/1.8～1 英寸，单反相机主要分为 4/3 系统、APS（有 C、H、P 三种）尺寸和全画幅，如图 2-4 所示，分辨率都超过了 1000 万像素。全画幅是指 135 胶卷对应的 36 mm×24 mm，各种全画幅数码相机采用的芯片尺寸与此接近，近年出产的全画幅数码单反相机像素大多在 2000 万以上，佳能 5DS，像素为 5060 万（8688×5792）。

数码后背多采用中画幅 CMOS，胶片时代中画幅常见尺寸为 60 mm×45 mm

① 1 英寸=2.54 cm，由于习惯及传统的原因，DC 及 DV 设备的感光元件中 1 英寸=1.6 cm。

和 60 mm×70 mm。数码时代普遍采用的中画幅，比胶片时代中画幅小，各种不同档次的中画幅数码后背，CMOS 尺寸有：44×33、48×36、56×36、60×60、60×70、60×80、60×90、60×120、6×170（mm×mm）等规格。商品化中画幅数码后背飞思 IQ280 分辨率已达到 8000 万（10328×7760）像素，CMOS 尺寸 53.7×40.4。感光元件尺寸见图 2-4。

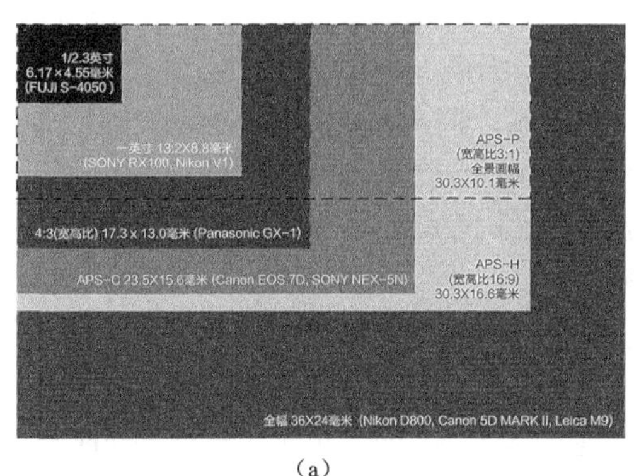

（a）

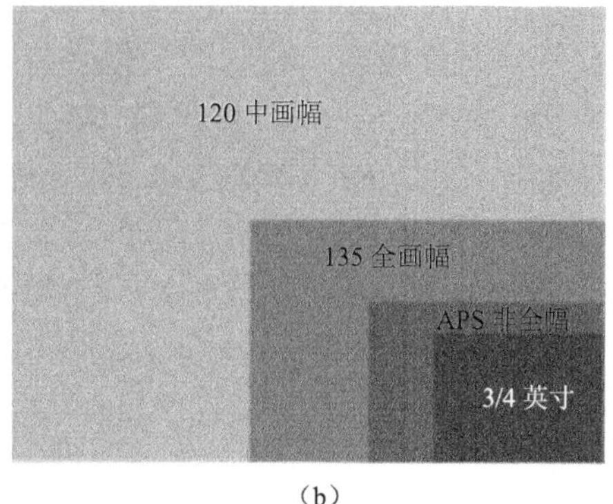

（b）

图 2-4　感光元件尺寸对比

大画幅起步是 4×5，还有 5×7，8×10，12×20，16×20（英寸×英寸），以及更多没有规格但是非常大的自制底片，大画幅使用的感光介质“胶片”是页片形式，搭配使用的设备也往往是特制的（图 2-5）。由于采用胶片，新设备较少，二手设备价格 1000 多元到 2 万多元的都有。大画幅相机，可以获得更出色的景深效果，细节表达方面也更加从容，也就是数码时代讲的分辨率更高。大画幅的底片尺寸巨大，正片胶卷甚至可以直接观看，无需冲印放大操作。还可以当作幻灯片投影出来。数码大画幅设备昂贵，普及率不高，seitz 公司的 160M Pix（图 2-6），感光元件 6×17（英寸×英寸），分辨率 7500×21250，约 29 万欧元。大画幅数字采集也有采用多块 CCD 或 CMOS 拼接成感光元件。

图 2-5 大画幅相机

图 2-6　大画幅数码相机

目前很多相机和手机具备辅助拼接功能，可连续扫描拍摄多幅图像，覆盖较大的场景，千万像素的相机可将多幅扫描图像拼接成上亿像素的图像。

同步监控摄像设备可同步数十个摄像头，覆盖较大的监测范围。

目前数千元的航拍无人机，遥控距离数公里，续航半小时，4K 分辨率，30 fps。

像素越高分辨率就越高。同样的分辨率，画幅越大单位像素尺寸越大，画质越细腻，价格也越昂贵。

图像采集设备单位时间采集字节率有限，因此采集帧率增加必然导致像素数减少。如 CANON SX40 便携式相机，拍摄短片的参数为：320×240，240 fps；640×480，120 fps；1280×720，30 fps；1980×1080，24 fps。CANON 5D4 参数：4096×2160，30 fps；1980×1080，60 fps；1280×720，120 fps。iPhone6 参数，1980×1080，120 fps；1280×720，240 fps。

工业用图像采集设备如 pco.dimax 采用的 CMOS 尺寸为 21.1 mm×15.8 mm，采集图像的参数为：最大像素 1920×1440，1107 fps；最小像素 144×16，100 755 fps。

有些数据采集设备制造企业也生产视觉检测设备，如 National Instrument（NI）基于计算机扩展仪器标准（PC eXtension Instrument，PXI）的视觉采集系统，由机箱、控制单元和图像采集单元组成。计算机和相应的控制软件构成控制单元。采集单元为摄像设备接口，分模拟图像接口、IEEE 1394 接口、以太网接口和 Camera Link 接口。可按需要在机箱里插入各种接口，机箱分 4、6、8、14 和 18 槽的 3 或 6U 机箱（1U=44.45 mm），18 槽机箱有 16 个外围混合模块插槽。多个机箱可通过同步装置连接，以进行同步采集。

第三节　图像分辨率与结构变形检测精度

目前数字图像处理技术在各行业都有广泛的应用，在这些应用中大多以像素为基本单位，图像处理精度为整像素。在材料、力学等实验研究中，数字图像检测结构变形，亚像素检测精度较高水平的可达 0.01 像素，甚至 0.001 像素。

目前消费类和专业类相机中高像素已不鲜见，佳能 5DS，像素为 5060 万（8688×5792），尼康 D800，像素为 3600 万（7306×4912），索尼 α7RII，像素为 4240 万（7952×5304），适马 SD1 和宾得 645D 均为 4000 万像素，飞思 IQ180 中画幅数码后背达到 8000 万像素（10328×7760），是市场上一维像素超过 10 000 的第一种商业化相机。2016 年佳能推出了 1.2 亿像素（13416×8944）的 CMOS。近两年生产的 DC、DV 很多具有 4K 视频采集功能。国际影像厂商 2012 年以来已推出 8K（7680×4320 或 8192×4320，120 fps）视频录制设备，16K 也提上了日程。

人工生成图像和结构模型图像检测，识别精度可达 0.01 像素，甚至 0.001 像素。静态检测结构位移，采用佳能 5DS 相机，像素为 5060 万（8688×5792），覆盖范围 8 m，每像素物理尺度约 1 mm，图像精确检测精度可达 0.01 像素，即物理精度达 0.01 mm；应变检测，测量长度为 L 的表面，每像素为 $L/8688$ 物理尺度，变形 1 像素且整像素识别时，应变为（$L/8688$）$/L=1/8688\approx1.15\times10^{-4}$，如果识别精度为 0.01 像素，则可识别最小为 1.15×10^{-6}，即 1.15 的微应变。对于结构进行大范围检测时，还可采用多通道监控设备同步采集图像的方式。采用固定摄像的情况下，小范围覆盖检测振动位移，如果设置图像水平采集范围为 4 m，4K 视频像素为 4096×2160，图像精确检测物理精度达 0.01 mm，粗检测也可达 0.05 mm，可以满足土木结构振动的检测。采用 16 路监控设备，按 150 fps，2M（1920×1080）视频，16×1920=30720，覆盖范围 30 m，振动位移精度可达 0.05 mm，采样频率 75 Hz。按 20 fps，8M（3264×2448）视频，同样覆盖范围精度提高到 0.03 mm，可采集频率在 10 Hz 以下的结构振动。若将来采用佳能最新的设备覆盖范围更大。

目前已经有 1.2 亿像素（13416×8944）的 CMOS 元件，是佳能 5DS 分辨率的 2 倍。图像采集设备，分辨率高达 800 万像素，二维像素为普通全高清的 4 倍，一维像素约为全高清设备的 2 倍，检测精度可相应提高。全高清采集，帧频 1000 fps 甚至更高，可检测频率 500 Hz 以下的物体振动。8K（7680×4320 像素，120 fps）或更高分辨率视频采集设备面世以后，将会实现更大范围更精细的振动检测。数字图像法变形检测精度相当于或优于很多传统检测手段，检测覆盖范围远远超过传统检测。

第四节　MATLAB 中数字图像采集及存取

首先将图像采集设备连接到计算机上，可以由 USB 接口、IEEE1394 接口、以太网接口接入图像采集设备。

在 MATLAB 工作空间输入：

imaqtool

打开图像采集工具，如图 2-7 所示。

图 2-7　MATLAB 图像采集工具窗

在硬件浏览窗可以查看所有连接在计算机上的图像采集设备，包括计算机内置设备。如果要查看工具箱打开后新接入的设备，选择 Tools > Refresh Image Acquisition Hardware。

图像采集过程如下：

（1）选择设备和格式。左击硬件浏览窗中的设备和格式。

（2）设置采集参数。在图 2-8 的采集参数窗中，在 General 栏选择采集帧数和色彩格式；在设备属性栏选择亮度、对比度、帧率、饱和度、锐度、白平衡、变焦等；在记录栏选择记录位置（内存或硬盘），若记录到磁盘，选择文件名、压缩方式、帧率等；在触发栏选择立即或手动触发方式；在兴趣区域栏选择图像中的兴趣区域。

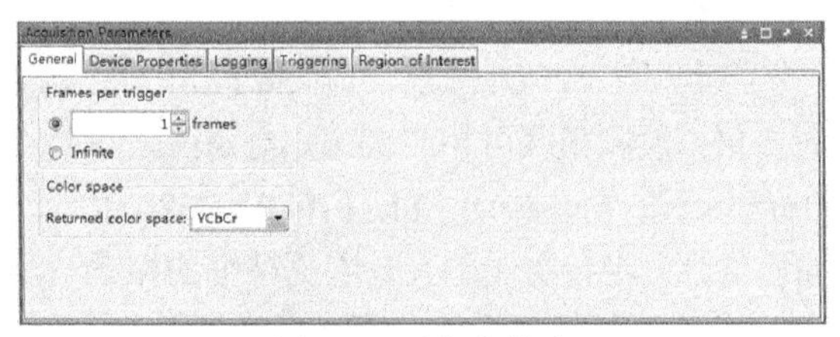

图 2-8　采集参数窗

（3）预览和采集图像。在图像预览窗左击 Start Preview 和 Stop Preview 预览图像。左击 Start Acquisition 开始采集，如果设置手动触发，还须左击 Trigger 开始采集。左击 Stop Acquisition 停止采集。左击 Export Data 输出数据。可以选择按变量输出到工作空间、MAT 文件，或者直接输出为 AVI 格式文件。

图 2-9 会话记录窗会显示以上所有操作，在 MATLAB 工作空间执行这些操作（命令）可以重复以上采集过程。左击窗口左上角存储按钮，可以将此命令序列存为 m 文件，供以后编辑和运行。根据此 m 文件可以了解 MATLAB 的图像采集命令，不用其工具也可进行图像采集。

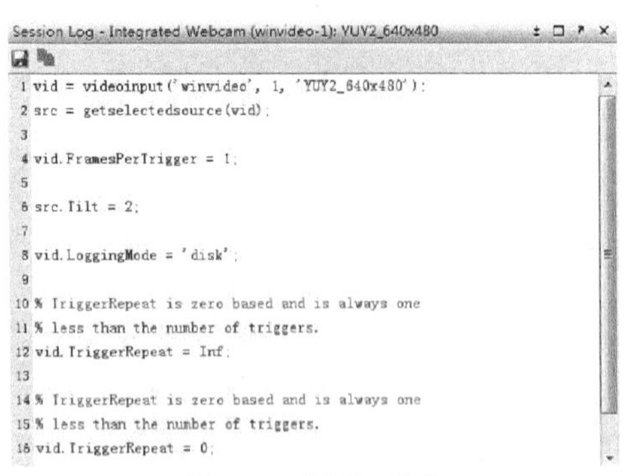

图 2-9　会话记录窗

如果不是由 MATLAB 采集的图像也可以读取到 MATLAB 工作空间。

可由 imread 命令读取各种图像文件。由 mmreader 类读取视频文件。mmreader 类支持 Motion JPEG 2000 (.mj2)、AVI (.avi)、MPEG-1 (.mpg)、Windows Media Video (.wmv, .asf, .asx)和 Microsoft DirectShow 支持的任意格式文件。

如果是 mmreader 不支持的视频格式，可以通过视频格式转换软件将文件转换为 mmreader 类支持的视频格式。

MATLAB 图像处理工具箱可以对图像进行处理，处理后的图像可以由 imwrite 命令存盘。一般不能对视频直接进行处理，需逐帧处理。

例 2.1　视频文件逐帧分解为图像序列。

```
flnm=['testavi.AVI'];  %视频文件名
xyloObj = mmreader(flnm);    %读取视频文件为对象xyloObj
nFrames = xyloObj.NumberOfFrames;  %对象属性之帧数
vidHeight = xyloObj.Height;        %对象属性之帧高
vidWidth = xyloObj.Width;          %对象属性之帧宽

% 预分配电影结构（Preallocate Movie Structure）
mov(1: nFrames) = ...
   struct('cdata', zeros(vidHeight, vidWidth, 3, 'uint8'),
'colormap', []);

nFrames1=301;nFrames2=400;  %起始帧和终止帧序号，截取原视频中兴趣
                             所在段
for k = nFrames1 : nFrames2
   mov(k).cdata = read(xyloObj, k);    %读取对象中的帧到电影结
                                         构中
end

for K=nFrames1: nFrames2;
   [Image,Map]=frame2im(mov(K));  %电影结构中的帧转换为图像
   Image1=rgb2gray(Image);         %彩色图像转换为灰度图像
   %imtool(Image);                 %显示图像
   flnmk=['testimage' num2str(K) '.jpg'];  %命名存盘文件名，
序
                                              列号为K
   imwrite(Image1,flnmk);        %灰度图像存盘
end
```

视频分解为图像序列后，可以对各幅图像进行处理，再由处理后的图像序列重构电影结构和视频对象。现在视频采集设备种类较多，采用第三方软件如 Adobe premiere pro（各种视频格式包括 4K 视频都能分解），将视频分解为图像序列，再由 MATLAB 处理比较方便。

第五节 NI 机器视觉系统的图像采集

美国国家仪器 NI 是 PXI 的创造者及业界领先的供应商。PCI 扩展仪器（PCI eXtensions for Instrumentation，PXI）是一种扩展的外部设备互联（Peripheral Component Interconnect，PCI）仪器设备，适用于测量的自动化系统。PXI 结合了 PCI 的电气总线特性、Compact PCI 的模块化及 Eurocard 机械封装的特性，并增加了专门的同步总线和主要软件特性。NI 机器视觉系统主要构成：①图 2-10 所示 PXI 机箱，有单槽和多槽式，最多达 18 槽，一个槽可嵌入一个模块，多个机箱可由同步设备并联，适应大规模同步检测。机箱可支持 NI 提供的 500 多种嵌入式模块，拆装便利。②图 2-11 所示 PXI 嵌入式实时控制器或机箱外接计算机。③图像采集卡，包括如图 2-12 所示的 IEEE1394 接口，如图 2-13 所示的 CameraLink 接口，如图 2-14 所示的 USB 接口及图 2-15 所示的以太网接口采集卡，以及接近淘汰的模拟采集卡、并行接口采集卡等。④操作软件 LabView。⑤可选软件包括视觉开发模块、自动监测视觉创建、视觉采集软件。

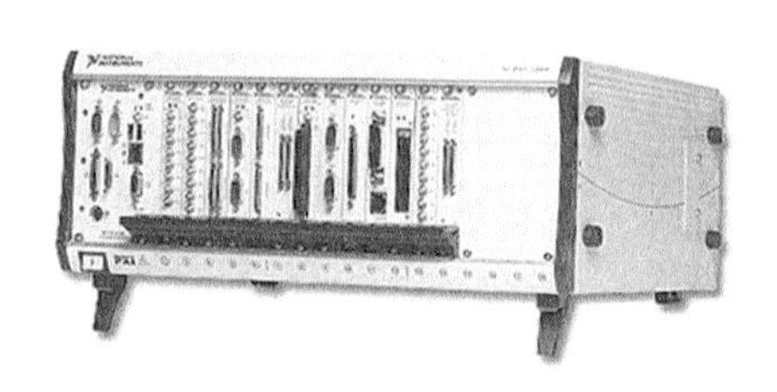

图 2-10 PXI 机箱

图 2-11 PXI 嵌入式实时控制器

图 2-12 IEEE 1394 接口采集卡

图 2-13 CameraLink 接口采集卡

图 2-14　USB 接口采集卡

图 2-15　以太网接口采集卡

图像采集时，运行 LabView，其中有大量虚拟仪器（VI）示例，在帮助文件中查找示例，如图 2-16 所示。按照图 2-17 的路径找到并打开图像采集及存储的 VI 示例。

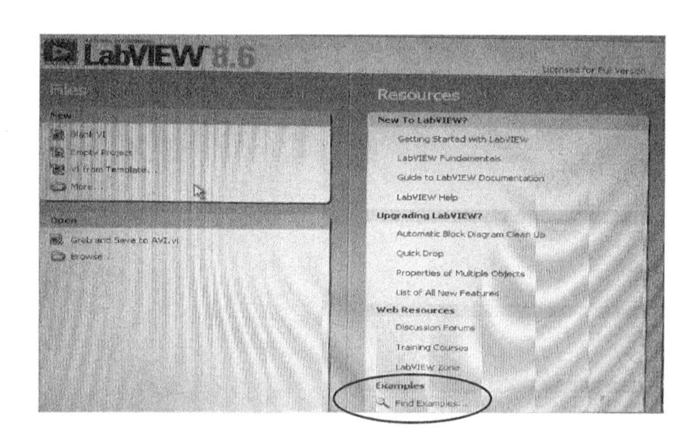

图 2-16　在 LabView 的帮助文件中查找 VI 示例

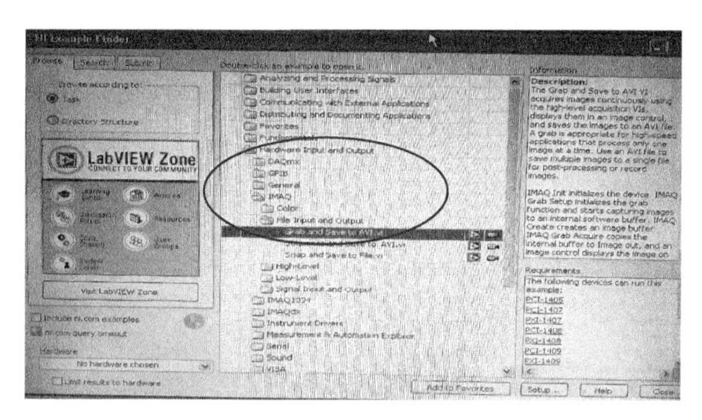

图 2-17　图像采集及存储的 VI 示例路径

示例简明易懂易学，在示例基础上再编程也较容易。NI 也提供其他图像采集函数及图像处理算法的软件。

参 考 文 献

[1] 章毓晋. 图像工程（上册）图像处理[M]. 第 2 版. 北京: 清华大学出版社，2006.
[2] 章毓晋. 图像工程（中册）图像分析[M]. 第 2 版. 北京: 清华大学出版社，2005.
[3] 章毓晋. 图像工程（下册）图像理解[M]. 第 2 版. 北京: 清华大学出版社，2007.

第三章　数字图像整像素处理方法及结构变形检测

MATLAB 的图像处理工具箱中的图像分割、边缘检测和图像相关函数可以用于结构变形检测，这些检测方法属于整像素检测，通过其他处理可以实现亚像素检测。

第一节　图像分割、形心检测及边缘检测

桁架计算无论是采用结构力学方法还是有限元法，主要是计算节点的位移，试验时可采用点检测的数字图像法。

对于图 3-1（a）所示的桁架灰度图像，采用 im2bw 函数将其变为图 3-1（b）所示的二值图像，可通过阈值调整，将节点区域分割出来。采用 regionprops 函数计算各分割区域的形心坐标，图 3-1（c）为形心位置，*和○是加权和未加权形心计算结果的标注。

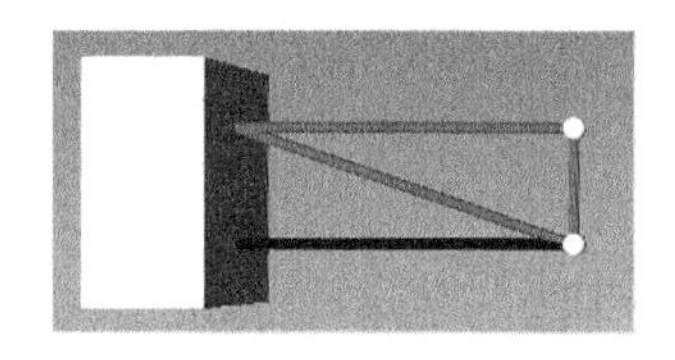

（a）灰度图像

（b）二值图像

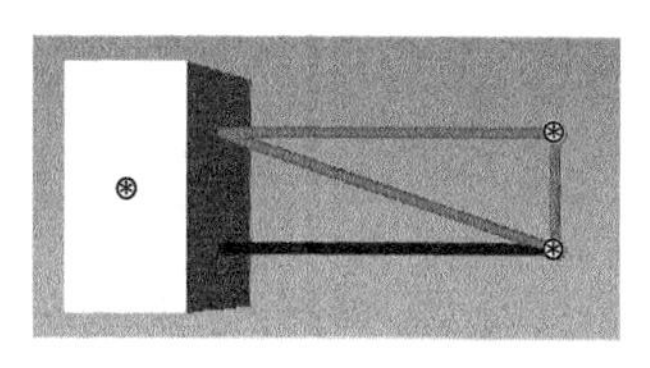

（c）形心位置

图 3-1　桁架图像

试验时，首先进行图像标定，确定图像尺寸与桁架物理尺寸的标定系数（单位：mm/像素）。以变形前的桁架图像为参考图像，检测的形心坐标为参考坐标，依次检测各级变形桁架图像的形心坐标，桁架坐标变化值乘以标定系数即为结构变形检测值。图像分割是整像素的，但形心坐标检测是亚像素的。方法应用及检测精度的讨论见第九章第二节。如果采用亚像素图像分割选出目标区域，再用亚像素方法识别目标区域的形心位置，可以进一步提高变形检测精度。

roicolor 函数可以从灰度图像或彩色图像中按灰度值或颜色值选择兴趣区域。对图 3-1 设置灰度上下限值，选择区域如图 3-2 所示。

im2bw 函数与 roicolor 函数类似，均是将各种类型图像转换为二值图像，区别是前者阈值设定为下限值，后者阈值设定为上、下限值，区域选择可以更灵活。

区域选定后，边界也就确定了。

对图 3-1 采用 canny 算子，边缘识别结果如图 3-3 所示。

图像分割及边缘检测结果为二值图像，白色为 1，黑色为 0。可用求极值法或判断值是否为 1 读取边缘位置。先将二值图像转换为整型或浮点型矩阵，由 max 函数求极值或由条件判断是否为 1，可求得对象的上边缘位置。将矩阵上下颠倒后再求极值或条件判断，可得对象下边缘位置。如果想检测中部某边缘，可由 roifill 函数填充该边缘上部非 0 区域，再求极值或判断。图 3-4 为图 3-3 中对象的下边缘识别。MATLAB 图像如图 3-1～图 3-3 所示，左上角为坐标原点，向右和向下为坐标轴正向。图 3-3 为 530×270 像素二值图像，下边缘自左至右的竖坐标，第 1 段为图像的下沿坐标 270；第 2 段为支墩的下边缘坐标 255；2、3 段结合部即支墩的竖边造成边缘一个缺口，对应图 3-4 边缘折线有一个脉冲，极值对应的是支墩的上边缘坐标 15；第 3 段为支墩下部另一条边，图 3-3 中略上倾的边缘；第 4 段为下弦杆的下边缘坐标 200；第 5 段为图像下沿坐标 270；4、5 段结合部圆节点对应图 3-4 边缘线上一个上凸。

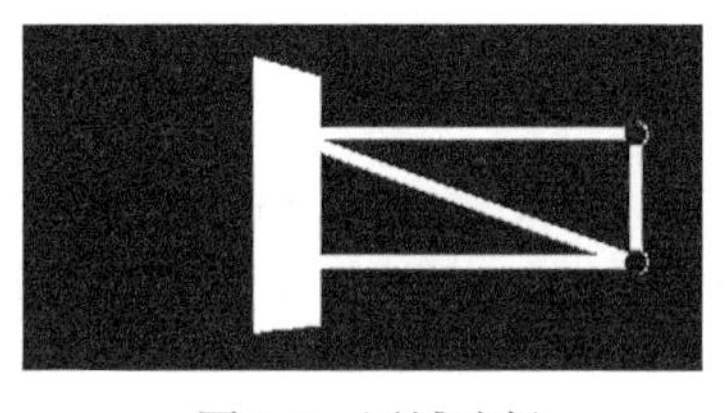

图 3-2　区域选择

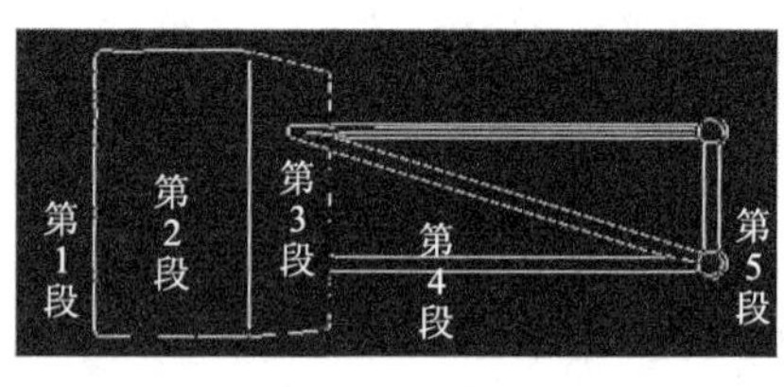

图 3-3　边缘检测

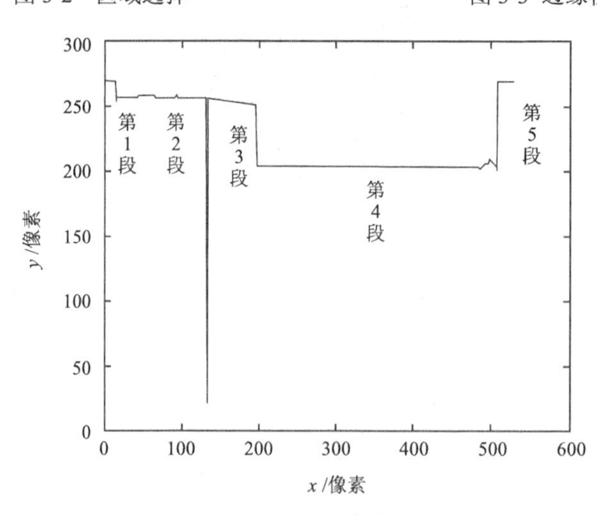

图 3-4　下边缘识别

图像分割中的方法，im2bw 函数采用单门限法，即根据经验及知识确定一个灰度的门限，将目标与背景分割开来。当图像曝光不均匀时，单门限可以将目标的一边与背景分开，另一边可能将太多的背景点当作目标点保留。这时可以采用

roicolor 函数，用双门限进行分割。

选择门限时，可以用 imtool 函数显示图像，图像下边会显示鼠标指针对应点的坐标及灰度值，鼠标指向目标或背景区域，可依据目标和背景灰度选择门限，也可以利用图像直方图（图 3-5）选择门限。背景与目标区域对应于直方图的两个峰，中间的低谷对应的灰度值可设为门限。

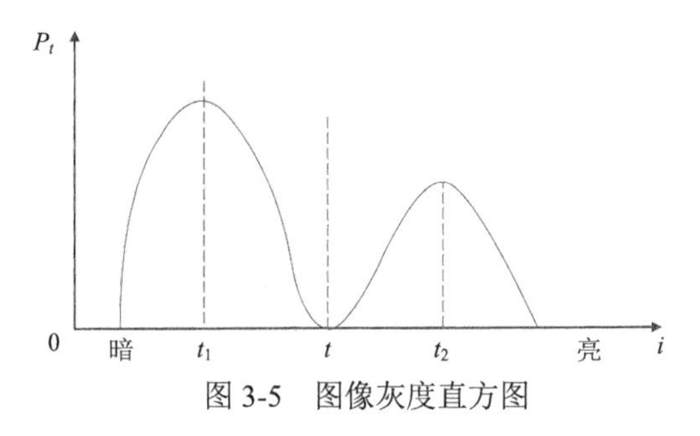

图 3-5　图像灰度直方图

整像素边缘检测 edge 函数，采用多种算法提取图像中对象的边缘。边缘定义为图像中灰度发生急剧变化的区域边界。图像灰度 f 的梯度为

$$\nabla f(x, y)=\frac{\partial f}{\partial x}\boldsymbol{i}+\frac{\partial f}{\partial y}\boldsymbol{j}$$

其中，$\boldsymbol{i},\boldsymbol{j}$ 为横竖坐标的单位矢量。边缘处灰度急剧变化，即其梯度值最大。灰度值为整数，导数按差分计算：

$$f_x = f(i,j)-f(i-1,j),\quad f_y = f(i,j)-f(i,j-1)$$

式中 i,j 为像素序号。差分可以用算子代替：

水平算子 $f_x=[-1\ \ 1]$，竖向算子 $f_y=\begin{bmatrix}-1\\1\end{bmatrix}$，对角算子$=\begin{bmatrix}-1&0\\0&1\end{bmatrix}$，分别用于横向、竖向和斜向边缘的处理。

基于梯度的算子有 roberts、sobel 和 log，log 是基于二阶导数的拉普拉斯算子。还有基于边缘样板算子 prewitt 和 robinson。canny 算子属于综合类，先进行高斯平滑滤波，接着应用 sobel 算子，再进行非极大值抑制，最后按高、低阈值筛选。

通过识别参考图像与变形图像的边缘，可以进行结构变形检测。

第二节　数字图像相关

数字图像相关法，主要用于面内二维变形的检测，是利用结构表面自然或人工散斑，在变形前后图像（分别称为参考和变形图像）中取子图像（或称窗、模板），用矩阵表示为 f 和 g，计算它们的相关系数[1]：

$$C(k,l)=\sum_{i=0}^{M1}\sum_{j=0}^{N1}f(i,j)g(i+k,j+l) \tag{3-1}$$

其中，$M \times N$ 是子图像的大小，k，l 是两子图像的相对位置。C 取最大值对应的 k，l 值即为特征点的整像素变形，为得到更精确的亚像素变形可用插值方法。通过标定可以计算结构的变形。相关系数可以取两子图像差的范数形式，也可以构造含未知变形的相关系数，构造相关系数与实际相关系数的差最小为目标函数，通过优化算法计算未知变形[2-3]。

相关计算可由 MATLAB 函数 corr2 实现：

```
C=corr2(f, g)
```

其中，

$$C=\frac{\sum_m\sum_m\left(f_{mn}-\bar{f}\right)\left(g_{mn}-\bar{g}\right)}{\sqrt{\left(\sum_m\sum_m\left(f_{mn}-\bar{f}\right)^2\right)\left(\sum_m\sum_m\left(g_{mn}-\bar{g}\right)^2\right)}} \tag{3-2}$$

式中 $\bar{f}$ 为均值。

由式（3-2）得到相关系数后，求其最大值对应的行和列，即变形图像相对于参考图像的整像素位移。

亚像素位移计算可通过对相关系数 C 进行二维插值实现。

```
ZI = interp2(X,Y,Z,XI,YI,method)
```

相关系数、最大值及插值函数的用法参见 MATLAB 的帮助文件。

对相关系数 C 也可以采用拟合法进行亚像素位移计算。拟合函数 fit 的用法可参见 MATLAB 的帮助文件，以及本书的第四、五章。

DIC 法较常用的一类方法中，将变形图像 g 的坐标（x^*, y^*）按位移及其一、二阶导数展开成泰勒级数。级数只含位移为 0 次近似，含位移及其一阶导数为 1 次近似，含位移及其一、二阶导数为 2 次近似。位移及其一、二阶导数的系数为待定常数，式（3-2）取极值为优化目标，取极值的条件是 C 对各项待定常数的导数为 0，由此得到优化方程，可以识别位移及其一、二阶导数。求导过程涉及 g 的导数，一般假定图像的灰度为坐标的某个函数，常采用多项式函数，也有采用类似有限元形函数的。相关内容参见有关文献[5-8]。

DIC 法检测结构变形的文献很多，这里不作介绍，只介绍边缘检测的 DIC 法及在梁的变形检测中的应用。

第三节　边缘变形检测的一维 DIC 法

梁在工程结构中为常用构件，梁的边缘一般为直线或曲率较小的曲线，对变形前后的图像，取垂直梁边缘的线段为子图像，用矢量表示为 $\boldsymbol{f}$ 和 $\boldsymbol{g}$，在变形图像中移动子图像的位置，计算各相对位置处两子图像的相关系数：

$$C(k)=\sum_{i=0}^{M-1}\boldsymbol{f}(i)\,\boldsymbol{g}(i+k) \tag{3-3}$$

式中 M 是线段（子图像）的长度，k 是变形子图像的移动量。梁体和梁外的灰度不同，以线段边缘附近灰度过渡为特征，当两子图像中特征最接近时相关系数 C 取最大值，对应的 k 值即为边缘的整像素变形。采用插值方法计算亚像素变形。

接下来讨论边缘点的匹配。二维 DIC 法中，参考图像与变形图像的匹配是由相关计算进行的，一维 DIC 边缘匹配，垂直边缘方向匹配按相关计算进行，沿边缘方向的匹配是默认的或近似的匹配，如果检测边缘沿边缘方向是不动的，即可默认沿边缘方向是匹配的，如果检测边缘沿边缘方向有移动，则检测边缘两端点的变形，按两端点的变形进行调整。

设左端的变形为 x_L, y_L，右端的竖向变形为 y_R。将变形图像（整像素）平移 $-x_L$，使参考图像与变形图像沿边缘方向近似匹配。并且应从整体变形中减去式（3-4）表达的刚体变形：

$$\frac{l-x}{l}y_L+\frac{x}{l}y_R \tag{3-4}$$

式中 l 为梁长，x 为距梁左端的距离。

1. 数字算例

采用式（3-5）人工生成梁的图像[4]：

$$Z_{ij}=round\left\{255\left[1-\frac{1}{A}\left(B\left(j+y_j-64\right)^2\right)^2\right]\right\} \quad 如果\ Z_{ij}\leqslant 50 \tag{3-5}$$

$$i=1,2,\cdots,512;\ j=1,2,\cdots,128$$

式中 A=500，调整其值可改变梁的厚度，B 为 0.9～1.1 的均匀分布随机数，体现边缘各点的差异。Z_{ij} 为图像上第 i 行第 j 列像素的灰度，图像格式为 8 位灰度图，计算值须圆整（Round）为整数。背景灰度为 50。梁的变形为

$$y_j=\frac{5\left(x_j-256\right)^2}{256^2} \tag{3-6}$$

取 $y_j=0$ 可生成没有变形的梁的图像，生成的变形图像如图 3-6 所示。

图 3-6　人工生成梁变形图像

先按式（3-3）计算得相关系数序列，再寻找此序列的最大值及对应的序列号 m，m 即为变形图像中边缘点相对参考图像中对应点的相对位置或整像素变形，对相关系数进行插值计算得到亚像素精度的变形。这里采用的是 3 次样条插值法和高斯函数插值法。3 次样条插值可以直接调用 MATLAB 一维插值函数 interp1 函数实现，高斯函数插值可由下面的高斯函数逼近式（3-3）相关系数实现：

$$C(x)=De^{-(x-x_0)^2/k} \tag{3-7}$$

显然当 $x=x_0$ 时，相关系数最大，即为真实变形的最优估计。相关系数序列中最大值对应的整数位置为 m，由 m 附近的 3 个相关系数值即可确定式（3-7）的 3 个参数。

$$\begin{aligned}
&C(m)=De^{-(m-x_0)^2/k}\ ,\\
&\ln[C(m)]=\ln D-(x_0-m)^2/k\ ,\\
&\ln[C(m-1)]=\ln D-(x_0-m+1)^2/k\ ,\\
&\ln[C(m+1)]=\ln D-(x_0-m-1)^2/k\ ,\\
&x_0=\frac{\ln[C(m-1)]-\ln[C(m+1)]}{2\ln[C(m-1)]-4\ln[C(m)]+2\ln[C(m+1)]}
\end{aligned} \tag{3-8}$$

图 3-7 为识别结果与真值的误差，可见误差在正负 0.05 像素之间，并且两种插值精度相差不大。

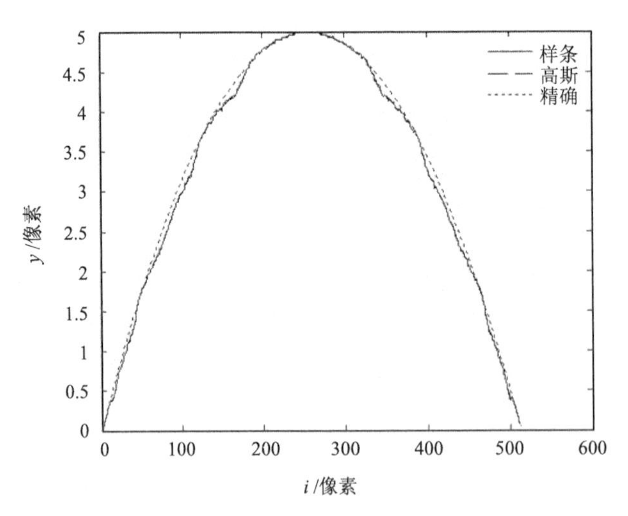

图 3-7　一维数字图像相关法边缘识别结果

2. 模型实验

木质实验梁的尺寸为 1735 mm×60 mm×15 mm，两边简支，跨中施加一集中力，分 7 级，0 级为无荷载参考状态，1、2、3 级为荷载逐渐增加的，4、5 级按加载路径卸载，6 级为完全卸载状态。距梁左端 1170 mm 处设置千分表测量变形，如图 3-8 所示。

图 3-8　简支梁静载试验

按已知变形进行标定，得标定系数为 0.693 mm/像素。再由一维 DIC 法识别梁的边缘变形，并与千分表测量值进行比较，结果见表 3-1 及图 3-9。

表 3-1　图像检测与千分表检测结果

荷载级	0	1	2	3	4	5	6
测量值/像素	0	1.003	2.635	4.371	2.762	1.177	0
测量值/mm	0	0.695	1.826	3.030	1.915	0.816	0
千分表/mm	0	0.606	1.755	3.030	2.065	0.789	0.026

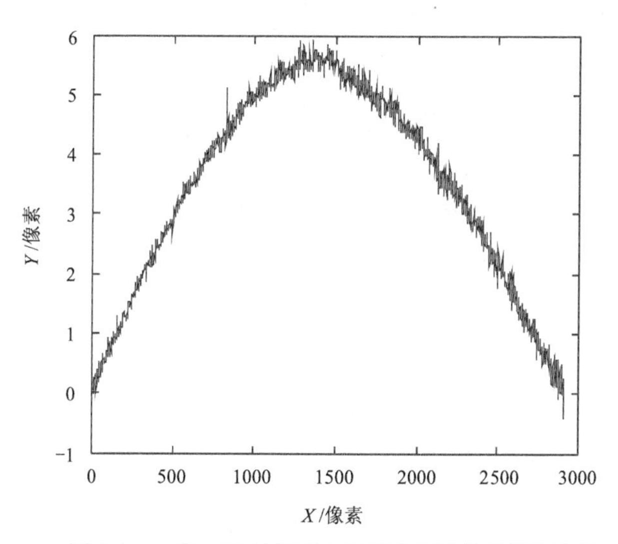

图 3-9　一维 DIC 法识别 3 级荷载时梁的静挠度曲线

DIC 法一般用于面内二维变形检测，目前尚未见过用 DIC 法进行边缘变形检测的文献，这里将一维 DIC 法用于边缘检测。通过仿真计算和模型试验可见：①与二维 DIC 法相比，一维 DIC 法计算量很小，以边长为 M 像素的正方形子窗为例，一次相关运算一维 DIC 法需进行 M 次乘法和 M 次加法，二维 DIC 法需进行 $M \times M$ 次乘法和 $M \times M$ 次加法。②边缘识别精度可达 0.05 像素。③边缘的光滑性和两幅图像边缘匹配的精度是影响变形检测精度的主要因素。二维 DIC 法中由于利用散斑在某个局部平面上的特征唯一性，识别精度较高。一维 DIC 法不考虑沿边缘方向的相关，因此检测精度不如二维 DIC 法。在本节中，由于梁的弯曲使梁两端间水平距离缩短约 1 个像素，梁的后半段边缘点的匹配错位逐渐增大，导致变形检测误差增大，如图 3-4 所示。

第四节　边缘变形检测的二维 DIC 法

二维 DIC 法进行边缘变形检测，应采用式（3-1）或式（3-2）计算参考和变形图像的相关系数，与相关系数最大值对应的 k、l 即为图像的横纵向整像素变形量，由插值法计算亚像素变形。如果采用高斯法，有

$$C(x, y) = D\mathrm{e}^{-(x-x_0)^2/k_x-(y-y_0)^2/k_y} \tag{3-9}$$

相关系数序列中最大值对应的横纵向整数位置分别为 m 和 n，则亚像素横纵向变形为

$$x_0 = \frac{\ln[C(m-1, n)] - \ln[C(m+1, n)]}{2\ln[C(m-1, n)] - 4\ln[C(m, n)] + 2\ln[C(m+1, n)]} \tag{3-10}$$

$$y_0 = \frac{\ln[C(m, n-1)] - \ln[C(m, n+1)]}{2\ln[C(m, n-1)] - 4\ln[C(m, n)] + 2\ln[C(m, n+1)]} \tag{3-11}$$

一般地，跨边缘像素与远离边缘处的像素特征区别明显，相关计算效果较好。如果梁体上没有明显的散斑，沿边缘各段像素特征区别不明显。二维 DIC 法检测边缘的变形，效果不一定比一维 DIC 法好。二维 DIC 法的应用将在第八章车桥耦合振动检测中介绍。

参 考 文 献

[1] 章毓晋. 图像工程（下册）图像理解[M]. 第 2 版. 北京：清华大学出版社，2007.

[2] Chu T C，Ranson W F，Sutton M A. Applications of digital-image-correlation techniques to experimental mechanics[J]. Experimental Mechanics，1985，25(3)：232-245.

[3] 潘兵，谢惠民，戴福隆. 数字图像相关亚像素位移测量算法的研究[J]. 力学学报，2007，39(2)：245-252.

[4] 袁向荣. 梁变形检测的一维数字图像相关法[J]. 广州大学学报（自然科学版），2010，9(1)：54-56.

[5] Peters W H，Ranson W F. Digital imaging techniques in experimental mechanics[J]. Optics Engineering，1982，21：427-431.

[6] Chu T C，Ranson W F，Sutton M A. Applications of digital-image-correlation techniques to experimental mechanics[J]. Experimental Mechanics，1985，9：232-245.
[7] Tay C J，Quan C G，Huang Y H，et al. Digital image correlation for whole field out-of-plane displacement measurement using a single camera[J]. Optics Communications，2005，251：23-36.
[8] 孟利波. 数字散斑相关方法的研究和应用[D]. 北京：清华大学，2005.

第四章　一维边缘检测法

两个具有不同灰度或色彩的相邻区域之间总存在边缘。边缘可分为阶跃型、脉冲型和屋脊型三种[1]，图 4-1 为三种边缘的图像和边缘灰度曲线。

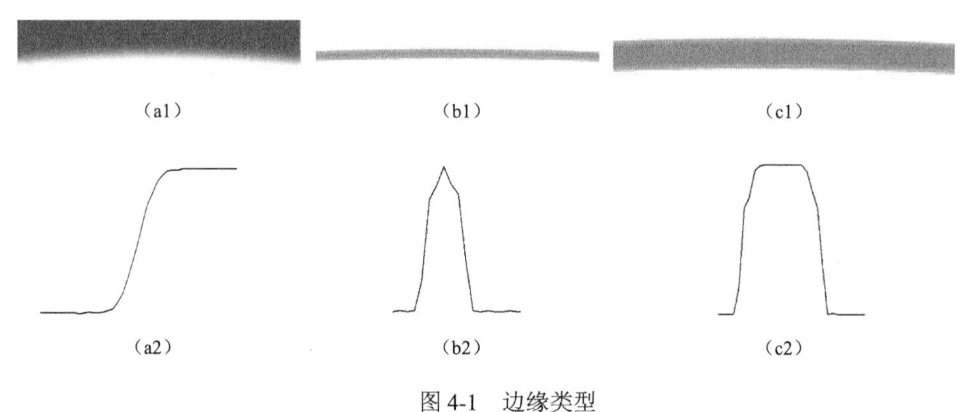

图 4-1　边缘类型

（a1,a2）阶跃型；（b1,b2）脉冲型；（c1,c2）屋脊型

阶跃型包括直坡型（Step）和斜坡型（Piecewise Ramp）。有的文献称脉冲型为三角型屋脊边缘，屋脊型为方波型屋脊边缘，还列出了更多的边缘类型[2, 3]，但这些类型更适当地应称为亚类。例如，直坡型和斜坡型应属于阶跃一类，楼梯型、双屋脊型等属于三种基本形的复合类。

第三章第一节介绍了整像素边缘检测法，常用的适用于各类边缘的整像素识别方法有 Roberts、Sobel、Prewitt、Laplacian 和 Canny[4]等方法。结构工程对检测的精度要求很高，常常要求采用亚像素识别，边缘的亚像素识别方法有基于矩保持的识别法[1]、正切函数拟合法[5]、基于插值的方法[6]等。插值法结果仍然是离散数据，不适于边缘检测的求导计算，并且插值注重在原数据点上的完全重合。拟合法结果是连续函数，求导方便，并且更注意整体曲线逼近的最优性。

MATLAB 边缘检测函数 edge，其方法可选 roberts、sobel、prewitt、log、zerocross 和 canny。

```
BW = edge(I,'sobel',thresh)
```

边缘拟合可采用 fit 函数，拟合模型可选指数函数、傅氏级数、高斯函数级数、多项式、幂函数、有理式、正弦级数和韦布尔分布函数等。

```
cfun = fit(xdata,ydata,libname)
```

第一节　一维高斯边缘模型

一、光强方程

阶跃型边缘附近像素强度可以由高斯核函数的脉冲响应进行模拟[7]：

$$I(x)=h+\frac{k}{\sqrt{2\pi}\sigma}\int_{-\infty}^{x}\exp\left\{-\frac{[t-R]^2}{2\sigma^2}\right\}\mathrm{d}t=h+k\times NCFD(x,R,\sigma) \tag{4-1}$$

其中，h，k 为背景和相对光强，$NCFD(x,R,\sigma)$ 为高斯概率分布函数，R 为均值，σ 为方差，x 为到边缘的距离。

二、一维像素灰度

图像中像素的灰度可以用光强的积分模拟

$$\hat{G}(i)=h+k\int_{i-0.5}^{i+0.5}\left(\frac{1}{\sqrt{2\pi}\sigma}\int_{-\infty}^{x}\exp\left[-\frac{(t-R)^2}{2\sigma^2}\right]\mathrm{d}t\right)\mathrm{d}x=h+k\int_{i-0.5}^{i+0.5}NCFD(x,R,\sigma)\mathrm{d}x \tag{4-2}$$

其中，$-a\leqslant i\leqslant a$，a 为兴趣段的半长度。式（4-1）和式（4-2）需采用数字积分方法求解。

三、识别方程

设真实图像灰度为 $G(i)$，则可以定义真实图像与模拟图像的差为目标函数，

$$\varDelta(\boldsymbol{V})=\sum_{i=-a}^{a}\left[G(i)-\widetilde{G}(i)\right]^2,\quad -a\leqslant i\leqslant a \tag{4-3}$$

采用优化方法识别模型的 4 个参数：

$$\begin{bmatrix}h & k & R & \sigma\end{bmatrix}^{\mathrm{T}}$$

当兴趣窗口在低灰度区并远离边缘时，$G(L)=h$
当兴趣窗口在高灰度区并远离边缘时，$G(H)=h+k$，$k=h+G(H)$
为防止噪声的影响，可以取远离边缘区的灰度均值确定 h 和 k 的值。
则式（4-3）中识别参数可以减少为 2 个，待识别参数矢量 $\boldsymbol{V}=\begin{bmatrix}R & 1/\sigma\end{bmatrix}^{\mathrm{T}}$
目标函数的梯度：

$$\boldsymbol{g}=\frac{\partial\varDelta(\boldsymbol{V})}{\partial\boldsymbol{V}}=-2\times\sum_{i}\left[G(i)-\widetilde{G}(i)\right]\begin{bmatrix}\dfrac{\partial\widetilde{G}(i)}{\partial R} & \dfrac{\partial\widetilde{G}(i)}{\partial(1/\sigma)}\end{bmatrix}^{\mathrm{T}}$$

目标函数的海森（Hessian）矩阵：

$$[H]=\frac{\partial^2\Delta(V)}{\partial V^2}=\begin{bmatrix}\dfrac{\partial^2\Delta(\vec{V})}{\partial R^2} & \dfrac{\partial^2\Delta(\vec{V})}{\partial R\partial(1/\sigma)}\\ \dfrac{\partial^2\Delta(\vec{V})}{\partial(1/\sigma)\partial R} & \dfrac{\partial^2\Delta(\vec{V})}{\partial(1/\sigma)^2}\end{bmatrix}$$

阻尼牛顿法，下式中寻找 s 使 $\Delta(\boldsymbol{V}_{k+1})$ 最小

$$\boldsymbol{V}_{k+1}=\boldsymbol{V}_k-s\left[H(\boldsymbol{V}_k)^{-1}\vec{\boldsymbol{g}}(\boldsymbol{V}_k)\right] \tag{4-4}$$

对预先给定的 ε，当 $|\boldsymbol{V}_{k+1}-\boldsymbol{V}_k|\leqslant\varepsilon$ 满足时，即得所求。

梯度与海森矩阵中的偏导数为

$$\frac{\partial I(x)}{\partial R}=-\frac{k}{\sqrt{2\pi}\sigma}\exp\left(-\frac{(x-R)^2}{2\sigma^2}\right)$$

$$\frac{\partial I(x)}{\partial(1/\sigma)}=\frac{k}{\sqrt{2\pi}}\left\{\int_{-\infty}^{x}\exp\left(-\frac{(t-R)^2}{2\sigma^2}\right)\mathrm{d}t-2\int_{-\infty}^{x}\frac{(t-R)^2}{2\sigma^2}\exp\left(-\frac{(t-R)^2}{2\sigma^2}\right)\mathrm{d}t\right\}$$

$$\frac{\partial^2 I(x)}{\partial R^2}=-\frac{k(x-R)}{\sqrt{2\pi}\sigma^3}\exp\left(-\frac{(x-R)^2}{2\sigma^2}\right)$$

$$\frac{\partial^2 I(x)}{\partial R\partial(1/\sigma)}=-\frac{k}{\sqrt{2\pi}}\exp\left(-\frac{(x-R)^2}{2\sigma^2}\right)\left[1-\frac{(x-R)^2}{\sigma^2}\right]$$

$$\frac{\partial^2 I(x)}{\partial(1/\sigma)^2}=\frac{2\sigma k}{\sqrt{2\pi}}\left\{-3\int_{-\infty}^{y}\frac{(t-R)^2}{2\sigma^2}\exp\left(-\frac{(t-R)^2}{2\sigma^2}\right)\mathrm{d}t+2\int_{-\infty}^{y}\left[\frac{(t-R)^2}{2\sigma^2}\right]^2\exp\left(-\frac{(t-R)^2}{2\sigma^2}\right)\mathrm{d}t\right\}$$

利用式（4-2）生成数据，按式（4-3）和式（4-4）识别参数，得到的拟合曲线见图 4-2，可以看出生成数据无误差情况下，拟合结果也无误差。

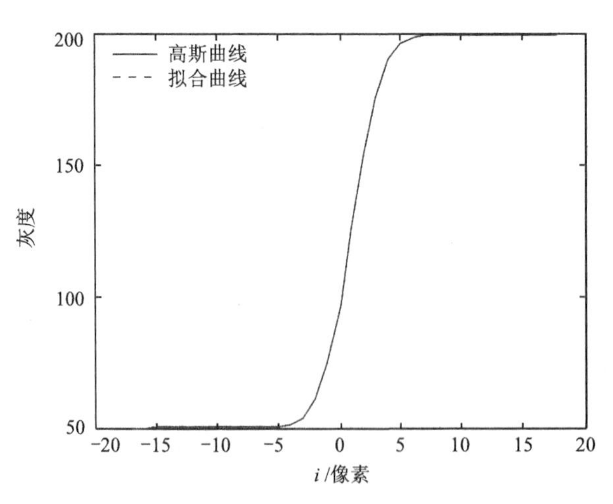

图 4-2　一维高斯边缘模型曲线拟合

按式（4-2）数据生成的灰度图像如图 4-3 所示。对生成图像的拟合结果见图 4-4。灰度图像像素数为整数，像素灰度也是整数。按式（4-2）生成图像时，数据的圆整会导致误差。这是图 4-4 中拟合误差的主要原因。

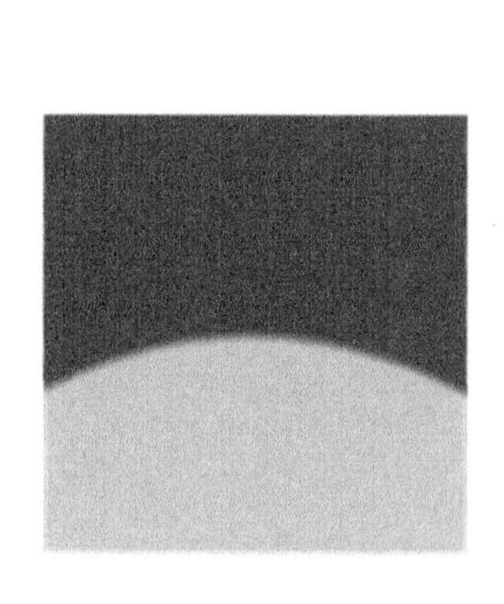

图 4-3　高斯边缘模型图像

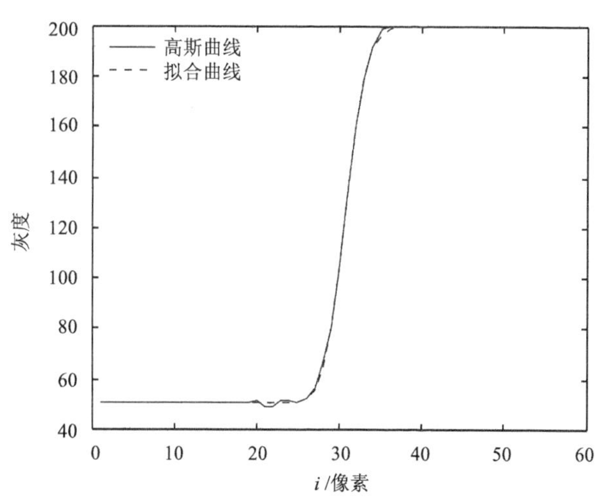

图 4-4　一维高斯边缘模型对图像边缘的拟合结果

高斯拟合法不能直接用于屋脊型边缘识别，可以将屋脊型边缘看作两个阶跃型边缘，按本节方法进行识别。采用式（4-1），不经式（4-2）积分的高斯拟合法适用于脉冲型边缘识别。

第二节　反正切函数边缘模型

阶跃式边缘的低灰度部分和高灰度部分大致是平直的，过渡段为平滑向上曲线，最接近这类曲线的除了高斯函数外，还有正切函数。

图像中边缘灰度为 G，考虑边缘的方向，以反正切函数对其进行模拟，拟合灰度为

$$\hat{G}(x) = A + B\arctan Cx$$

式中待定常数 A 为边缘平移位置，B 为边缘宽度，C 为边缘斜率。

希望 $G(x)$ 与 $\hat{G}(x)$ 的差最小，即

$$F(A,B,C) = \left[G(x_i) - \hat{G}(x_i)\right]^2, \quad i = 1,2,\cdots$$

有最小值。

极值条件：

$$\frac{\partial F}{\partial A} = -2\left[G(x_i) - \hat{G}(x_i)\right] = 0$$

$$\frac{\partial F}{\partial B} = -2\left[G(x_i) - \hat{G}(x_i)\right]\arctan Cx = 0$$

$$\frac{\partial F}{\partial C} = -2\left[G(x_i) - \hat{G}(x_i)\right]B\frac{C}{1+(Cx)^2} = 0$$

由以上 3 式可以得到 3 个待定常数。

由正切函数模型对高斯型边缘进行拟合的结果如图 4-5 所示。正切函数拟合法仅适用于阶跃型边缘。

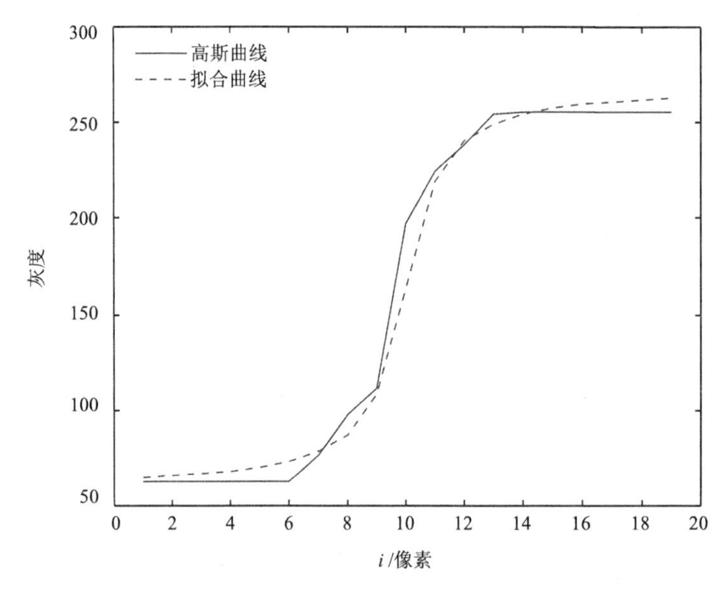

图 4-5．反正切函数边缘模型拟合图像边缘

第三节　多项式边缘拟合法

对于图像 $G(I,J)$，设边缘曲线大致沿 y 方向延伸，边缘附近象素灰度沿 x 方向变化。在边缘附近 x 方向，取 M 点，$G(I+1,J)$，$G(I+2,J)$，…，$G(I+M,J)$。采用 N 阶多项式拟合这 M 点的灰度[8, 9]，

$$\hat{G}(x) = A_0 + A_1 x + \cdots + A_N x^N,\quad 1 \leqslant x \leqslant M \tag{4-5}$$

将 M 点的坐标及灰度代入式（4-5），得 M 个方程， 误差函数为

$$\Delta = \sum_{i=1}^{M}\left[G(I+i,J) - \hat{G}(i)\right]^2$$

由此误差最小，可得识别方程

$$\begin{bmatrix} G(I+1,J) \\ G(I+2,J) \\ \vdots \\ G(I+M,J) \end{bmatrix} = \begin{bmatrix} 1 & 1 & \cdots & 1^N \\ 1 & 2 & \cdots & 2^N \\ \vdots & \vdots & & \vdots \\ 1 & M & \cdots & M^N \end{bmatrix} \begin{bmatrix} A_0 \\ A_1 \\ \vdots \\ A_N \end{bmatrix} \tag{4-6}$$

如果$M \geqslant N+1$，由式（4-6）可以解得$N+1$个待定系数$A_0, A_1, \cdots, A_N$。再将其代入式（4-5），并求导以检测边缘。

在 MATLAB 中执行以上算法，取$x=1,2,\cdots,M$，$y=G(I+1,J),\cdots$，$G(I+M,J)$，$n=6$

```
p = polyfit(x,y,n)
```

拟合结果为$p.1\times x^n + p.2\times x^{n-1} + \cdots + p.n\times x + p.(n+1)$

求导，dp=polyder(p)

导函数值，dy=polyval(dp,x)

由于边缘处灰度曲线斜率最大，导数值最大即边缘的亚像素位置。

位移检测时，首先标定相机，对已知尺寸的物体采集图像以确定标定系数（mm/像素）。然后在各种状态下采集梁的图像，识别各图像的边缘，以静止梁边缘为参考曲线，各状态下梁边缘相对静止梁边缘的位移即为梁上各点在各状态下的挠度 $v(i)$。

第四节　多项式分段滑动拟合法

设边缘附近图像灰度序列为$G(i,J)=g_i$，$i=I+1, I+2, \cdots, I+LT$，将其分为$NS+1$段，为简单计，设除最后一段外各段的数据长度相同为LS[10]。

$$NS = round\left(LT/LS\right) \tag{4-7}$$

其中，*round* 为取整函数。

在第j段的前部加上第$j-1$段的后部数据，第j段的后部加上第$j+1$段的前部数据，前后重复数据长度均为LC，因此各段拟合的数据长度为

$$N(i) = LS + 2LC, \quad j = 2,3,\cdots,NS \tag{4-8}$$

第一段只需向后覆盖，拟合数据长度为$N(1)=LS+LC$。最后一段只需向前覆盖且由式（4-7）可知，$NS\times LS \leqslant LT$，因此最后一段拟合数据长度为

$$N(NS+1) = LT - NS\times LS + LC \tag{4-9}$$

各段的最小数据长度必须大于或等于拟合函数待定系数的数目。分段数据长

度小，则分段曲线相对起伏小，拟合的精度高，可以采用低阶的简单的函数如二阶多项式进行拟合，这样待定系数的方程小，出现病态矩阵的可能性小，拟合结果稳定性、可靠性高。

对第一段灰度序列曲线进行拟合时，坐标 i 和灰度 g_i 的起始序号为 $iS+1=I+1$。对下一段灰度序列进行拟合时，取 $iS=iS+LS-LC$，以此类推。

由于数据重复覆盖，各段拟合函数在分段点处的拟合数据是一样的，分段点处的连续特性得以保持。进行边缘识别时，只取用各段拟合函数的中间非重复部分及重复部分的一半，对其进行一、二阶导数计算。

数据处理、时间序列分析和其他学科中常用的滑动平均的概念是指某一序号的导出数据是这一序号邻近序列的若干原始数据的平均，下一序号的导出数据是上一序号后移一个序号的若干原始数据的平均，以此类推向后滑动。与此类似，上面介绍的拟合方法是用某种函数拟合某一段的原始灰度序列数据，将这一段后移若干个像素点，用同样的函数再次拟合，因此称其为滑动拟合。实际上拟合函数只取一阶，$g_i=A_0$，则滑动拟合变成滑动平均。

不分段情况下，采用 3～7 次多项式拟合边缘的结果如图 4-6 和图 4-7 所示。其中实线为图像边缘灰度曲线，虚线为拟合曲线。

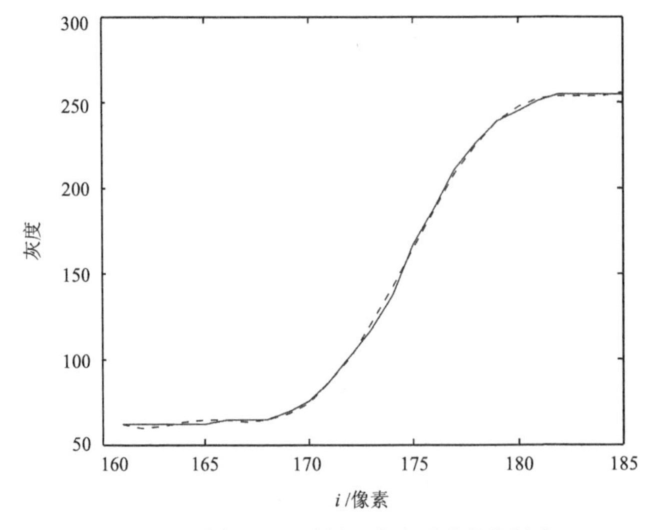

图 4-6　采用 7 次多项式整段拟合

采用分段滑动拟合结果如图 4-8 和图 4-9 所示，其中实线为图像边缘灰度曲线，虚线为拟合曲线。边缘识别结果如图 4-10 所示，其中实线为拟合识别边缘，虚线为 Sobel 法整像素识别边缘，重叠像素为 1。

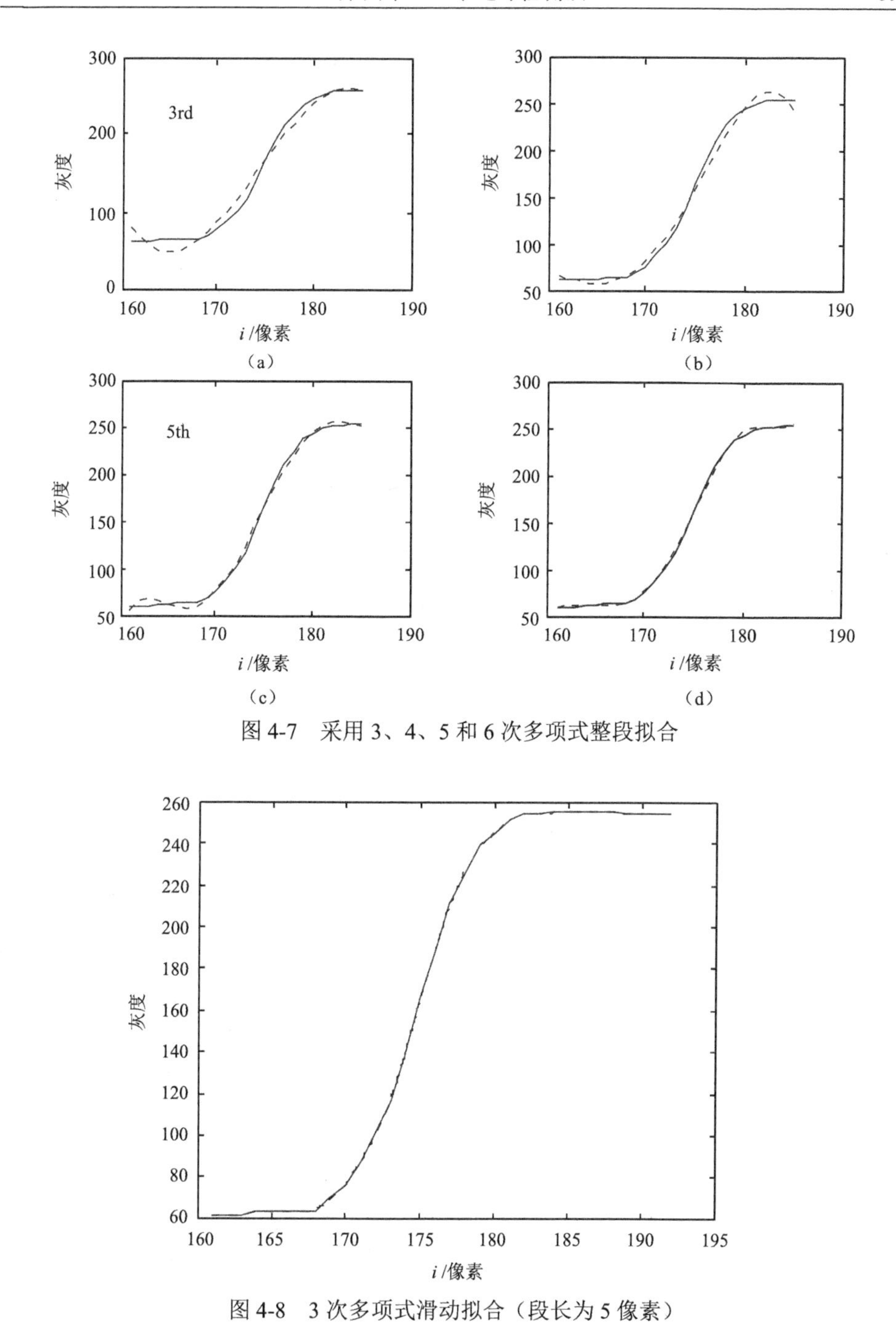

图 4-7　采用 3、4、5 和 6 次多项式整段拟合

图 4-8　3 次多项式滑动拟合（段长为 5 像素）

在对图 4-3 所示图像进行边缘检测时，首先检测边缘的整像素位置，以整像素边缘位置为中心选择适当子图像为兴趣区域，对子图像的灰度进行拟合，检测边缘亚像素位置。滑动拟合法边缘识别结果见图 4-10，其中实线为拟合识别边缘，

重叠像素为 1。虚线为 Sobel 法整像素识别边缘，边缘明显为阶梯状折线。

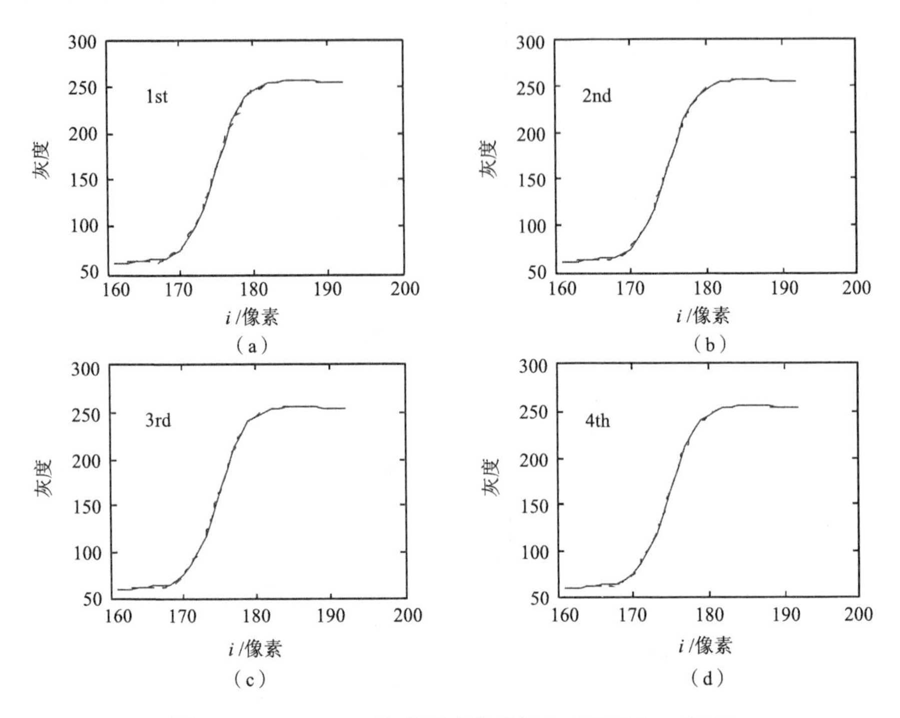

图 4-9　1、2、3、4 次多项式滑动拟合（段长为 5 像素）

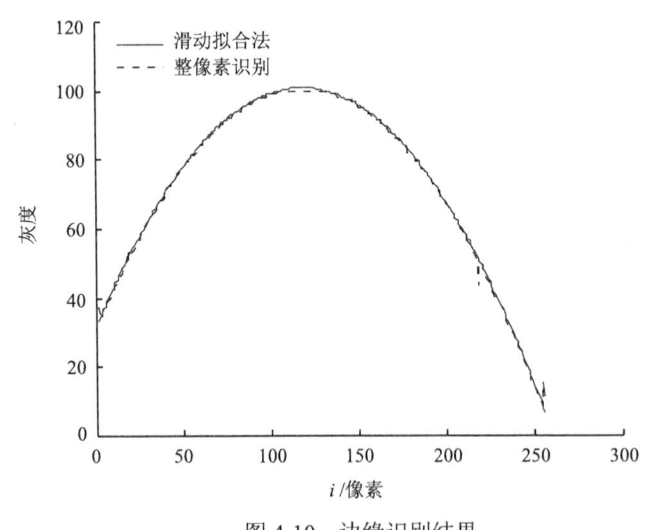

图 4-10　边缘识别结果

由上述拟合可以得到以下结论：

（1）由图 4-6 和图 4-7 可知，高次多项式拟合结果优于低次多项式，采用 6 次以上多项式，拟合效果提高不明显。

（2）比较图 4-7 与图 4-9 可知，分段滑动拟合即使是低次多项式拟合效果，也明显优于高次多项式整段拟合。

（3）极端地，分段滑动拟合边缘时，可以采用一次多项式，由于可以对拟合函数进行一次微分，因此可由微分结果判别边缘位置。一般地，分段长度小可采用低次多项式，长度大可采用高次多项式，取决于边缘过渡段的长度。根据有限计算结果的比较，分段长度为 5 像素左右，多项式次数在 3 次左右较为合适。

（4）对分段拟合函数进行微分以识别边缘效果较好。

第五节　正交多项式边缘拟合法

第四节结果表明边缘识别的多项式拟合法，拟合精度决定识别精度，要提高拟合精度，需要高次多项式，但多项式拟合识别方程，其系数矩阵是病态的，次数高于 6 的多项式不能有效提高边缘识别精度[14]。下面介绍的正交多项式拟合可以避免解方程[11]，因此可以采用高次多项式并有效提高边缘拟合精度，与普通多项式拟合法[7]相比，边缘识别精度有所提高；与高斯模型法[5]相比，方法简单易用。

对于图像中跨越边缘的互异的像素坐标 $x_k(k=0,1,\cdots,n)$，其对应的灰度为 G_k。考虑一组次数不超过 m 的多项式 $Q_j(x)(j=0,1,\cdots,m；m\leqslant n)$，可由其线性组合 $P_m(x)=\sum\limits_{j=0}^{m}q_jQ_j(x)$ 对数据序列 $x_k,G_k(k=0,1,\cdots,n;n\geqslant m)$ 进行拟合。由最小二乘法取误差函数：

$$E=\sum_{k=0}^{n}\left[P_m(x_k)-G_k\right]^2 \tag{4-10}$$

由误差最小确定待定系数 $q_j(j=0,1,\cdots,m)$，q_j 应满足：

$$\frac{\partial E}{\partial q_j}=2\sum_{k=0}^{n}\left[P_m(x_k)-G_k\right]\frac{\partial P_m}{\partial q_j}=2\sum_{k=0}^{n}\left[P_m(x_k)-G_k\right]Q_j=0,\quad j=0,1,\cdots,m$$

$$\sum_{k=0}^{n}\left[\sum_{l=0}^{m}q_lQ_l(x_k)-G_k\right]Q_j=0 \quad 或 \quad \sum_{k=0}^{n}\sum_{l=0}^{m}q_lQ_l(x_k)Q_j(x_k)=\sum_{k=0}^{n}G_kQ_j(x_k),\quad j=0,1,\cdots,m \tag{4-11}$$

由此解得 q_l，边缘附近灰度曲线可由多项式函数近似描述为

$$\widetilde{G}(x)\approx P_m(x)=\sum_{j=0}^{m}q_jQ_j(x) \tag{4-12}$$

对于简单的多项式函数 $Q_l(x)=x^l$。式（4-11）中 q_l 的系数为 $\sum\limits_{k=0}^{n}Q_l(x_k)Q_j(x_k)=$

$\sum_{k=0}^{n} x_k^{l+j}$。对数字图像边缘拟合，x_k 取正整数，简单地可以取 $x_k = k+1$，则方程（4-11）系数矩阵中最小的元素为 $n+1$，最大元素为 $\sum_{k=0}^{n} x_k^{2m}$。当多项式次数 m 增加时，式（4-11）成为病态方程。若 $n=10, m=6$，则最小元素为 11，最大元素为 1.3674×10^{12}。因此高于 7 次的多项式，再提高次数对边缘识别的精度没有明显效果[7, 14]。

如果选择 $Q_j(x)(j=0,1,\cdots,m)$ 为在区间 $[x_0, x_n]$ 正交的多项式，即有

$$\sum_{k=0}^{n} Q_l(x_k) Q_j(x_k) \begin{cases} =0, & l \neq j \\ \neq 0, & l = j \end{cases}$$

代入式（4-13），有

$$q_j = \frac{\sum_{k=0}^{n} G_k Q_j(x_k)}{\sum_{k=0}^{n} Q_j^2(x_k)}, \quad j=0,1,\cdots,m \tag{4-13}$$

由式（4-13）可知，利用正交性，确定多项式系数不用解方程，因此可以采用高阶多项式进行拟合。另外在对函数或曲线进行拟合时，同样的误差范围内，采用正交多项式的阶数低于普通多项式的阶数[15]。

正交多项式递推算法[15]

$$\begin{aligned} Q_0 &= 1 \\ Q_1(x) &= x - \alpha_0 \\ Q_{j+1}(x) &= (x-\alpha_j) Q_j(x) - \beta_j Q_{j-1}(x), \quad j=1,2,\cdots,m-1 \end{aligned}$$

其中，

$$\alpha_j = \frac{\sum_{k=0}^{n} x_k Q_j^2(x_k)}{d_j}, \quad j=0,1,2,\cdots,m-1$$

$$\beta_j = \frac{d_j}{d_{j-1}}, \quad j=1,2,\cdots,m-1$$

$$d_j = \sum_{k=0}^{n} Q_j^2(x_k), \quad j=0,1,2,\cdots,m-1$$

1. 边缘拟合

采用高斯边缘模型生成边缘图像如图 4-11 所示，图 4-12 为式（4-12）中采用 3～6 次普通多项式对边缘附近灰度曲线进行拟合的结果[7]。6 次以上普通多项式

拟合效果不再改善，结果未列出。图 4-13 为采用式（4-13）正交多项式的拟合结果，6 次及以下正交多项式与普通多项式拟合结果差不多，图中只列出 6、15、23、30 次正交多项式对边缘附近灰度曲线拟合结果，由于边缘附近取了 31 个数据，只能识别 31 个未知参数，故多项式最高次数为 30。由图 4-13 可知，提高正交多项式的次数可以有效提高边缘灰度曲线的拟合精度。

图 4-11　根据高斯边缘模型生成的图像

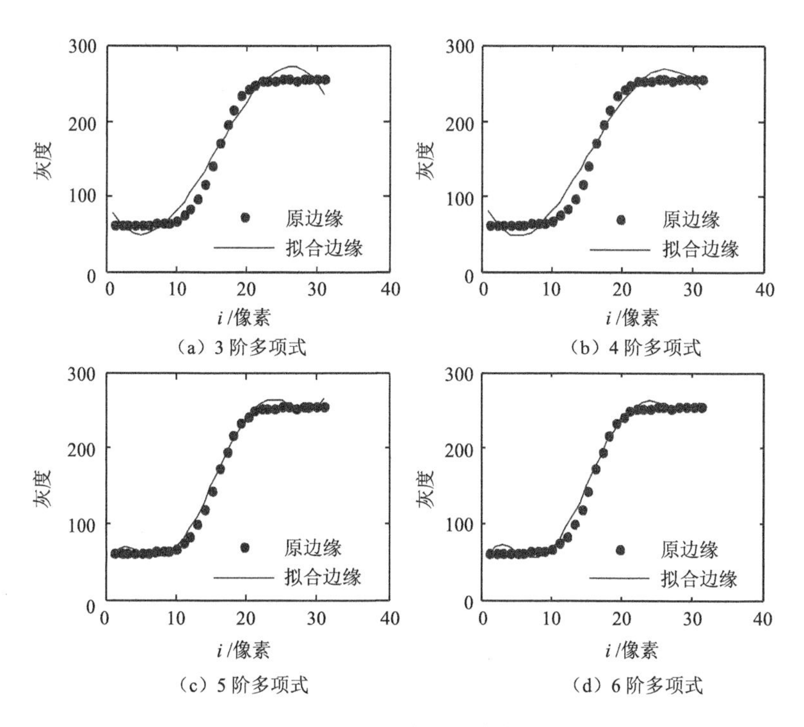

图 4-12　多项式边缘拟合

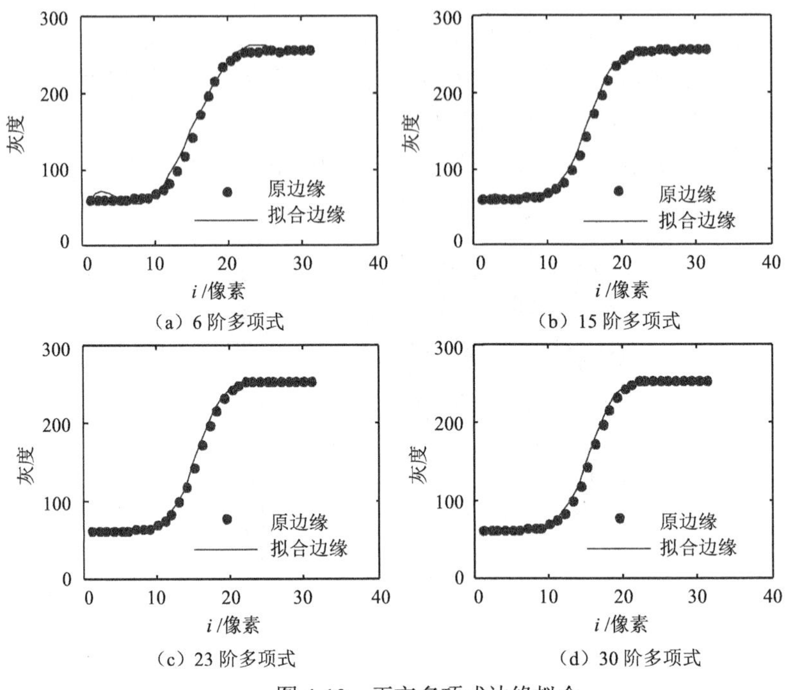

（a）6 阶多项式　（b）15 阶多项式

（c）23 阶多项式　（d）30 阶多项式

图 4-13　正交多项式边缘拟合

2. 边缘识别

一般认为灰度变化最大的点为边缘位置，可以由 $\max\left[\frac{\partial G(x)}{\partial x}\right]$ 确定边缘的位置，这里采用近似的多项式边缘模型，按 $\max\left[\frac{\partial \widetilde{G}(x)}{\partial x}\right]$ 确定边缘的位置。图 4-14 为采用正交多项式进行边缘检测的结果。

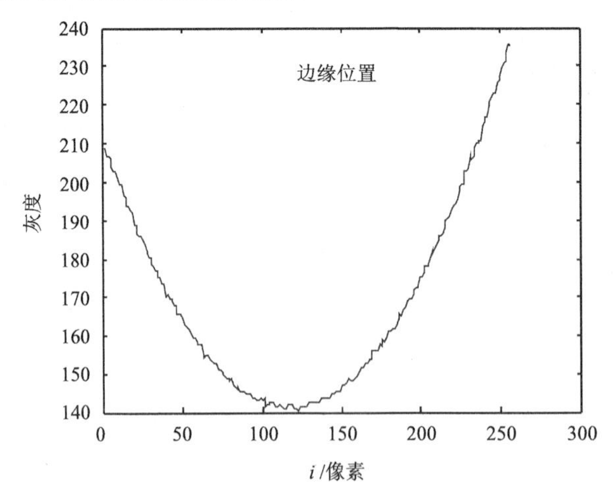

图 4-14　边缘识别

第六节 正交多项式拟合脉冲型边缘

由高斯边缘模型可以生成阶跃型边缘图像如图 4-11 所示，将图像黑白颠倒并移位生成新图像，两图像相加生成脉冲型边缘图像如图 4-15 所示。脉冲型边缘有一个峰值点，可针对峰值点识别边缘位置。考虑边缘的形状，可以采用高斯函数或多项式函数式进行拟合识别。高斯函数拟合参见第三章第一节。下面介绍正交多项式拟合法。

图 4-15 脉冲型边缘图像

图 4-16 为式（4-12）中采用 3～6 次普通多项式对边缘附近灰度曲线进行拟合的结果，显然普通多项式对脉冲型边缘拟合效果较差。图 4-17 为采用正交多项式的拟合结果，6 次及以下正交多项式与普通多项式拟合结果差不多，图中只列出 6、10、15、24 次正交多项式对边缘附近灰度曲线拟合结果，由于边缘附近取了 25 个数据，最多只能识别 25 个未知参数，故多项式最高次数为 24。由图 4-17 可知，高阶正交多项式对脉冲型边缘灰度曲线的拟合精度较高。

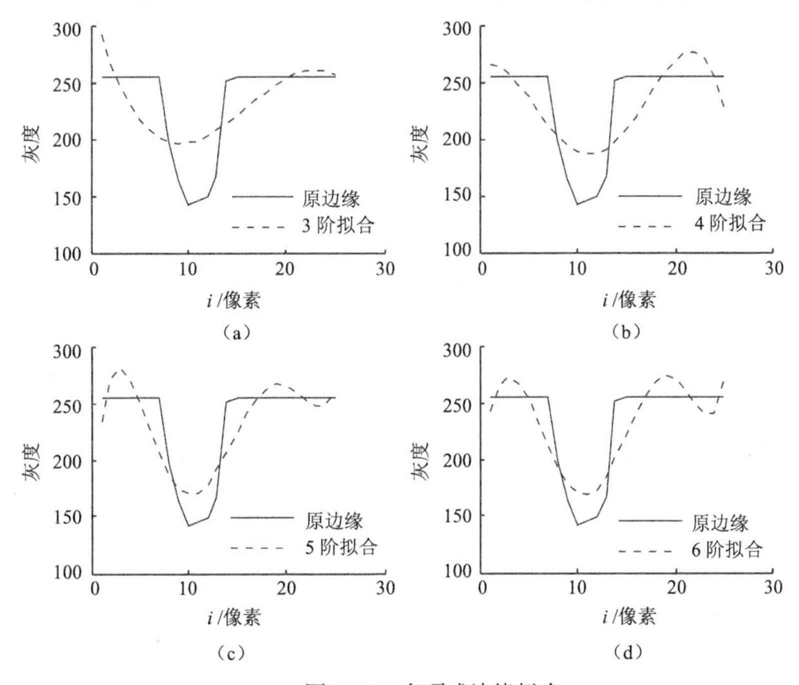

图 4-16 多项式边缘拟合

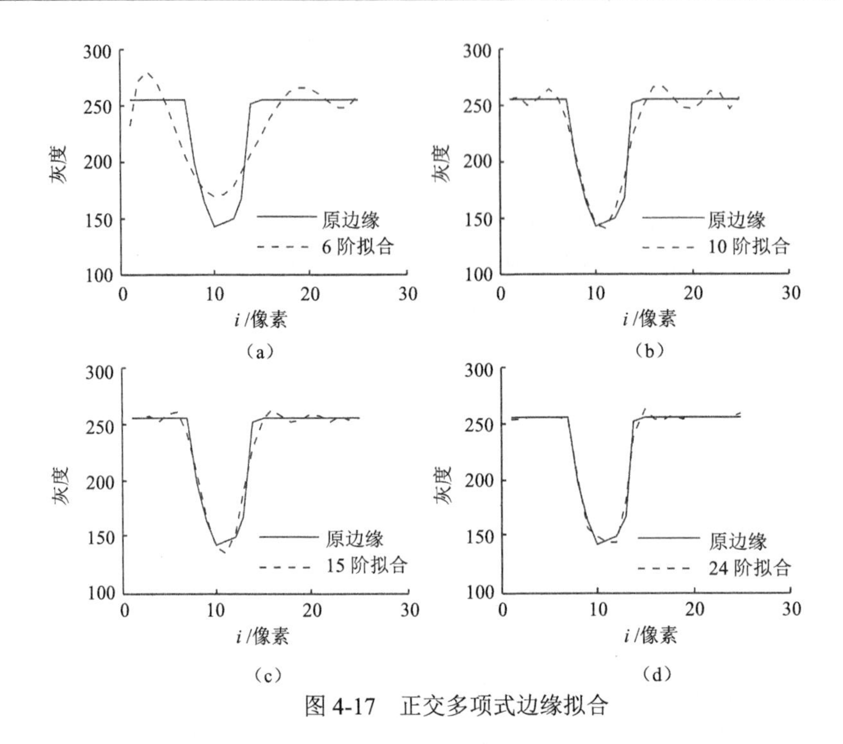

图 4-17　正交多项式边缘拟合

一般认为灰度变化最大的点为边缘位置，脉冲形边缘有两个灰度突变处，但脉冲顶点只有一个，可以由灰度极值确定边缘的位置。图 4-18 为采用正交多项式进行边缘检测的结果，图中参考图像为图 4-15，对图 4-15 给一竖向 3 像素变形生成变形图像。图 4-19 是边缘变形识别结果，最大误差为 0.06 像素。

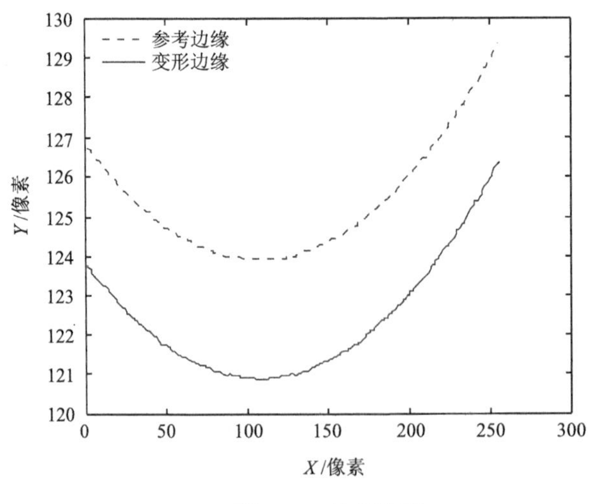

图 4-18　边缘识别

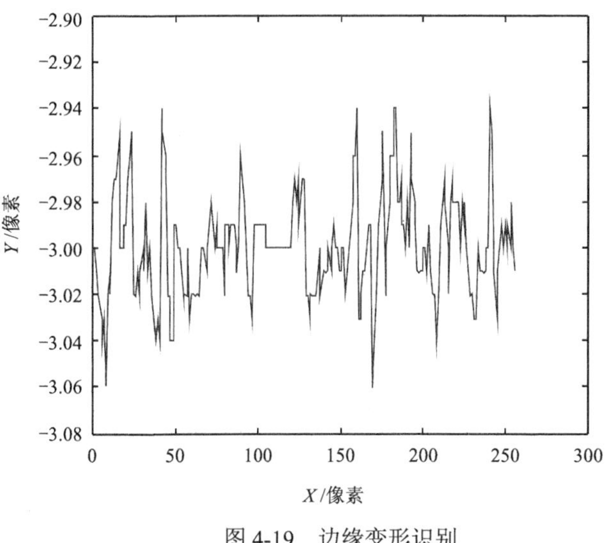

图 4-19　边缘变形识别

第七节　屋脊型边缘识别

由高斯边缘模型可以生成阶跃型边缘图像如图 4-11 所示，将图像黑白颠倒并移位生成新图像，两图像相加生成屋脊型边缘图像如图 4-20 所示。可对此边缘从中分开，左右各为一个阶跃型边缘，可按第一节至第五节的方法识别。中分的缺点是拟合数据减少一半，影响识别效果。多项式函数可对整个边缘进行拟合。

图 4-20　屋脊型边缘图像

图 4-21 为式（4-12）中采用 3～6 阶普通多项式对边缘附近灰度曲线进行拟合的结果，基本上可以用 6 阶多项式对屋脊型边缘进行拟合。图 4-22 为采用正交多项式的拟合结果，6 次及以下正交多项式与普通多项式拟合结果差不多，图中只列出 7、15、30、42 阶正交多项式对边缘附近灰度曲线拟合结果，由于边缘附近取了 43 个数据，最多只能识别 43 个未知参数，故可采用的多项式最高阶数为 42。由图 4-22 可知，高阶正交多项式对屋脊型边缘灰度曲线的拟合精度较高[12]。

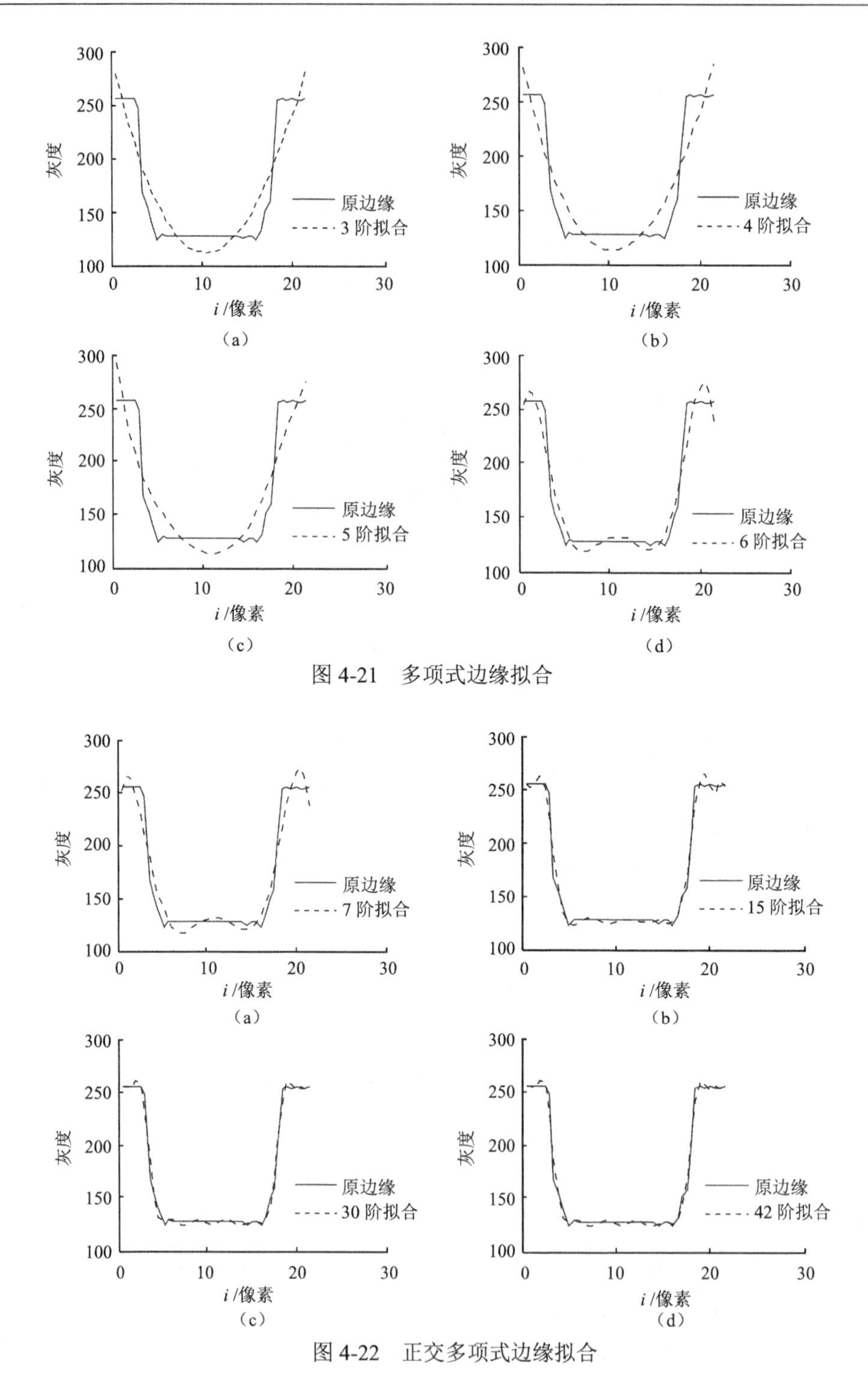

图 4-21　多项式边缘拟合

图 4-22　正交多项式边缘拟合

一般认为灰度变化最大的点为边缘位置，屋脊型边缘有两个灰度突变处，可以选其一，由灰度导数极值确定边缘的位置。图 4-23 中参考边缘为图 4-20 的识别结果，对图 4-20 给一竖向 3 像素变形生成变形图像。图 4-24 是边缘变形识别结果，最大误差为 0.07 像素。

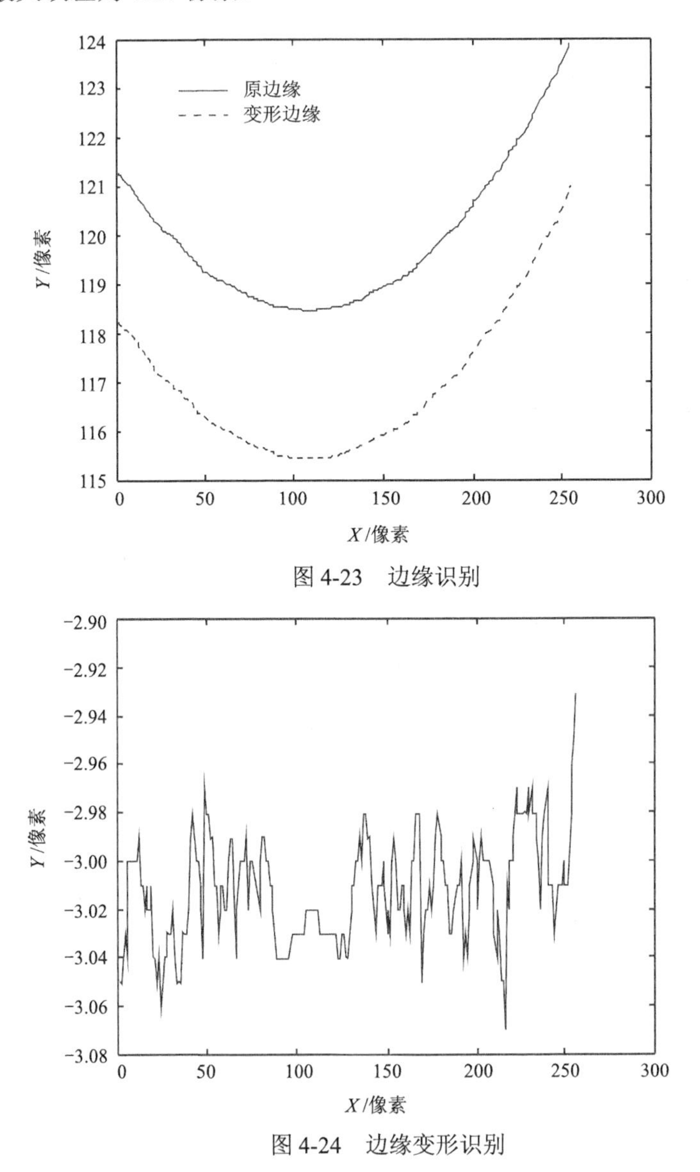

图 4-23　边缘识别

图 4-24　边缘变形识别

第八节　函数拟合法讨论

黑白分明的边界称为直坡型边缘，有一段过渡且锐度较高的边界称为斜坡型边缘，图 4-25 为正交多项式拟合斜坡型边缘结果，拟合效果不好。幸好实际边缘没有如此大的锐度，有一定的模糊，类似高斯型边缘，图 4-26 表明对此类边缘采用多项式拟合效果很好。图 4-27 为 36 阶正交多项式拟合脉冲型边缘结果，图 4-28 为 36 阶正交多项式拟合屋脊型边缘结果。多项式函数对折线型边缘拟合结果不是很好，对平滑曲线型边缘拟合效果较好。另外，高阶多项式拟合曲线，在平直段有一定的波动起伏，如图 4-26 所示。对拟合曲线求导时，导数最大值不一定在倾斜段，有可能在平直段的波动部分，这样会导致边缘严重误测，为避免误测，可以限定寻找导数最大值区间在倾斜段。7 阶以下正交多项式拟合不存在这种问题。

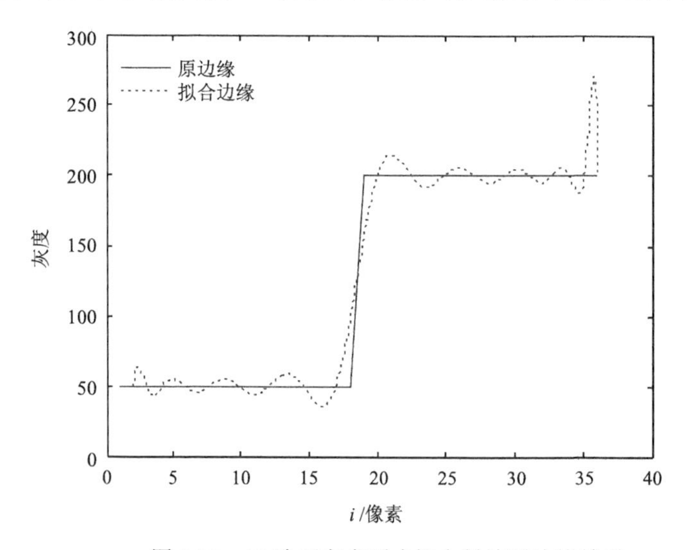

图 4-25　36 阶正交多项式拟合斜坡型边缘结果

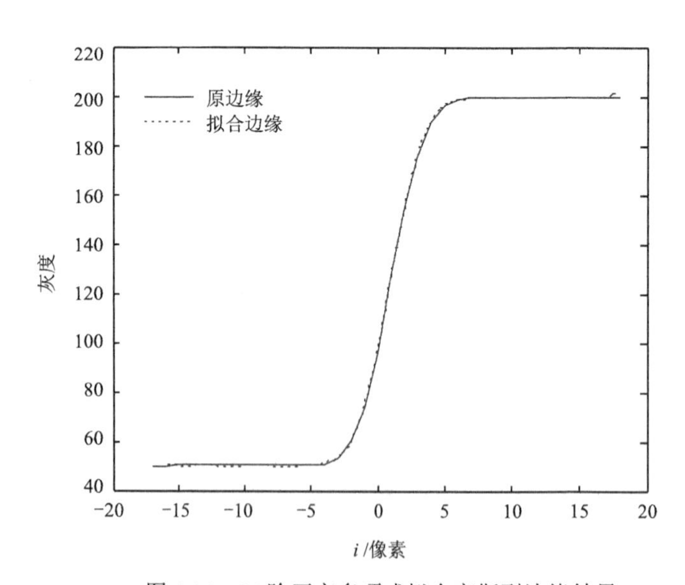

图 4-26　36 阶正交多项式拟合高斯型边缘结果

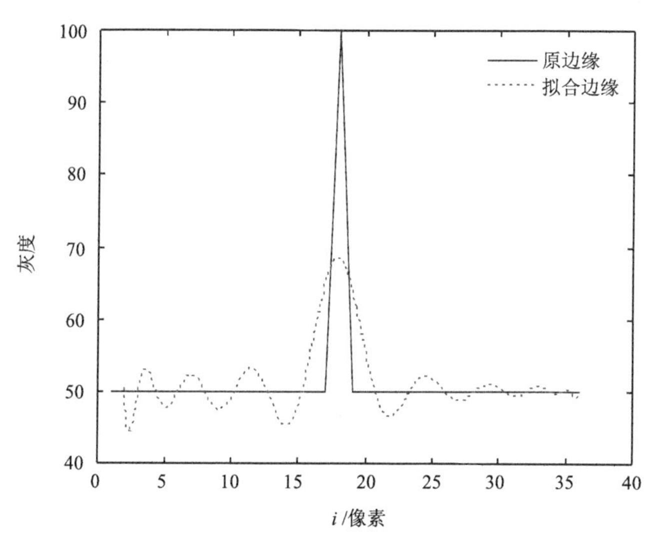

图 4-27　36 阶正交多项式拟合脉冲型边缘结果

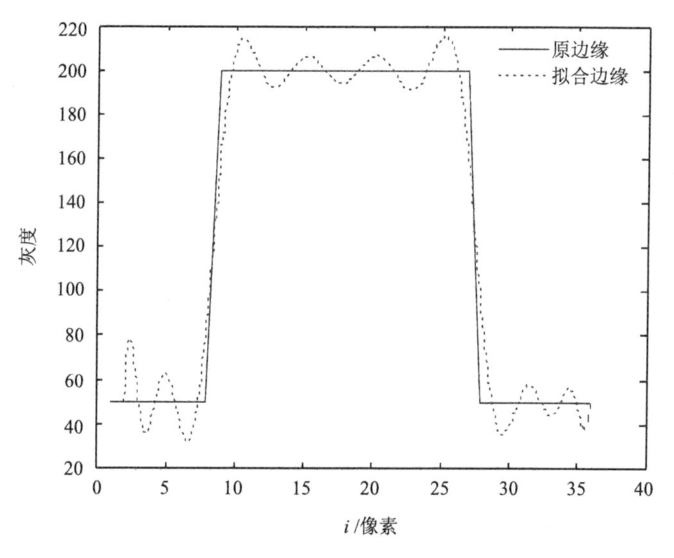

图 4-28　36 阶正交多项式拟合屋脊型边缘结果

多项式拟合效果优于正切函数法拟合，但不如高斯拟合法。多项式拟合法与高斯拟合法用于真实图像的边缘识别效果相差不大。高斯拟合法含反常积分，只能采用数值积分，并且非线性参数识别过程繁琐，识别效果依赖于初始参数的选择。多项式拟合适用性好，方法简便。

参 考 文 献

[1] 章毓晋. 图像工程（上册）图像处理[M]. 第 2 版. 北京：清华大学出版社，2006.

[2] 唐良瑞，马全明，图像处理实用技术[M]. 北京：化学工业出版社，2002.

[3] 徐建华. 图像处理与分析[M]. 北京：科学出版社，1992.

[4] 贺兴华，等. MATLAB7.x 图像处理[M]. 北京：人民邮电出版社，2006.

[5] Tabatabai A J，Mitchell O R. Edge location to sub-pixel values in digital imagery[J]. IEEE Transaction on Pattern Analysis and Machine Intelligence，1984，6：188-201.

[6] Nalwa V S，Binford T O. On detecting edge[J]. IEEE Transaction on Pattern Analysis and Machine Intelligence，1986，8：699-714.

[7] Ye J，Fu G，Poudel U P. High-accuracy edge detection with blurred edge model[J]. Image and Vision Computing，2005，23(5)：453-467.

[8] Fu G K，Moosa A G. An optical approach to structural displacement measurement and its application[J]. Journal of Engineering Mechanics，2002，128(5)：511-520.

[9] 袁向荣，刘敏，蔡卡宏. 采用数字图像边缘检测法进行梁变形检测及破损识别[J]. 四川建筑科学研究，2013，39(1)：68-70.

[10] 袁向荣. 边缘识别的多项式滑动拟合法[J]. 微型机与应用，2011，30(19)：44-46.

[11] 袁向荣. 边缘识别的正交多项式拟合及梁变形检测[J]. 实验室研究与探索，2013，32(10)：11-23.

[12] 袁向荣. 多项式拟合屋脊型边缘及在梁弯曲变形检测中的应用[J]. 广州大学学报（自然科学版），2013，12(5)：40-44.

第五章　二维边缘检测法

第三、四章介绍的 MATLAB 边缘检测函数 edge，属于整像素二维检测，其方法是采用算子作用于局部图像上，设定阈值以检测边缘，其中 roberts、sobel 算子依据某方向一阶导数差分；prewitt、robinson 算子是某种边缘模板；log、zerocross 算子是依据二阶拉普拉斯导数差分，区别是滤波方法不同；canny 算子综合了滤波、梯度计算并结合双阈值判断。

第一节　二维高斯边缘模型

第四章介绍了一维高斯边缘模型，对于二维边缘，光强函数为[1]

$$I(x,y)=h+\frac{k}{\sqrt{2\pi}\sigma}\int_{-\infty}^{y}\exp\left\{-\frac{\left[t-\left(Px^2+Qx+R\right)\right]^2}{2\sigma^2}\right\}\mathrm{d}t \tag{5-1}$$

式中 h 为灰度基值，k 为灰度增值，某邻域内设边缘曲线为抛物线 Px^2+Qx+R，σ 为模糊因子。

跨越边缘的像素灰度为

$$G(i,j)=\int_{i-0.5}^{i+0.5}\int_{j-0.5}^{j+0.5}I(x,y)\mathrm{d}x\mathrm{d}y \tag{5-2}$$

由式（5-1）和式（5-2）生成的图像如图 5-1 所示。

图 5-1　根据二维高斯边缘模型生成的图像

在某领域内取模型灰度与图像灰度 G_{ij} 的平方差为目标函数，采用牛顿-拉尔森法识别式（5-1）中的 6 个待定系数，以此识别边缘的位置。在实际图像研究中，有学者认为理论边缘可用高斯模型进行描述，并已采用这种模型[2, 3]。基于高斯模型的边缘识别优于基于矩保持的方法和插值法。笔者及其团队提出了图像相关的边缘识别法，研究表明，在梁体没有图案的情况下，二维相关方法精度与一维相关方法相当，优点是抗噪效果好，缺点是计算量大。在采用 Fu 提出的多项式函数拟合的一维边缘识别法[4]时，对多项式函数拟合法进行了研究，先后提出了滑动拟合法，正交多项式拟合法等，对边缘曲线的拟合精度提高明显[5, 6]，但边缘识别效果改善不明显，通过对部分识别结果的观察，一维拟合仅考虑跨边缘的灰度变化，未考虑沿边缘的变化。高斯模型边缘识别效果较好，原因是采用了二维边缘模型式（5-1）和式（5-2）进行识别，但式中的参数识别方程为隐式方程，须用非线性优化方法，如采用牛顿-拉尔森法，还须计算梯度和雅可比矩阵，不可避免的要对反常积分进行数值计算，应用上不够简便。因此本书提出了二维多项式拟合边缘曲面的方法，拟合和识别过程只需解线性代数方程，简便易行。

第二节　二维多项式边缘拟合法

对于图像中某边缘领域的灰度曲面 $f(x,y)$ 在矩形网格点 $(x_s,y_t), s=0,1,\cdots,n;$ $t=0,1,\cdots,m$ 的型值已给。选定一组乘积型基函数 $\{\varphi_i(x)\psi_j(y)\}_{i=0}^{N}{}_{,j=0}^{M}$，并假定 $n \geqslant N$，$m \geqslant M$。可用最小二乘法寻求二元曲面

$$z=F(x,y)=\sum_{k=0}^{N}\sum_{l=0}^{M}\alpha_{kl}\varphi_k(x)\psi_l(y) \tag{5-3}$$

作为 $f(x,y)$ 的近似[7]。由目标函数：

$$I(\alpha_{11},\cdots,\alpha_{1M},\cdots,\alpha_{N1},\cdots,\alpha_{NM})=\sum_{s=0}^{n}\sum_{t=0}^{m}\left[f(x_s,y_t)-\sum_{k=0}^{N}\sum_{l=0}^{M}\alpha_{kl}\varphi_k(x_s)\psi_l(y_t)\right]^2=\min \tag{5-4}$$

求得逼近参数 $\{\alpha_{ij}\}_{i=0}^{N}{}_{,j=0}^{M}$，它使 $F(x,y)$ 在网格点上与 $f(x,y)$ 的差的平方和达到最小。

如果选乘积型函数为 $\{x^i y^j\}_{i=0}^{N}{}_{,j=0}^{M}$，式（5-4）参数识别方程的系数矩阵严重病态。一般认为一维多项式次数超过 6 以后，逼近效果没有改进，换算到二维，$\{x^i y^j\}_{i=0}^{N}{}_{,j=0}^{M}$ 中，$N+M$ 超过 6 以后拟合效果也不好[8]，这是多项式较少用于二维拟合的原因。实际应用上，可分两步逼近[8]。第一步任意固定 y_t，用 L_x 表示对函数 $f(x,y)$ 作 x 方向的最小二乘拟合，则有

$$L_x f(x,y_t)=\sum_{k=0}^{N}\beta_{kt}\varphi_k(x),\quad t=0,1,2,\cdots,m \tag{5-5}$$

$$\sum_{s=0}^{n}\left[f(x_s,y_t)-\sum_{k=0}^{N}\beta_{kt}\varphi_k(x_s)\right]^2=\min,\quad t=0,1,2,\cdots,m \tag{5-6}$$

易知$\{\beta_{kt}\}_{k=0}^{N}$满足下列方程组：

$$\sum_{s=0}^{n}\left[f(x_s,y_t)-\sum_{k=0}^{N}\beta_{kt}\varphi_k(x_s)\right]\varphi_i(x_s)=0,\quad i=0,1,2,\cdots,N;\quad t=0,1,2,\cdots,m \tag{5-7}$$

得到$\{\beta_{kt}\}_{k=0}^{N}$后，第二步记L_y是y方向的最小二乘拟合，则有

$$L_y f(x_s,y)=\sum_{l=0}^{M}r_l(x_s)\psi_l(y),\quad s=0,1,2,\cdots,n \tag{5-8}$$

$$\sum_{t=0}^{m}\left[\sum_{l=0}^{M}r_l(x_s)\psi_l(y_t)-\sum_{k=0}^{N}\beta_{kt}\varphi_k(x_s)\right]^2=\min,\quad s=0,1,2,\cdots,n \tag{5-9}$$

$\{r_l(x)\}_{l=0}^{M}$满足下列方程组：

$$\sum_{t=0}^{m}\left[\sum_{l=0}^{M}r_l(x_s)\psi_l(y_t)-\sum_{k=0}^{N}\beta_{kt}\varphi_k(x_s)\right]\psi_j(y_t)=0,\quad j=0,1,2,\cdots,M;\quad s=0,1,2,\cdots,n \tag{5-10}$$

由此可识别$r_l(x)=\sum_{k=0}^{N}\alpha_{kl}\varphi_k(x)$。这样得到曲面：

$$z=\sum_{l=0}^{N}r_l(x)\psi_l(y)=\sum_{k=0}^{N}\sum_{l=0}^{M}\alpha_{kl}\,\varphi_k(x)\psi_l(y) \tag{5-11}$$

式（5-7）需解N+1阶线性方程m+1次，式（5-10）需解M+1线性方程n+1次，由于方程系数矩阵不变，实际只需求一个N+1阶和M+1阶矩阵的逆便得到式（5-7）和式（5-10）的解。式（5-11）称为乘积型最小二乘曲面，是由乘积型基函数$\{\varphi_i(x)\psi_j(y)\}_{i=0,j=0}^{N,M}$对图像灰度曲面$f(x,y)$在最小二乘意义上的最佳逼近。

1. 数字算例

由式（5-2）可以生成256×256的8位灰度图像如图5-1所示，在边缘附近选择一小区域，用乘积型多项式$\{x^i y^j\}_{i=0,j=0}^{N,M}$对区域内图像数据进行二维拟合，以采用Canny法确定的整像素边缘位置为中心(x_0,y_0)，选择$n\times m$（跨边缘为n，沿边缘为m）矩形区域子图像$f(x_0+l,y_0+k)$，其中，

$$l=-(n-1)/2,-(n-1)/2+1,\cdots,(n-1)/2$$

$$k=-(m-1)/2,-(m-1)/2+1,\cdots,(m-1)/2$$

用二维多项式对其进行拟合。通过多次分析比较，本例区域选$n\times m$=15×9，二维多项式选$N=6$，$M=3$边缘识别效果较好，跨边缘方向6阶多项式，更高阶效果提高不明显，沿边缘方向，曲线变化较缓，三次多项式已足够。图5-2为区

域子图像拟合结果。

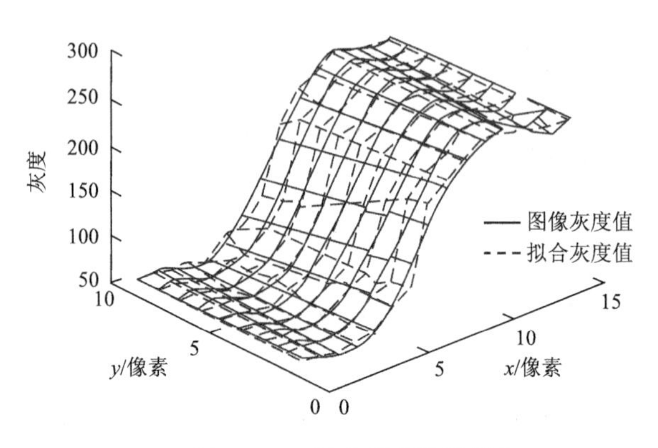

图 5-2　二维多项式边缘拟合

一般认为灰度变化最大的点为边缘位置，可以由$\max\left[\dfrac{\partial f(x,y)}{\partial x}\right]$确定边缘的位置，这里采用近似的二维多项式边缘模型，按$\max\left[\dfrac{\partial F(x,y)}{\partial x}\right]$确定边缘的位置。

以图 5-1 为参考图像，给其边缘一竖向 3 像素位移生成位移图像。图 5-3 为原边缘和位移边缘识别结果，图 5-4 为边缘变形识别结果。识别边缘位移最大绝对误差 0.12 像素，相对误差 4%，多数像素点位移的误差在 0.05 像素以内，如果采用小波分解或奇异值分解等方法对边缘或变形识别数据进行去噪处理[9]，误差可控制在 0.02 像素左右。

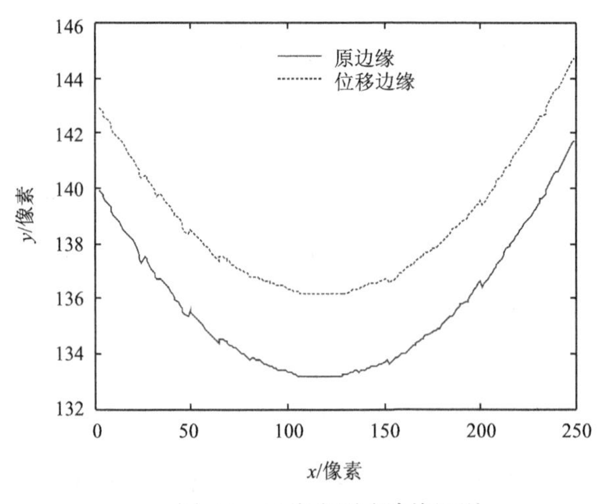

图 5-3　二维多项式边缘识别

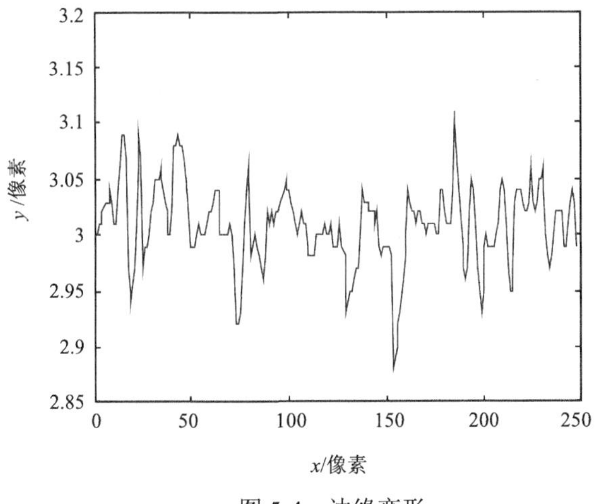

图 5-4　边缘变形

2. 讨论

（1）边缘检测属于二维问题，采用一维方法进行检测有明显的局限性。现有方法中基于高斯边缘模型拟合方法检测效果最好，但其优化方程是非线性隐式方程，只能用数值方法，6 个待定参数的隐式方程中含有反常积分，算法较复杂。多项式边缘拟合法，优化方程是显式线性方程，算法简单易行，但高于 6 阶的多项式不能提高拟合效果，用于一维拟合的结果较好，二维拟合一个方向用 2 阶另一个方向最高只能用 4 阶，难以满足边缘拟合的要求。乘积型二维多项式两步拟合法，可以在两维上各采用最高到 6 阶的多项式，保证较好的拟合效果，对于 $N\times M$ 阶多项式拟合过程只需解一个 N 阶和一个 M 阶矩阵的逆，算法简易。

（2）乘积型二维多项式法对生成图像进行边缘检测效果良好。

（3）简支梁模型试验表明，变形前后梁底检测边缘曲线波动较小，说明检测方法稳定性和分辨率较高，由这两条曲线的差所得的梁变形曲线波动较小，说明二维拟合对由于梁弯曲引起的边缘横向变化的适应性较好，这也是二维拟合优于一维拟合的原因。波动范围多数在±0.1 像素，如果对检测结果进行去噪处理，其精度可提高到±0.02 像素左右，亚像素变形检测的效果明显。以 30 万像素（640×480）网络摄像头采集约 0.5 m 范围内梁的变形图像，边缘识别所得变形检测精度与百分表检测结果相当。

MATLAB 中的 fit 函数可以进行曲线和曲面拟合，进行曲面 $f(x,y)$ 拟合时，给定 x 和 y 值，将矩阵 $f(x,y)$ 排成一列，即将其第 2～n 列依次排到第 1 列，实际上是按曲线拟合方式进行曲面拟合。进行曲线拟合时，多项式最高次数可选 9，曲面拟合时最高可选 5×5 阶多项式。

第三节　二维正交多项式边缘拟合法

对于图像中某边缘领域的灰度曲面 $f(x,y)$ 在矩形网格点 $(x_s,y_t), s=0,1,\cdots,n;$ $t=0,1,\cdots,m$ 的型值已给。选定一组乘积型基函数 $\{\varphi_i(x)\psi_j(y)\}_{i=0,j=0}^{N\ \ M}$，并假定 $n\geqslant N$，$m\geqslant M$。可用最小二乘法寻求二元曲面：

$$z=F(x,y)=\sum_{k=0}^{N}\sum_{l=0}^{M}\alpha_{kl}\varphi_k(x)\psi_l(y) \tag{5-12}$$

由目标函数：

$$I(\alpha_{11},\cdots,\alpha_{1M},\cdots,\alpha_{N1},\cdots,\alpha_{NM})=\sum_{s=0}^{n}\sum_{t=0}^{m}\left[f(x_s,y_t)-\sum_{k=0}^{N}\sum_{l=0}^{M}\alpha_{kl}\varphi_k(x_s)\psi_l(y_t)\right]^2=\min \tag{5-13}$$

求得逼近参数 $\{\alpha_{ij}\}_{i=0,j=0}^{N\ \ M}$，它使 $F(x,y)$ 在网格点上与 $f(x,y)$ 的差的平方和达到最小。

第二节提到选乘积型函数为 $\{x^i y^j\}_{i=0,j=0}^{N\ \ M}$，式（5-4）参数识别方程的系数矩阵严重病态，$N+M$ 超过 6 以后拟合效果也不好[8]。与第二节一样分两步在 x 和 y 方向进行逼近，与第二节不同的是采用乘积型正交基函数。

第一步任意固定 y_t，用 L_x 表示对函数 $f(x,y)$ 作 x 方向的最小二乘拟合，则有

$$L_x f(x,y_t)=\sum_{k=0}^{N}\beta_{kt}\varphi_k(x),\quad t=0,1,2,\cdots,m \tag{5-14}$$

$$\sum_{s=0}^{n}\left[f(x_s,y_t)-\sum_{k=0}^{N}\beta_{kt}\varphi_k(x_s)\right]^2=\min,\quad t=0,1,2,\cdots,m \tag{5-15}$$

易知 $\{\beta_{kt}\}_{k=0}^{N}$ 满足下列方程组：

$$\sum_{s=0}^{n}\left[f(x_s,y_t)-\sum_{k=0}^{N}\beta_{kt}\varphi_k(x_s)\right]\varphi_i(x_s)=0,\quad i=0,1,2,\cdots,N;\quad t=0,1,2,\cdots,m \tag{5-16}$$

式（5-16）与第二节形式相同，不同的是基函数 $\{\varphi_i(x)\}_{i=0}^{N}$ 的正交性，$\sum_{s=0}^{n}\varphi_k(x_s)\varphi_i(x_s)=0,\quad i\neq k$。代入式（5-16）：

$$\sum_{s=0}^{n}\left[f(x_s,y_t)\varphi_i(x_s)\right]=\beta_{it}\sum_{s=0}^{n}\left[\varphi_i^2(x_s)\right],\quad i=0,1,2,\cdots,N;\quad t=0,1,2,\cdots,m \tag{5-17}$$

式（5-17）不用解方程或求逆，仅由除法即可得到 $\{\beta_{kt}\}_{k=0}^{N}$。

第二步记 L_y 是 y 方向的最小二乘拟合，则有

$$L_y f(x,y)=\sum_{l=0}^{M} r_l(x)\psi_l(y) \tag{5-18}$$

$$\sum_{t=0}^{m}\left[\sum_{l=0}^{M} r_l(x_s)\psi_l(y_t)-\sum_{k=0}^{N}\beta_{kt}\varphi_k(x_s)\right]^2=\min,\quad s=0,1,2,\cdots,n \tag{5-19}$$

$\{r_l(x)\}_{l=0}^{M}$ 满足下列方程组：

$$\sum_{t=0}^{m}\left[\sum_{l=0}^{M} r_l(x_s)\psi_l(y_t)-\sum_{k=0}^{N}\beta_{kt}\varphi_k(x_s)\right]\psi_j(y_t)=0,\quad j=0,1,2,\cdots,M;\quad s=0,1,2,\cdots,n \tag{5-20}$$

式(5-20)与第二节形式相同,不同的是基函数 $\{\psi_j(y)\}_{j=0}^{M}$ 的正交性，$\sum_{t=0}^{m}\psi_l(y_t)\psi_j(y_t)=0$，$j\neq l$。代入式（5-20），

$$r_j\sum_{t=0}^{m}\psi_j^2(y_t)=\sum_{t=0}^{m}\left[\sum_{k=0}^{N}\beta_{kt}\varphi_k(x_s)\right]\psi_j(y_t),\quad j=0,1,2,\cdots,M;s=0,1,2,\cdots,n \tag{5-21}$$

由式（5-21）仅由除法即可解得 $r_l(x)=\sum_{k=0}^{N}\alpha_{kl}\varphi_k(x)$。

这样得到曲面：

$$z=\sum_{l=0}^{N} r_l(x)\psi_l(y)=\sum_{k=0}^{N}\sum_{l=0}^{M}\alpha_{kl}\varphi_k(x)\psi_l(y) \tag{5-22}$$

式（5-22）称为乘积型最小二乘曲面，是由乘积型正交基函数 $\{\varphi_i(x)\psi_j(y)\}_{i=0,j=0}^{N,\ M}$ 对图像灰度曲面 $f(x,y)$ 在最小二乘意义上的最佳逼近[10]。

式（5-12）的一步拟合，$N+M$ 一般最高不超过 6。分步拟合的每步按一维拟合，对普通多项式 $\{x^i y^j\}_{i=0,j=0}^{N,\ M}$，$N$、$M$ 最高均可选 6。

若采用正交多项式，系数识别式（5-17）和式（5-21）无须解方程，因此可采用高于 6 阶的多项式，可有效提高曲面拟合的精度。

正交多项式递推算法[11]：

$$\begin{aligned}Q_0&=1\\Q_1(x)&=x-\alpha_0\\Q_{j+1}(x)&=(x-\alpha_j)Q_j(x)-\beta_j Q_{j-1}(x),\quad j=1,2,\cdots,m-1\end{aligned}$$

其中，

$$\alpha_j = \frac{\sum_{k=0}^{n} x_k Q_j^2(x_k)}{d_j}, \quad j = 0,1,2,\cdots,m-1$$

$$\beta_j = \frac{d_j}{d_{j-1}}, \quad j = 1,2,\cdots,m-1$$

$$d_j = \sum_{k=0}^{n} Q_j^2(x_k), \quad j = 0,1,2,\cdots,m-1$$

1. 边缘拟合

由式（5-2）可以生成边缘图像如图 5-1 所示，在边缘附近选择一小区域，用乘积型正交多项式$\{\varphi_i(x)\psi_j(y)\}_{i=0,\ j=0}^{N,\ M}$对区域内子图像数据进行二维拟合，以采用 Canny 法确定的整像素边缘位置为中心(x_0, y_0)，选择$n\times m$（跨边缘为n，沿边缘为m）矩形区域子图像$f(x_0+l, y_0+k)$，其中，$l=-(n-1)/2, -(n-1)/2+1, \cdots, (n-1)/2$; $k=-(m-1)/2, -(m-1)/2+1, \cdots, (m-1)/2$;
用二维正交多项式对其进行拟合。为分析比较，区域选$n\times m = 21\times 7$，二维正交多项式选$N = 6,10,15,20$，$M = 6$。图 5-5 和图 5-6 为拟合结果。

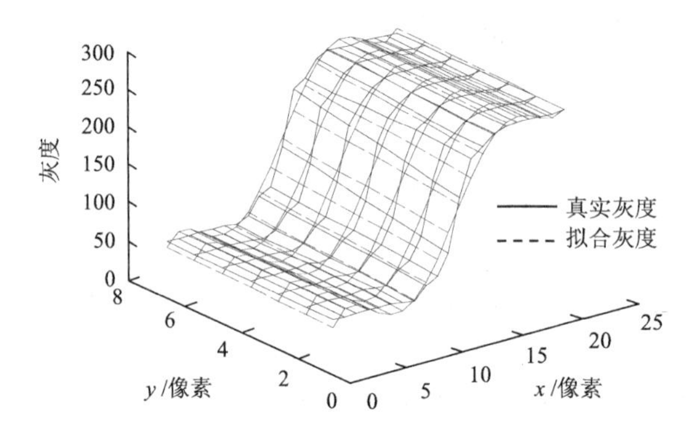

图 5-5　6×6 阶二维正交多项式边缘拟合

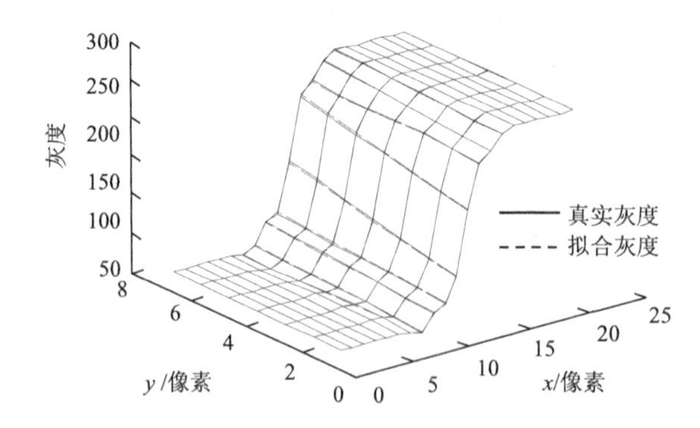

图 5-6　20×6 阶二维正交多项式边缘拟合

如前所述，普通多项式拟合阶数最高可选 6 阶，图 5-5 为普通多项式拟合的最佳结果。跨边缘方向 21 个数据构成的曲线变化较大，多项式最高可选 20 阶，选择 6～20 阶正交多项式进行拟合以进行比较，沿边缘方向，曲线变化较缓，2～6 阶多项式拟合效果相差不明显。图 5-6 可见高阶正交多项式拟合效果明显优于图 5-5 的 6 阶普通多项式。

2. 边缘识别

一般认为灰度变化最大的点为边缘位置，可以由灰度曲面方向变化率最大确定边缘的位置，即按梯度 $\boldsymbol{i}\frac{\partial f(x,y)}{\partial x}+\boldsymbol{j}\frac{\partial f(x,y)}{\partial x}$ 确定边缘的位置，这里采用近似的多项式边缘模型，近似采用 $\max\left\{\left[\frac{\partial F(x,y)}{\partial x}\right]^2+\left[\frac{\partial F(x,y)}{\partial y}\right]^2\right\}_{y=y_j}$ 确定边缘的位置[12]。

以图 5-1 为参考图像，给其边缘一竖向 3 像素位移生成位移图像。先识别两幅图像中边缘曲线，再由这两曲线的差得到边缘的变形。图 5-7 为无噪声图像边缘变形识别结果比较，虚线为一维拟合，实线为二维拟合。图 5-8 为含 5%噪声图像的边缘变形识别比较。一维拟合采用 6 阶普通多项式[4]，二维拟合采用 20×6 阶正交多项式。由图 5-7 可知，二维方法处理无噪声图像，识别边缘位移最大绝对误差 0.08 像素，相对误差 2.7%，略好于一维拟合，多数像素点位移的误差在 0.03 像素以内。如果采用小波分解或奇异值分解等方法对边缘或变形识别数据进行去噪处理[9]，误差可控制在 0.01 像素左右。由图 5-8 可知，对含噪声图像的处理，二维方法识别边缘变形的效果明显优于一维方法。

由图 5-9 和图 5-10 可知，边缘检测曲线波动范围基本上在±0.05 像素之内，边缘变形检测曲线波动范围基本上在±0.1 像素之内。说明新方法边缘检测的分辨率和稳定性较高。

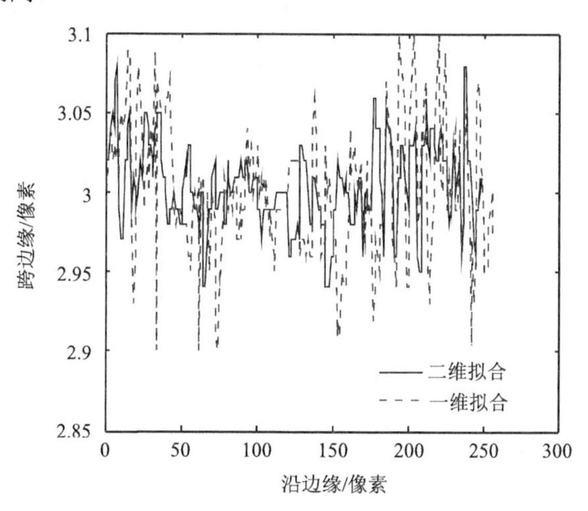

图 5-7　无噪声图像边缘变形识别

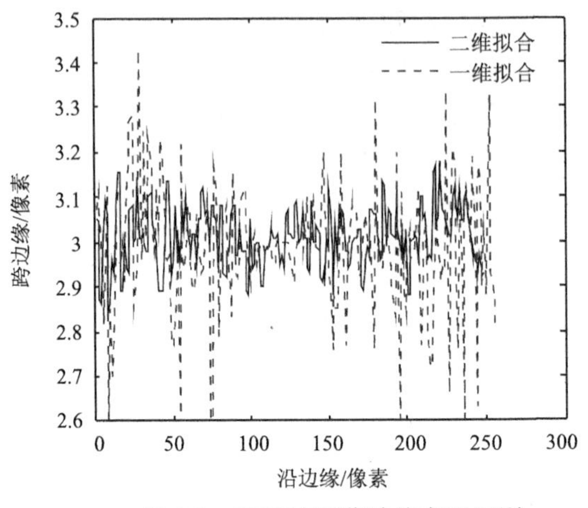

图 5-8　5%噪声图像边缘变形识别

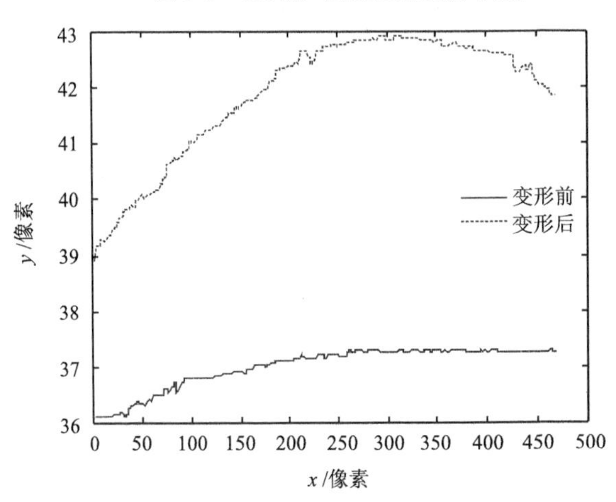

图 5-9　由边缘识别检测所得梁底边缘曲线

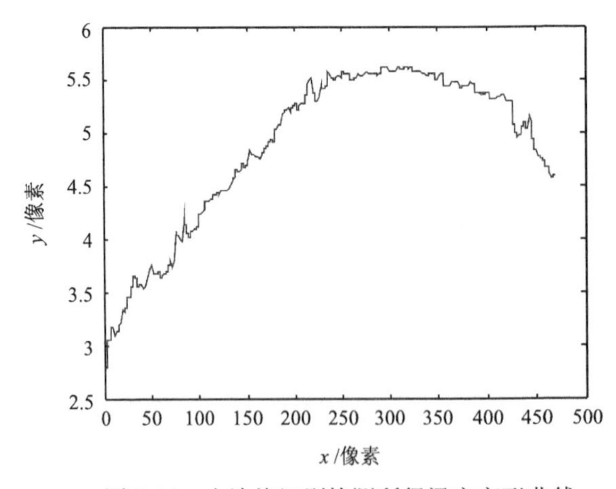

图 5-10　由边缘识别检测所得梁底变形曲线

按以下过程进行标定将检测结果换算为毫米：①由梁的物理尺度与像素尺度比较，可得图像纵横向检测标定系数分别为 10/11 mm/像素和 540/470 mm/像素。②由梁跨中检测挠度与理论值比较，得梁的荷载抗弯刚度比 P/EJ。简支梁挠度曲线理论解为

$$y = \frac{Px}{48EJ}\left(3l^2 - 4x^2\right), \quad 0 \leqslant x \leqslant \frac{l}{2}$$

图 5-11 为实测值与理论值的比较，两者符合较好。

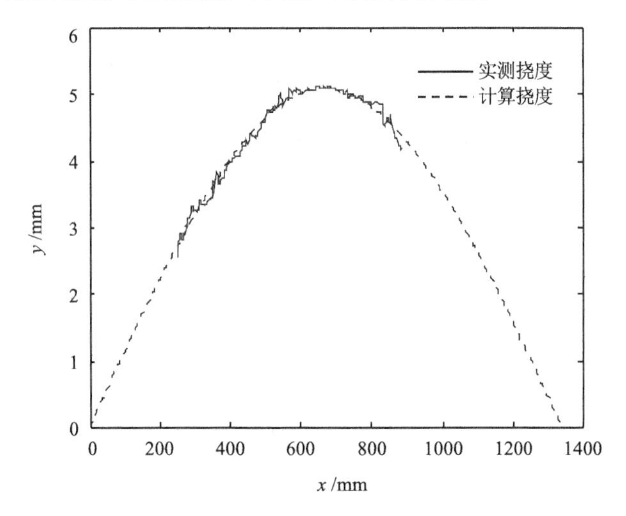

图 5-11　实测值与理论值的比较

3. 讨论

（1）边缘检测属二维问题，采用一维方法进行检测有明显的局限性。现有方法中基于高斯边缘模型拟合方法检测效果最好，但其优化方程是非线性隐式方程，只能用数值方法，6 个待定参数的隐式方程中含有反常积分，算法较复杂。多项式边缘拟合法，优化方程是显式线性方程，算法简单易行，但高于 6 阶的多项式不能提高拟合效果，用于一维拟合的结果较好，二维拟合一个方向用 2 阶另一个方向最高只能用 4 阶，难以满足边缘拟合的要求。采用分步拟合，两个方向均可为 6 阶。二维正交多项式边缘拟合法，参数识别的优化过程不用求逆或解方程组，可以在采用高阶多项式，对于 $n \times m$ 的子图像，最高可采用 $(n-1)\times(m-1)$ 阶多项式，多项式的阶数只取决于子图像的尺度，保证较好的拟合效果。拟合过程只需算术除法，算法简易。

（2）对生成图像进行边缘检测的结果表明，适当提高多项式阶数可以提高拟合效果，二维正交多项式边缘拟合法检测效果优于一维普通多项式的检测，对于含噪声图像的检测新方法的效果更明显。

（3）一维拟合法，对各边缘点跨边缘 N 个像素点一次拟合即可。二维分步

拟合法，对 M 个像素的一小段边缘，先进行 M 次拟合（对 N 个像素点拟合）形成中间数据，再对中间数据进行 N 次拟合（对 M 个像素点拟合），因此相对于一维拟合增加了极大的计算量。相对于普通多项式拟合，正交多项式增加了递推计算，拟合区间和多项式阶数的增加，均会导致计算量的增加。

（4）本节方法适用于直边、平滑曲边构件的边缘识别和变形检测。

第四节　高斯边缘模型识别法

阶跃型边缘识别，可以采用高斯边缘模型。式（5-1）和式（5-2）中有 6 个待定参数。

由图 5-12 可知，当兴趣窗口在低灰度区并远离边缘时，灰度 $G(L)=h$ 。

当兴趣窗口在高灰度区并远离边缘时， $G(H)=h+k$ ， $k=G(H)-h$ 。

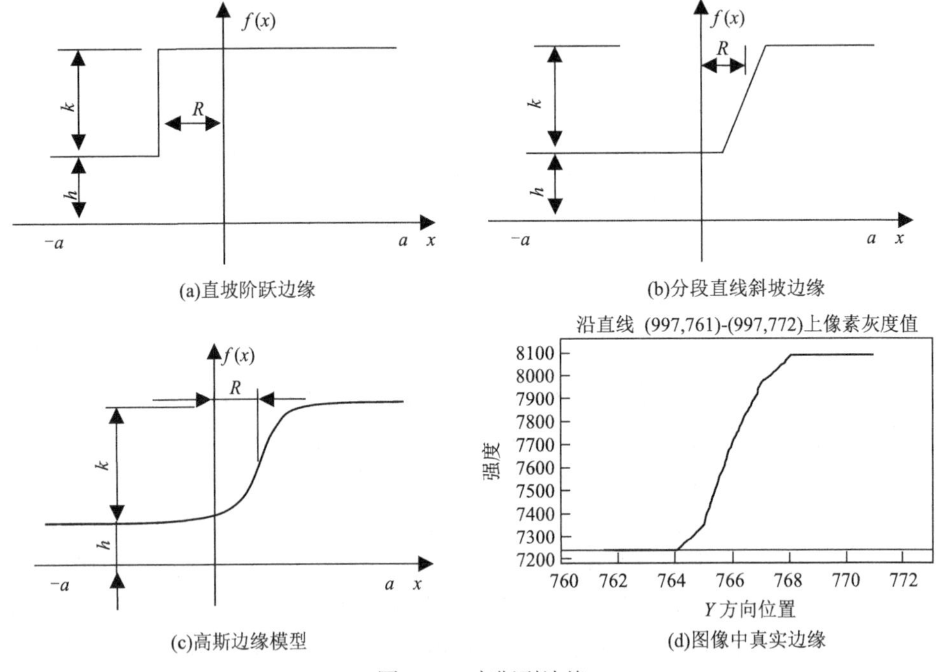

图 5-12　高斯型边缘

为防止噪声的影响，可以取远离边缘区的灰度均值确定 h 和 k 的值。对于如图 5-12(a)所示的直坡阶跃边缘，由灰度突变处可识别边缘位置 R。对于如图 5-12(b)所示分段直线斜坡边缘，对于低灰度终点及高灰度起点间斜线采用一阶多项式拟合，可识别边缘位置 R。

对于如图 5-12(c)所示高斯边缘模型，剩余的 4 个参数识别可采用优化方法。

拟合灰度与真实灰度差的平方为目标函数：

$$\Delta=\sum_{i=-a}^{a}\sum_{j=-b}^{b}\left[G(i,j)-\tilde{G}(i,j)\right]^2 \qquad -a\leqslant i\leqslant a,\quad -b\leqslant j\leqslant b \tag{5-23}$$

拟合参数矢量：

$$\boldsymbol{V}=\left[P\quad Q\quad R\quad 1/\sigma\right]^{\mathrm{T}} \tag{5-24}$$

采用$1/\sigma$为识别变量，导数计算比较简便。目标函数的梯度：

$$\begin{aligned}\boldsymbol{g}&=\frac{\partial\Delta(\boldsymbol{V})}{\partial\boldsymbol{V}}\\&=-2\times\sum_i\sum_j\left[G(i,j)-\tilde{G}(i,j)\right]\left[\frac{\partial\tilde{G}(i,j)}{\partial P}\quad\frac{\partial\tilde{G}(i,j)}{\partial Q}\quad\frac{\partial\tilde{G}(i,j)}{\partial R}\quad\frac{\partial\tilde{G}(i,j)}{\partial 1/\sigma}\right]^{\mathrm{T}}\end{aligned}$$

目标函数的海森矩阵：

$$[H]=\frac{\partial^2\Delta(\boldsymbol{V})}{\partial^2\boldsymbol{V}^2}=\begin{bmatrix}\dfrac{\partial^2\Delta(\boldsymbol{V})}{\partial P^2} & \dfrac{\partial^2\Delta(\boldsymbol{V})}{\partial P\partial Q} & \dfrac{\partial^2\Delta(\boldsymbol{V})}{\partial P\partial R} & \dfrac{\partial^2\Delta(\boldsymbol{V})}{\partial P\partial 1/\sigma}\\ \dfrac{\partial^2\Delta(\boldsymbol{V})}{\partial Q\partial P} & \dfrac{\partial^2\Delta(\boldsymbol{V})}{\partial Q^2} & \dfrac{\partial^2\Delta(\boldsymbol{V})}{\partial Q\partial R} & \dfrac{\partial^2\Delta(\boldsymbol{V})}{\partial Q\partial 1/\sigma}\\ \dfrac{\partial^2\Delta(\boldsymbol{V})}{\partial R\partial P} & \dfrac{\partial^2\Delta(\boldsymbol{V})}{\partial R\partial Q} & \dfrac{\partial^2\Delta(\boldsymbol{V})}{\partial R^2} & \dfrac{\partial^2\Delta(\boldsymbol{V})}{\partial R\partial 1/\sigma}\\ \dfrac{\partial^2\Delta(\boldsymbol{V})}{\partial 1/\sigma\,\partial P} & \dfrac{\partial^2\Delta(\boldsymbol{V})}{\partial 1/\sigma\,\partial Q} & \dfrac{\partial^2\Delta(\boldsymbol{V})}{\partial 1/\sigma\,\partial R} & \dfrac{\partial^2\Delta(\boldsymbol{V})}{\partial(1/\sigma)^2}\end{bmatrix}$$

阻尼牛顿法识别方程为

$$\boldsymbol{V}_{k+1}=\boldsymbol{V}_k-s\left[H(\boldsymbol{V}_k)^{-1}\boldsymbol{g}(\boldsymbol{V}_k)\right],\ s\text{ 为 0 到 1 之间一维搜索} \tag{5-25}$$

参数识别过程：按式(5-24)选初始参数矢量$\boldsymbol{V}_0$，计算梯度和海森矩阵，按式(5-25)计算$\boldsymbol{V}_1$，依次迭代。梯度矢量和海森矩阵的元素如下：

$$\boldsymbol{g}=\frac{\partial\Delta(\boldsymbol{V})}{\partial\boldsymbol{V}}=-2\times\sum_i\sum_j\left[G(i,j)-\tilde{G}(i,j)\right]\left[\frac{\partial\tilde{G}(i,j)}{\partial P}\quad\frac{\partial\tilde{G}(i,j)}{\partial Q}\quad\frac{\partial\tilde{G}(i,j)}{\partial R}\quad\frac{\partial\tilde{G}(i,j)}{\partial 1/\sigma}\right]^{\mathrm{T}}$$

$$\begin{aligned}\frac{\partial^2\Delta(\boldsymbol{V})}{\partial P\partial\boldsymbol{V}}&=-2\times\sum_i\sum_j\left[G(i,j)-\tilde{G}(i,j)\right]\left[\frac{\partial^2\tilde{G}(i,j)}{\partial P^2}\quad\frac{\partial^2\tilde{G}(i,j)}{\partial P\partial Q}\quad\frac{\partial^2\tilde{G}(i,j)}{\partial P\partial R}\quad\frac{\partial^2\tilde{G}(i,j)}{\partial P\partial 1/\sigma}\right]^{\mathrm{T}}\\&\quad+2\sum_i\sum_j\frac{\partial\tilde{G}}{\partial P}\left[\frac{\partial\tilde{G}(i,j)}{\partial P}\quad\frac{\partial\tilde{G}(i,j)}{\partial Q}\quad\frac{\partial\tilde{G}(i,j)}{\partial R}\quad\frac{\partial\tilde{G}(i,j)}{\partial 1/\sigma}\right]^{\mathrm{T}}\end{aligned}$$

$$\frac{\partial^2 \Delta(\boldsymbol{V})}{\partial Q \partial \boldsymbol{V}} = -2 \times \sum_i \sum_j \left[G(i,j) - \widetilde{G}(i,j)\right] \left[\frac{\partial^2 \widetilde{G}(i,j)}{\partial Q \partial P} \quad \frac{\partial^2 \widetilde{G}(i,j)}{\partial Q^2} \quad \frac{\partial^2 \widetilde{G}(i,j)}{\partial Q \partial R} \quad \frac{\partial^2 \widetilde{G}(i,j)}{\partial Q \partial 1/\sigma}\right]^{\mathrm{T}}$$
$$+ 2\sum_i \sum_j \frac{\partial \widetilde{G}}{\partial Q} \left[\frac{\partial \widetilde{G}(i,j)}{\partial P} \quad \frac{\partial \widetilde{G}(i,j)}{\partial Q} \quad \frac{\partial \widetilde{G}(i,j)}{\partial R} \quad \frac{\partial \widetilde{G}(i,j)}{\partial 1/\sigma}\right]^{\mathrm{T}}$$

$$\frac{\partial^2 \Delta(\boldsymbol{V})}{\partial R \partial \boldsymbol{V}} = -2 \times \sum_i \sum_j \left[G(i,j) - \widetilde{G}(i,j)\right] \left[\frac{\partial^2 \widetilde{G}(i,j)}{\partial R \partial P} \quad \frac{\partial^2 \widetilde{G}(i,j)}{\partial R \partial Q} \quad \frac{\partial^2 \widetilde{G}(i,j)}{\partial R^2} \quad \frac{\partial^2 \widetilde{G}(i,j)}{\partial R \partial 1/\sigma}\right]^{\mathrm{T}}$$
$$+ 2\sum_i \sum_j \frac{\partial \widetilde{G}}{\partial R} \left[\frac{\partial \widetilde{G}(i,j)}{\partial P} \quad \frac{\partial \widetilde{G}(i,j)}{\partial Q} \quad \frac{\partial \widetilde{G}(i,j)}{\partial R} \quad \frac{\partial \widetilde{G}(i,j)}{\partial 1/\sigma}\right]^{\mathrm{T}}$$

$$\frac{\partial^2 \Delta(\boldsymbol{V})}{\partial 1/\sigma\, \partial \boldsymbol{V}} = -2 \times \sum_i \sum_j \left[G(i,j) - \widetilde{G}(i,j)\right] \left[\frac{\partial^2 \widetilde{G}(i,j)}{\partial 1/\sigma\, \partial P} \quad \frac{\partial^2 \widetilde{G}(i,j)}{\partial 1/\sigma\, \partial Q} \quad \frac{\partial^2 \widetilde{G}(i,j)}{\partial 1/\sigma\, \partial R} \quad \frac{\partial^2 \widetilde{G}(i,j)}{\partial (1/\sigma)^2}\right]^{\mathrm{T}}$$
$$+ 2\sum_i \sum_j \frac{\partial \widetilde{G}}{\partial 1/\sigma} \left[\frac{\partial \widetilde{G}(i,j)}{\partial P} \quad \frac{\partial \widetilde{G}(i,j)}{\partial Q} \quad \frac{\partial \widetilde{G}(i,j)}{\partial R} \quad \frac{\partial \widetilde{G}(i,j)}{\partial 1/\sigma}\right]^{\mathrm{T}}$$

$$\frac{\partial I(x,y)}{\partial P} = \frac{k}{\sqrt{2\pi}\sigma} \int_{-\infty}^{y} \exp\left(-\frac{\left[t - \left(Px^2 + Qx + R\right)\right]^2}{2\sigma^2}\right)(-2)\frac{\left[t - \left(Px^2 + Qx + R\right)\right]}{2\sigma^2}$$
$$\left(-x^2\right) d\left[t - \left(Px^2 + Qx + R\right)\right]$$
$$= \frac{k}{\sqrt{2\pi}\sigma}\left(-x^2\right)\int_{-\infty}^{y} \exp\left(-\frac{\left[t - \left(Px^2 + Qx + R\right)\right]^2}{2\sigma^2}\right) d\frac{-\left[t - \left(Px^2 + Qx + R\right)\right]^2}{2\sigma^2}$$
$$= -\frac{kx^2}{\sqrt{2\pi}\sigma} \exp\left(-\frac{\left[t - \left(Px^2 + Qx + R\right)\right]^2}{2\sigma^2}\right)\Bigg|_{-\infty}^{y}$$
$$== -\frac{kx^2}{\sqrt{2\pi}\sigma} \exp\left(-\frac{\left[y - \left(Px^2 + Qx + R\right)\right]^2}{2\sigma^2}\right)$$

$$\frac{\partial \hat{G}(i,j)}{\partial P} = \int_{i-0.5}^{i+0.5}\int_{j-0.5}^{j+0.5} \frac{\partial I(x)}{\partial P} \mathrm{d}x\mathrm{d}y = -\frac{k}{\sqrt{2\pi}\sigma} \int_{i-0.5}^{i+0.5}\int_{j-0.5}^{j+0.5} x^2 \exp\left[-\frac{\left[y - \left(Px^2 + Qx + R\right)\right]^2}{2\sigma^2}\right] \mathrm{d}x\mathrm{d}y$$
$$= -\frac{k}{\sqrt{2\pi}\sigma} \int_{-1}^{1}\int_{-1}^{1} \left(\frac{u}{2} + i\right)^2 \exp\left[-\frac{\left[\left(\frac{v}{2} + j\right) - \left(P\left(\frac{u}{2} + i\right)^2 + Q\left(\frac{u}{2} + i\right) + R\right)\right]^2}{2\sigma^2}\right] \mathrm{d}u\mathrm{d}v \frac{1}{4}$$

$$\frac{\partial I(x,y)}{\partial Q}=\frac{k}{\sqrt{2\pi}\sigma}\int_{-\infty}^{y}\exp\left(-\frac{\left[t-\left(Px^2+Qx+R\right)\right]^2}{2\sigma^2}\right)(-2)\frac{\left[t-\left(Px^2+Qx+R\right)\right]}{2\sigma^2}(-x)\mathrm{d}\left[t-\left(Px^2+Qx+R\right)\right]$$

$$=\frac{k}{\sqrt{2\pi}\sigma}(-x)\int_{-\infty}^{y}\exp\left(-\frac{\left[t-\left(Px^2+Qx+R\right)\right]^2}{2\sigma^2}\right)\mathrm{d}\frac{-\left[t-\left(Px^2+Qx+R\right)\right]^2}{2\sigma^2}$$

$$=-\frac{kx}{\sqrt{2\pi}\sigma}\exp\left(-\frac{\left[t-\left(Px^2+Qx+R\right)\right]^2}{2\sigma^2}\right)\Bigg|_{-\infty}^{y}==-\frac{kx}{\sqrt{2\pi}\sigma}\exp\left(-\frac{\left[y-\left(Px^2+Qx+R\right)\right]^2}{2\sigma^2}\right)$$

$$\frac{\partial\hat{G}(i,j)}{\partial Q}=\int_{i-0.5}^{i+0.5}\int_{j-0.5}^{j+0.5}\frac{\partial I(x)}{\partial Q}\mathrm{d}x\mathrm{d}y=-\frac{k}{\sqrt{2\pi}\sigma}\int_{i-0.5}^{i+0.5}\int_{j-0.5}^{j+0.5}x\exp\left[-\frac{\left[y-\left(Px^2+Qx+R\right)\right]^2}{2\sigma^2}\right]\mathrm{d}x\mathrm{d}y$$

$$=-\frac{k}{\sqrt{2\pi}\sigma}\int_{-1}^{1}\int_{-1}^{1}\left(\frac{u+i}{2}\right)\exp\left[-\frac{\left[\left(\frac{v+j}{2}\right)-\left(P\left(\frac{u+i}{2}\right)^2+Q\left(\frac{u+i}{2}\right)+R\right)\right]^2}{2\sigma^2}\right]\mathrm{d}u\mathrm{d}v\frac{1}{4}$$

$$\frac{\partial I(x,y)}{\partial R}=\frac{k}{\sqrt{2\pi}\sigma}\int_{-\infty}^{y}\exp\left(-\frac{\left[t-\left(Px^2+Qx+R\right)\right]^2}{2\sigma^2}\right)(-2)\frac{\left[t-\left(Px^2+Qx+R\right)\right]}{2\sigma^2}$$
$$(-1)\mathrm{d}\left[t-\left(Px^2+Qx+R\right)\right]$$

$$=\frac{k}{\sqrt{2\pi}\sigma}(-1)\int_{-\infty}^{y}\exp\left(-\frac{\left[t-\left(Px^2+Qx+R\right)\right]^2}{2\sigma^2}\right)\mathrm{d}\frac{-\left[t-\left(Px^2+Qx+R\right)\right]^2}{2\sigma^2}$$

$$=-\frac{k}{\sqrt{2\pi}\sigma}\exp\left(-\frac{\left[t-\left(Px^2+Qx+R\right)\right]^2}{2\sigma^2}\right)\Bigg|_{-\infty}^{y}$$

$$=-\frac{k}{\sqrt{2\pi}\sigma}\exp\left(-\frac{\left[y-\left(Px^2+Qx+R\right)\right]^2}{2\sigma^2}\right)$$

$$\frac{\partial\hat{G}(i,j)}{\partial R}=\int_{i-0.5}^{i+0.5}\int_{j-0.5}^{j+0.5}\frac{\partial I(x)}{\partial R}\mathrm{d}x\mathrm{d}y=-\frac{k}{\sqrt{2\pi}\sigma}\int_{i-0.5}^{i+0.5}\int_{j-0.5}^{j+0.5}\exp\left[-\frac{\left[y-\left(Px^2+Qx+R\right)\right]^2}{2\sigma^2}\right]\mathrm{d}x\mathrm{d}y$$

$$=-\frac{k}{\sqrt{2\pi}\sigma}\int_{-1}^{1}\int_{-1}^{1}\exp\left[-\frac{\left[\left(\frac{v+j}{2}\right)-\left(P\left(\frac{u+i}{2}\right)^2+Q\left(\frac{u+i}{2}\right)+R\right)\right]^2}{2\sigma^2}\right]\mathrm{d}u\mathrm{d}v\frac{1}{4}$$

$$
\begin{aligned}
\frac{\partial I(x,y)}{\partial 1/\sigma} &= \frac{k}{\sqrt{2\pi}}\left\{\begin{array}{l}
\int_{-\infty}^{y} \exp\left(-\dfrac{\left[t-\left(Px^2+Qx+R\right)\right]^2}{2\sigma^2}\right)\mathrm{d}t \\
+\dfrac{1}{\sigma}\int_{-\infty}^{y} \exp\left(-\dfrac{\left[t-\left(Px^2+Qx+R\right)\right]^2}{2\sigma^2}\right)\dfrac{-\left[t-\left(Px^2+Qx+R\right)\right]^2}{2}\left(\dfrac{2}{\sigma}\right)\mathrm{d}t
\end{array}\right\} \\
&= \frac{k}{\sqrt{2\pi}}\left\{\begin{array}{l}
\int_{-\infty}^{y} \exp\left(-\dfrac{\left[t-\left(Px^2+Qx+R\right)\right]^2}{2\sigma^2}\right)\mathrm{d}t \\
-2\int_{-\infty}^{y} \dfrac{\left[t-\left(Px^2+Qx+R\right)\right]^2}{2\sigma^2}\exp\left(-\dfrac{\left[t-\left(Px^2+Qx+R\right)\right]^2}{2\sigma^2}\right)\mathrm{d}t
\end{array}\right\} \\
&= \frac{k}{\sqrt{2\pi}}\left\{\begin{array}{l}
\int_{-\infty}^{y} \exp\left(-\dfrac{\left[t-\left(Px^2+Qx+R\right)\right]^2}{2\sigma^2}\right)\mathrm{d}t \\
-2\int_{-\infty}^{y} \dfrac{\left[t-\left(Px^2+Qx+R\right)\right]^2}{2\sigma^2}\exp\left(-\dfrac{\left[t-\left(Px^2+Qx+R\right)\right]^2}{2\sigma^2}\right)\mathrm{d}\dfrac{t-\left(Px^2+Qx+R\right)}{\sqrt{2}\sigma}\sqrt{2}\sigma
\end{array}\right\} \\
&= \frac{k}{\sqrt{2\pi}}\left\{\begin{array}{l}
\int_{-\infty}^{y} \exp\left(-\dfrac{\left[t-\left(Px^2+Qx+R\right)\right]^2}{2\sigma^2}\right)\mathrm{d}t + \\
\dfrac{\left[y-\left(Px^2+Qx+R\right)\right]}{\sqrt{2}\sigma}\exp\left(-\dfrac{\left[y-\left(Px^2+Qx+R\right)\right]^2}{2\sigma^2}\right)\sqrt{2}\sigma \\
-\int_{-\infty}^{y} \exp\left(-\dfrac{\left[t-\left(Px^2+Qx+R\right)\right]^2}{2\sigma^2}\right)\mathrm{d}\dfrac{t-\left(Px^2+Qx+R\right)}{\sqrt{2}\sigma}\sqrt{2}\sigma
\end{array}\right\} \\
&= \frac{k}{\sqrt{2\pi}}\left\{\begin{array}{l}
\int_{-\infty}^{y} \exp\left(-\dfrac{\left[t-\left(Px^2+Qx+R\right)\right]^2}{2\sigma^2}\right)\mathrm{d}t + \\
\left[y-\left(Px^2+Qx+R\right)\right]\exp\left(-\dfrac{\left[y-\left(Px^2+Qx+R\right)\right]^2}{2\sigma^2}\right)-\int_{-\infty}^{y} \exp\left(-\dfrac{\left[t-\left(Px^2+Qx+R\right)\right]^2}{2\sigma^2}\right)\mathrm{d}t
\end{array}\right\} \\
&= \frac{k}{\sqrt{2\pi}}\left[y-\left(Px^2+Qx+R\right)\right]\exp\left(-\frac{\left[y-\left(Px^2+Qx+R\right)\right]^2}{2\sigma^2}\right)
\end{aligned}
$$

$$
\begin{aligned}
\frac{\partial^2 I(x,y)}{\partial P^2} &= -\frac{kx^2}{\sqrt{2\pi}\sigma}\exp\left(-\frac{\left[y-\left(Px^2+Qx+R\right)\right]^2}{2\sigma^2}\right)\left(-\frac{2\left[y-\left(Px^2+Qx+R\right)\right]}{2\sigma^2}\left(-x^2\right)\right) \\
&= -\frac{kx^4}{\sqrt{\pi}\sigma^2}\frac{\left[y-\left(Px^2+Qx+R\right)\right]}{\sqrt{2}\sigma}\exp\left(-\frac{\left[y-\left(Px^2+Qx+R\right)\right]^2}{2\sigma^2}\right)
\end{aligned}
$$

$$
\begin{aligned}
\frac{\partial^2 I(x,y)}{\partial P\partial Q} &= -\frac{kx^2}{\sqrt{2\pi}\sigma}\exp\left(-\frac{\left[y-\left(Px^2+Qx+R\right)\right]^2}{2\sigma^2}\right)\left(-\frac{2\left[y-\left(Px^2+Qx+R\right)\right]}{2\sigma^2}(-x)\right) \\
&= -\frac{kx^3}{\sqrt{\pi}\sigma^2}\frac{\left[y-\left(Px^2+Qx+R\right)\right]}{\sqrt{2}\sigma}\exp\left(-\frac{\left[y-\left(Px^2+Qx+R\right)\right]^2}{2\sigma^2}\right)
\end{aligned}
$$

$$\frac{\partial^2 I(x,y)}{\partial P \partial R} = -\frac{kx^2}{\sqrt{2\pi}\sigma}\exp\left(-\frac{\left[y-\left(Px^2+Qx+R\right)\right]^2}{2\sigma^2}\right)\left(-\frac{2\left[y-\left(Px^2+Qx+R\right)\right]}{2\sigma^2}(-1)\right)$$

$$= -\frac{kx^2}{\sqrt{\pi}\sigma^2}\frac{\left[y-\left(Px^2+Qx+R\right)\right]}{\sqrt{2}\sigma}\exp\left(-\frac{\left[y-\left(Px^2+Qx+R\right)\right]^2}{2\sigma^2}\right)$$

$$\frac{\partial^2 I(x,y)}{\partial P \partial 1/\sigma} = -\frac{kx^2}{\sqrt{2\pi}}\exp\left(-\frac{\left[y-\left(Px^2+Qx+R\right)\right]^2}{2\sigma^2}\right)$$

$$-\frac{kx^2}{\sqrt{2\pi}\sigma}\exp\left(-\frac{\left[y-\left(Px^2+Qx+R\right)\right]^2}{2\sigma^2}\right)\left(-\frac{\left[y-\left(Px^2+Qx+R\right)\right]^2}{2}\frac{2}{\sigma}\right)$$

$$= -\frac{kx^2}{\sqrt{2\pi}}\exp\left(-\frac{\left[y-\left(Px^2+Qx+R\right)\right]^2}{2\sigma^2}\right)$$

$$+\frac{2kx^2}{\sqrt{2\pi}}\frac{\left[y-\left(Px^2+Qx+R\right)\right]^2}{2\sigma^2}\exp\left(-\frac{\left[y-\left(Px^2+Qx+R\right)\right]^2}{2\sigma^2}\right)$$

$$\frac{\partial^2 I(x,y)}{\partial Q^2} = -\frac{kx}{\sqrt{2\pi}\sigma}\exp\left(-\frac{\left[y-\left(Px^2+Qx+R\right)\right]^2}{2\sigma^2}\right)\left(-\frac{2\left[y-\left(Px^2+Qx+R\right)\right]}{2\sigma^2}\right)(-x)$$

$$= -\frac{kx^2}{\sqrt{\pi}\sigma^2}\frac{\left[y-\left(Px^2+Qx+R\right)\right]}{\sqrt{2}\sigma}\exp\left(-\frac{\left[y-\left(Px^2+Qx+R\right)\right]^2}{2\sigma^2}\right)$$

$$\frac{\partial^2 I(x,y)}{\partial Q \partial R} = -\frac{kx}{\sqrt{2\pi}\sigma}\exp\left(-\frac{\left[y-\left(Px^2+Qx+R\right)\right]^2}{2\sigma^2}\right)\left(-\frac{2\left[y-\left(Px^2+Qx+R\right)\right]}{2\sigma^2}\right)(-1)$$

$$= -\frac{kx}{\sqrt{\pi}\sigma^2}\frac{\left[y-\left(Px^2+Qx+R\right)\right]}{\sqrt{2}\sigma}\exp\left(-\frac{\left[y-\left(Px^2+Qx+R\right)\right]^2}{2\sigma^2}\right)$$

$$\frac{\partial^2 I(x,y)}{\partial Q \partial 1/\sigma} = -\frac{kx}{\sqrt{2\pi}}\exp\left(-\frac{\left[y-\left(Px^2+Qx+R\right)\right]^2}{2\sigma^2}\right)$$

$$-\frac{kx}{\sqrt{2\pi}\sigma}\exp\left(-\frac{\left[y-\left(Px^2+Qx+R\right)\right]^2}{2\sigma^2}\right)\left(-\frac{\left[y-\left(Px^2+Qx+R\right)\right]^2}{2}\right)\frac{2}{\sigma}$$

$$= -\frac{kx}{\sqrt{2\pi}}\exp\left(-\frac{\left[y-\left(Px^2+Qx+R\right)\right]^2}{2\sigma^2}\right)$$

$$+\frac{2kx}{\sqrt{2\pi}}\frac{\left[y-\left(Px^2+Qx+R\right)\right]^2}{2\sigma^2}\exp\left(-\frac{\left[y-\left(Px^2+Qx+R\right)\right]^2}{2\sigma^2}\right)$$

$$\frac{\partial^2 I(x,y)}{\partial R^2} = -\frac{k}{\sqrt{2\pi}\sigma}\exp\left(-\frac{\left[y-\left(Px^2+Qx+R\right)\right]^2}{2\sigma^2}\right)\left(-\frac{2\left[y-\left(Px^2+Qx+R\right)\right]}{2\sigma^2}\right)(-1)$$

$$= -\frac{k}{\sqrt{\pi}\sigma^2}\frac{\left[y-\left(Px^2+Qx+R\right)\right]}{\sqrt{2}\sigma}\exp\left(-\frac{\left[y-\left(Px^2+Qx+R\right)\right]^2}{2\sigma^2}\right)$$

$$\frac{\partial^2 I(x,y)}{\partial R \partial 1/\sigma}=-\frac{k}{\sqrt{2\pi}}\exp\left(-\frac{\left[y-\left(Px^2+Qx+R\right)\right]^2}{2\sigma^2}\right)$$

$$-\frac{k}{\sqrt{2\pi}\sigma}\exp\left(-\frac{\left[y-\left(Px^2+Qx+R\right)\right]^2}{2\sigma^2}\right)\left(-\frac{\left[y-\left(Px^2+Qx+R\right)\right]^2}{2}\right)\frac{2}{\sigma}$$

$$=-\frac{k}{\sqrt{2\pi}}\exp\left(-\frac{\left[y-\left(Px^2+Qx+R\right)\right]^2}{2\sigma^2}\right)$$

$$+\frac{2k}{\sqrt{2\pi}}\frac{\left[y-\left(Px^2+Qx+R\right)\right]^2}{2\sigma^2}\exp\left(-\frac{\left[y-\left(Px^2+Qx+R\right)\right]^2}{2\sigma^2}\right)$$

$$\frac{\partial^2 I(x,y)}{\partial (1/\sigma)^2}=\frac{k}{\sqrt{2\pi}}\left[y-\left(Px^2+Qx+R\right)\right]\exp\left(-\frac{\left[y-\left(Px^2+Qx+R\right)\right]^2}{2\sigma^2}\right)\frac{-\left[y-\left(Px^2+Qx+R\right)\right]^2}{2}\frac{2}{\sigma}$$

$$=-\frac{k}{\sqrt{2\pi}\sigma}\left[y-\left(Px^2+Qx+R\right)\right]^3\exp\left(-\frac{\left[y-\left(Px^2+Qx+R\right)\right]^2}{2\sigma^2}\right)$$

对于式（5-1）和式（5-2）生成的边缘曲面，按式（5-23）～式（5-25）识别结果如图 5-13 所示。可见在无噪声情况下，识别结果与原边缘曲面重合的很好。高斯边缘模型识别在结构静动变形检测中的应用可参考文献[1]和[13]。

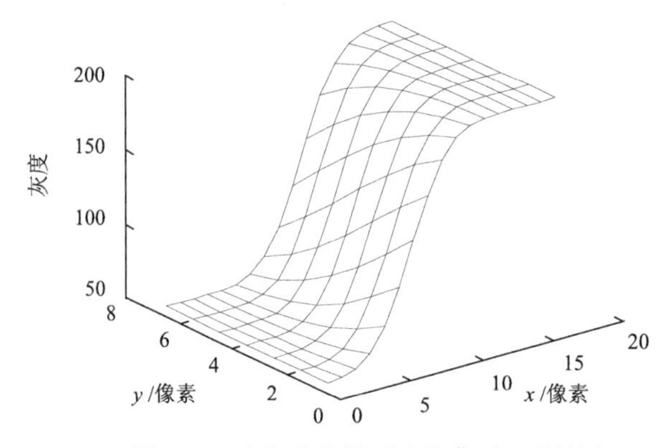

图 5-13　高斯边缘模型边缘曲面识别结果

本书多数采用高斯边缘模型生成边缘图像，对生成图像进行边缘识别效果自然是高斯边缘模型法最好。高斯边缘模型法主要的限制是数值积分、非线性参数识别及初参数的选择，易用性不如多项式拟合法。各种方法采用二维拟合优于一维拟合，尤其是噪声影响明显的边缘识别，二维方法的优势更明显。

参 考 文 献

[1] Ye J，Fu G，Poudel U P. High-accuracy edge detection with blurred edge model[J]. Image and

Vision Computing，2005，23(5)：453-467.

[2] Shan Y，Boon G W. Sub-pixel location of edges with non-uniform blurring：A finite closed-form approach[J]. Image and Vision Computing，2000，18：1015-1023.

[3] Elder J H，Zucker S W. Local scale control for edge detection and blur estimation[J]. IEEE Transaction on Pattern Analysis and Machine Intelligence，1998，20：699-716.

[4] Fu G K，Moosa A G. An optical approach to structural displacement measurement and its application[J]. Journal of Engineering Mechanics，2002，128(5) ，511-520.

[5] 袁向荣. 边缘识别的多项式滑动拟合法[J]. 微型机与应用，2011，30(19)：44-46.

[6] 袁向荣. 边缘识别的正交多项式拟合及梁变形检测[J]. 实验室研究与探索，2013，32(10)：11-23.

[7] Yuan X R. 2-Dimension polynomial fitting for the edge detection[J]. Applied Mechanics and Materials，2014，389：969-973.

[8] 黄友谦. 曲线曲面的数值表示和逼近[M]. 上海：上海科学技术出版社，1984.

[9] 胡朝辉，袁向荣，刘敏. 简支梁位移场小波去噪的试验研究[J]. 广州大学学报（自然科学版），2010，9(6)：50-53.

[10] 袁向荣. 边缘识别的二维正交多项式拟合及结构变形检测[J]. 图学学报，2014，35(1)：79-85.

[11] 徐士良. 数值方法与计算机实现[M]. 北京：清华大学出版社，2010.

[12] 贺兴华，等. MATLAB7.x 图像处理[M]. 北京：人民邮电出版社，2006.

[13] Poudel U P，Fu G，Ye J. Structural damage detection using digital video imaging technique and wavelet transformation[J]. Journal of Sound and Vibration，2005，286：869-895.

第六章　结构静变形检测的数字图像法

第一节　简支梁模型静载检测试验——一维多项式边缘识别

试验模型为铝合金 50 mm×25 mm 矩形箱梁，壁厚 1 mm，试验设置如图 6-1 所示[1]。在跨中加集中荷载，分级荷载为 20 N，40 N 和 60 N。百分表对梁底也有个向上的集中荷载，大小与变形有关，因为试验的主要目的是比较图像检测与传统检测的结果，对荷载未精确控制。另一个目的是验证边缘检测的新方法，因此采用 30 万像素摄像头，未采用高像素高质量摄像器材。图 6-2 为试验采集的参考图像和变形图像。

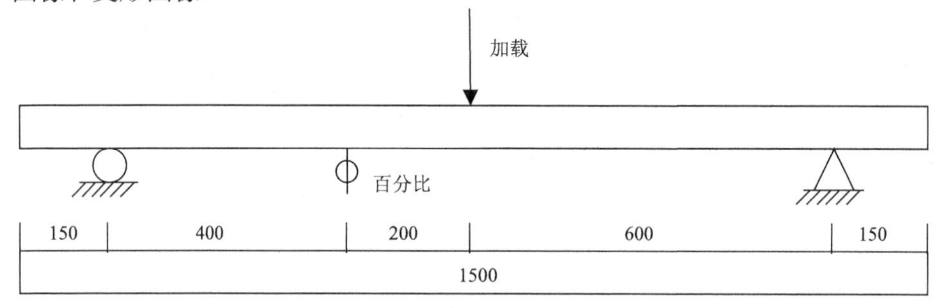

图 6-1　箱梁模型试验（单位：mm）

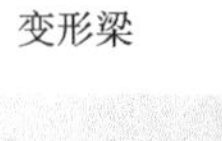

图 6-2　梁变形采集图像

左：变形前；右：变形后

根据梁高进行标定，图像中梁高为 134 像素，对应其物理高度 25 mm，可得标定系数为 0.1867 mm/像素。图 6-3 为边缘变形检测结果，采用的是一维多项式边缘识别方法[2]。边缘变形曲线中脉冲对应的是百分表顶杆位置。采用小波或奇异值分解技术对边缘识别数据进行降噪处理，可得到较光滑的变形曲线[3]。

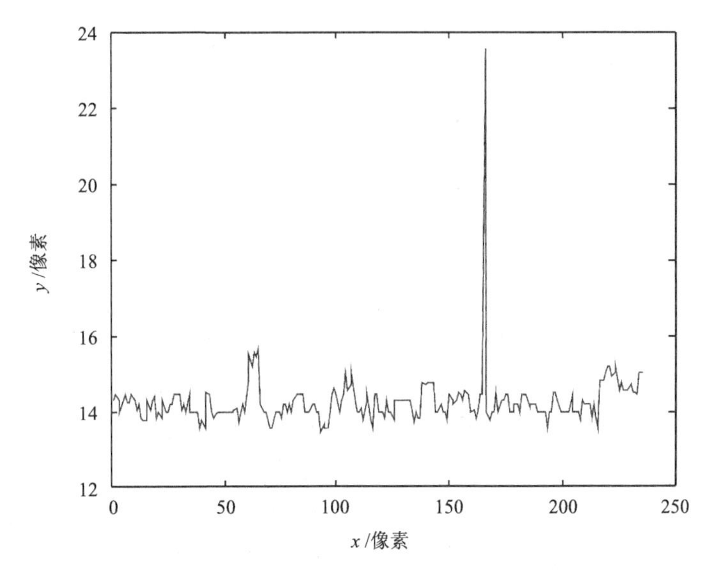

图 6-3　由边缘识别检测所得梁底变形曲线

由跨中 20 个点平均得跨中挠度为 15.06 像素，乘以标定系数，即 2.81 mm，百分表读数 2.818 mm，二者符合较好。位移检测结果见表 6-1。

表 6-1　边缘检测位移数据与百分表检测的对比

试验工况	加载重量/N	图像/mm	百分表/mm	误差/%
1	20	4.215	4.317	2.36
2	40	8.852	9.006	1.71
3	60	12.382	12.517	1.35

由表 6-1 可知，采用边缘检测方法得到的各工况位移与采用百分表实测得到的各工况位移数据吻合很好。

梁的弯曲位移大致垂直于梁的边缘，如果要检测梁沿边缘的应变，可以沿梁长以一定间隔绘制明显的刻度划分梁段，检测各梁段长度的变化。梁弯曲应变可由挠度进行计算，因此采用间接方法。梁弯曲时，距中性层距离为 y 的纤维应变为

$$\varepsilon = yv'' \tag{6-1}$$

式中 v 为梁中性层的挠度（位移），v'' 为梁中性层的曲率。采用中心差分近似求导：

$$
\begin{aligned}
v'(i) &= \frac{1}{2}\left[v(i+1)-v(i-1)\right] \\
v''(i) &= v(i+1)-2v(i)+v(i-1)
\end{aligned}
\tag{6-2}
$$

即可以由位移 v 的二阶差分间接计算梁的应变。应变检测结果如表 6-2。

表 6-2　边缘检测应变数据与理论计算的对比

试验工况	加载重量/N	图像法/$\mu\varepsilon$	理论/$\mu\varepsilon$	误差/%
1	20	179	174	2.87
2	40	369	363	1.65
3	60	506	513	1.36

由表 6-2 可知，采用边缘检测方法得到的各工况应变与理论值吻合很好。

简支梁模型试验表明，由于采集图像质量的原因，梁底边变形检测曲线有一定的波动，波动范围多数在±0.5 像素之内，与第三章介绍的一维相关检测梁的变形精度相当[4]。对若干像素点取平均，其精度可控制在±0.1 像素左右，达到亚像素变形检测的目的。以 30 万像素（640×480）网络摄像头采集约 1.2 m 范围内梁的变形图像，边缘识别所得变形检测精度与百分表检测结果相当。

第二节　破 损 识 别

结构破损将导致结构刚度、质量损失。小范围局部破损对整体刚度影响不大，因此结构的整体位移对局部破损不敏感。应变为局部变形，破损处应变变化较大，非破损处应变变化不大。采用传统点式检测传感器，很难对结构进行全面高密度检测，在没有先验知识的情况下，不大可能将少量测点恰好布置在破损点处，检测数据对破损识别作用有限甚至无用。图像检测可以对结构可见表面进行高密度检测，其检测数据的空间覆盖性可以保证对局部破损的识别。

边缘检测方法可以得到细密完整的梁弯曲变形曲线，根据此变形曲线可以识别梁的破损。

试验模型为槽形钢梁，宽 80 mm，槽高 8 mm，壁厚 2 mm，如图 6-4 所示[1]。分级荷载为 5 N，10 N，15 N。变形检测结果见表 6-3 和表 6-4。

表 6-3　边缘检测位移数据与百分表检测的对比

试验工况	加载重量/N	图像/mm	百分表/mm	误差/%
1	5	3.112	3.032	2.63
2	10	7.355	7.419	0.90
3	15	11.124	10.974	1.37

表 6-4　边缘检测应变数据与理论计算的对比

试验工况	加载重量/N	图像法/$\mu\varepsilon$	理论/$\mu\varepsilon$	误差/%
1	5	16	16	0
2	10	37	36	2.78
3	15	56	55	1.82

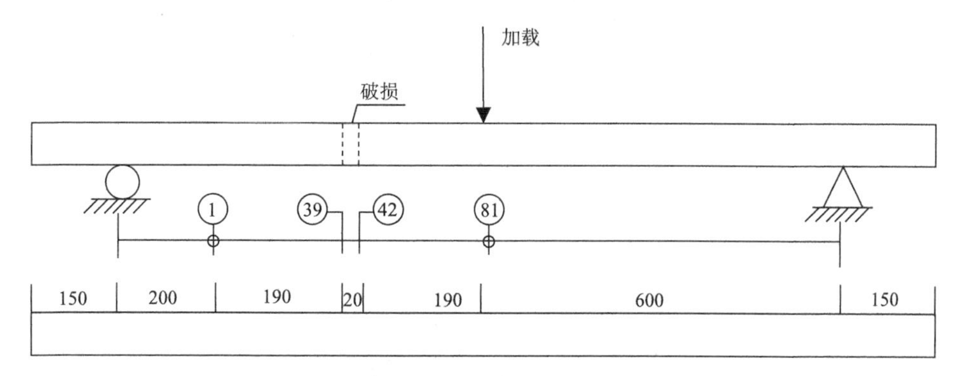

图 6-4　槽形梁模型试验（单位：mm）

在槽型梁底板开破损口，其长度为 20 mm，宽度分别为 10 mm，20 mm，30 mm，40 mm，如图 6-5 所示。荷载为 12 N。试验结果如图 6-6～图 6-9。

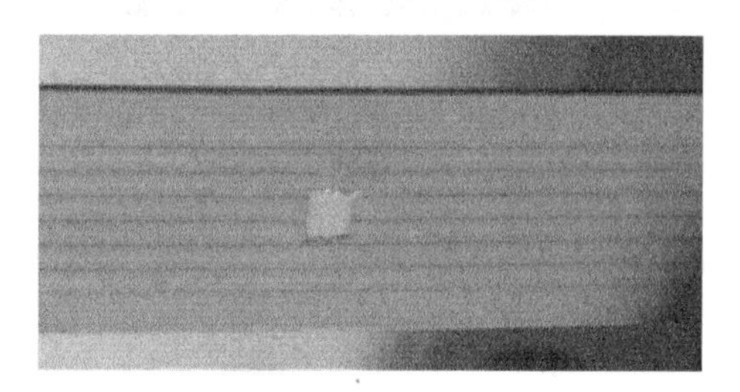

图 6-5　槽型梁底板开口

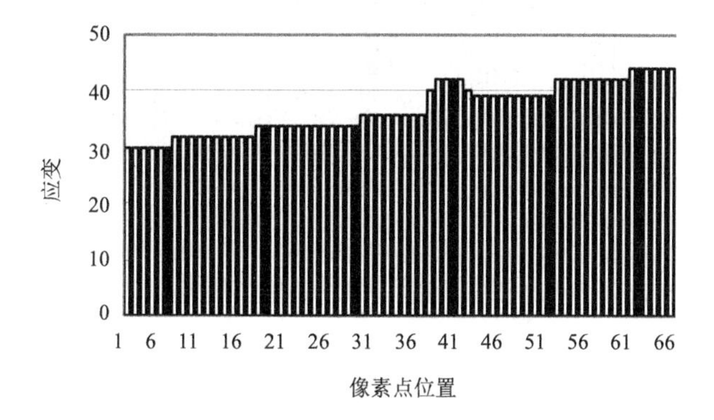

图 6-6　破损附近应变（破损口的宽度为 10 mm）

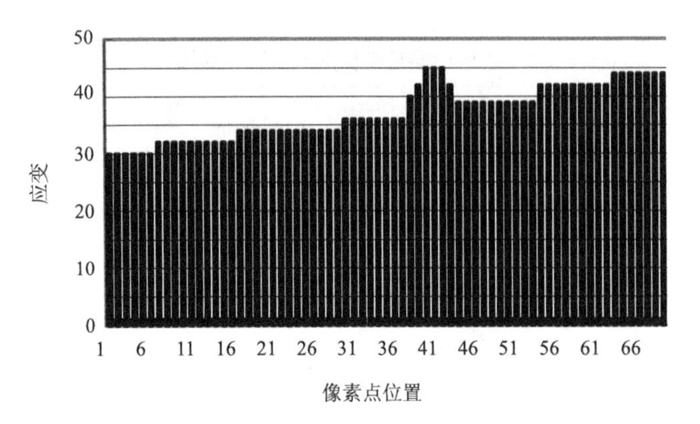

图 6-7　破损附近应变（破损口的宽度为 20 mm）

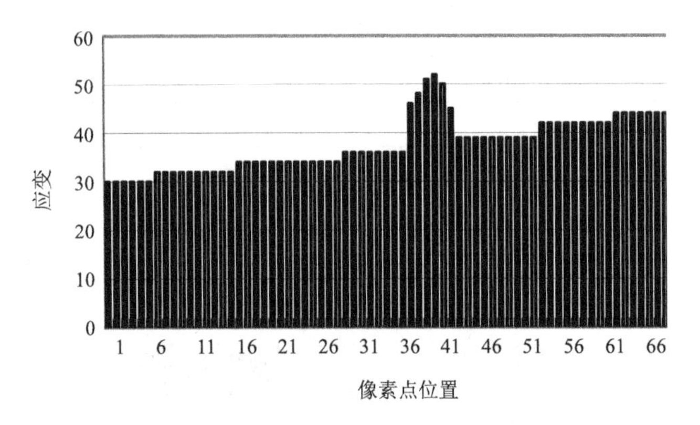

图 6-8　破损附近应变（破损口的宽度为 30 mm）

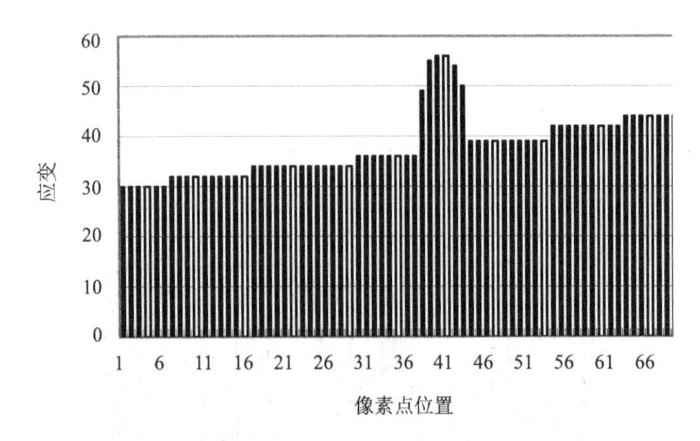

图 6-9　破损附近应变（破损口的宽度为 40 mm）

从图 6-6～图 6-9 中可以看到，在破损处，其破损点附近应变发生突变，可以由此来判断破损位置。还可以发现当破损口宽度增加，其应变突变也增大，可据此判断破损程度。

由以上结果可进行下列讨论。

（1）基于边缘识别的图像法检测梁的挠度，图像在一定的覆盖范围内时检测精度与百分表精度相当，而且可以对梁进行高密度覆盖性检测。

（2）基于梁检测挠度差分计算的应变与理论计算吻合较好，说明对梁弯曲应变的图像法间接检测是可行的。

（3）基于图像法间接检测的应变数据的突变可以准确识别梁的破损位置，应变突变的大小与破损程度直接相关，可据此判断破损的程度。

第三节　脉冲型边缘识别及板梁变形检测模型试验——一维正交多项式边缘检测

试验模型为金属槽形梁，横截面尺寸如图6-10所示，壁厚1 mm，梁长1366 mm，两端用直径25 mm的钢辊轴支撑以实现简支，计算跨径 l=1341 mm，在跨中加载，跨中附近用百分表检测梁的挠度。因为试验主要目的是比较图像检测与传统检测的结果，对荷载未精确控制，用480×640像素网络摄像头采集图像。板梁侧面在图像中为细长带状，梁高约10像素，边缘灰度图接近脉冲型，可按脉冲型边缘拟合方法进行检测。对跨边缘的27个像素进行拟合，正交多项式次数选 $m=26$。试验采集图像、边缘拟合及变形检测结果如图6-11～图6-14。

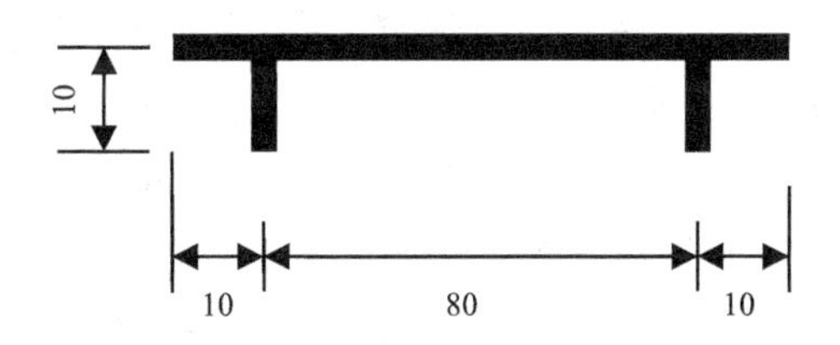

图6-10　槽形梁横截面尺寸（单位：mm）

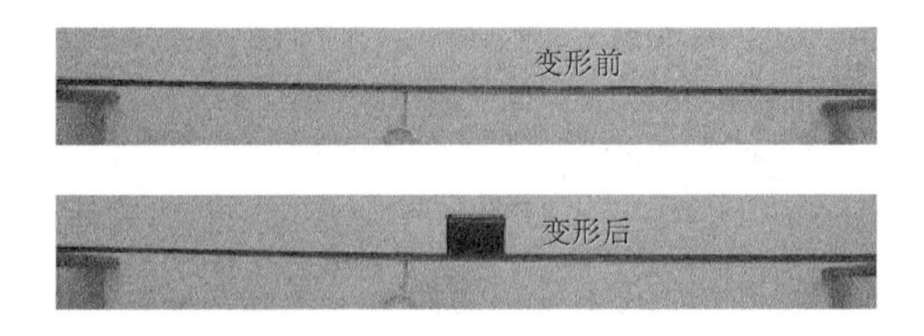

图6-11　梁变形图像

上：变形前；下：变形后

1/3跨处边缘灰度曲线见图6-12。

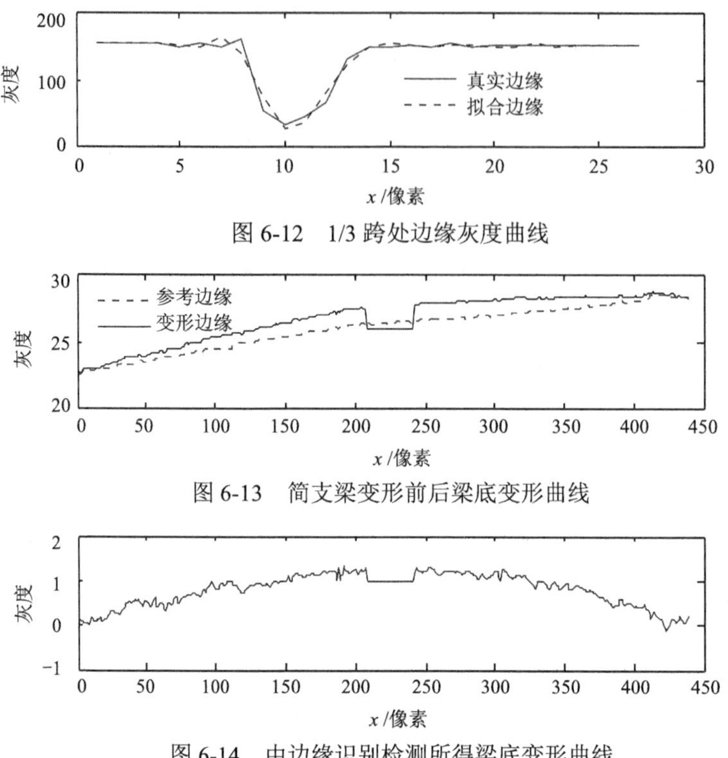

图 6-12　1/3 跨处边缘灰度曲线

图 6-13　简支梁变形前后梁底变形曲线

图 6-14　由边缘识别检测所得梁底变形曲线

图像采集宽度约 2 m，图 6-11 对原图有所裁剪，图像中梁高约 10 像素，属典型的脉冲型边缘如图 6-12 所示。图 6-11 上图为参考图像，下图为变形图像，在跨中重物处，梁和重物灰度接近，物体与背景的分界即边缘成为阶跃型，这一段的变形未识别，以跨中平直线标识，如图 6-14 所示。实际应用时对此类问题可先判断边缘类型，再选用适当方法进行识别。根据准确尺寸方格图形进行标定，可得标定系数为 2.632 mm/像素。百分表附近 20 个点平均挠度为 1.2135 像素，即 3.19 mm，百分表读数 3.31 mm，两者符合较好。图 6-14 可见挠度曲线波动范围在 ± 0.1 像素之内，即 0.26 mm 之内，由此可判断图像检测的误差范围。如果对边缘检测曲线或变形曲线进行减噪处理[3]，可以进一步提高检测精度。

从上述拟合可以得到以下结论：

（1）目前亚像素识别方法大多针对阶跃型边缘，本节介绍用多项式边缘拟合法识别此类边缘，研究表明普通多项式的拟合效果较差，可以采用正交多项式对脉冲边缘附近像素值进行拟合，其优点是确定多项式系数不用解方程，可以采用高阶多项式，拟合精度较高。

（2）简支板梁模型试验表明，板梁边缘检测曲线波动范围多数在 ± 0.1 像素之内，变形曲线波动范围多数在 ± 0.2 像素之内，对若干像素点取平均，其精度可控制在±0.1 像素左右，达到亚像素变形检测的目的。以 30 万像素（640×480）网络摄像头采集约 2 m 范围内梁的变形图像，边缘识别所得变形检测精度与百分表检测结果相当。

（3）本节方法也适用于其他细长结构如弦索的变形检测。

第四节　二维正交多项式边缘识别及简支梁变形检测模型试验

试验模型与第三节图 6-11 一样为简支金属槽形梁，500 mg 砝码加载，只是相机分辨率较高，图像宽 4000 像素，是图 6-11 的 8.3 倍。梁高约 80 像素，按屋脊型边缘拟合，平顶部分太宽，可采用二维正交多项式按阶跃型边缘进行识别。梁上加载，并且上边缘不如下边缘平整，进行下边缘识别。从左至右依次选择下边缘邻域 41 像素×7 像素的子图像，40×6 次二维多项式进行拟合。试验采集图像如图 6-15 所示，变形检测结果如图 6-16～图 6-19 所示。

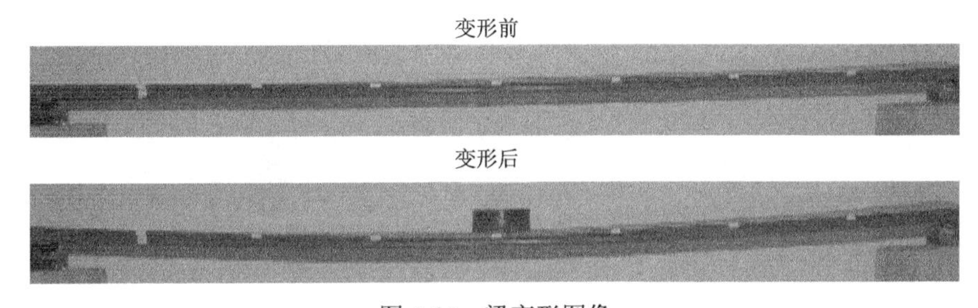

图 6-15　梁变形图像

上：变形前；下：变形后

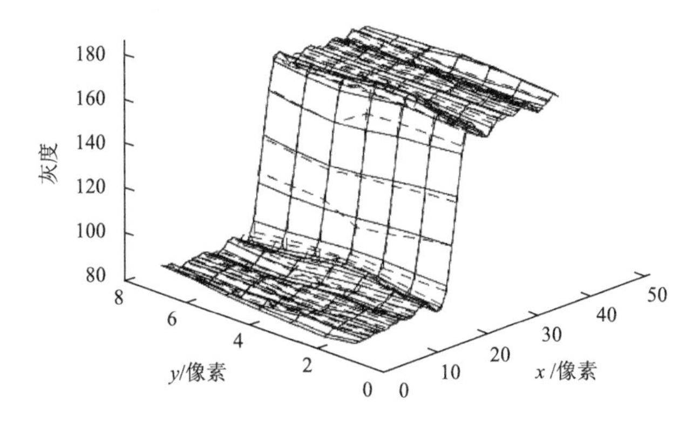

图 6-16　梁边缘灰度曲面拟合结果

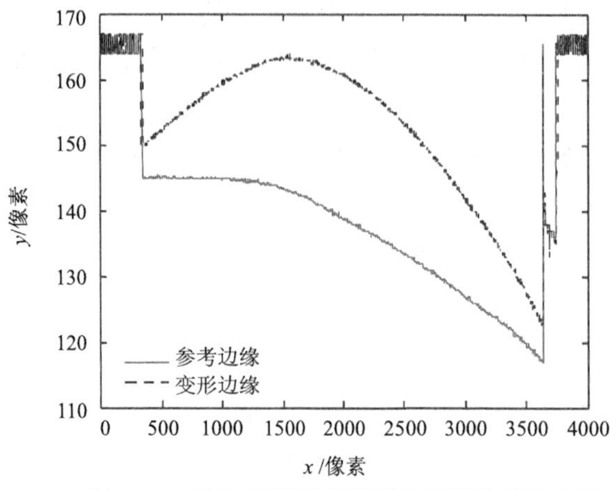

图 6-17　边缘识别所得变形前后梁底边缘曲线

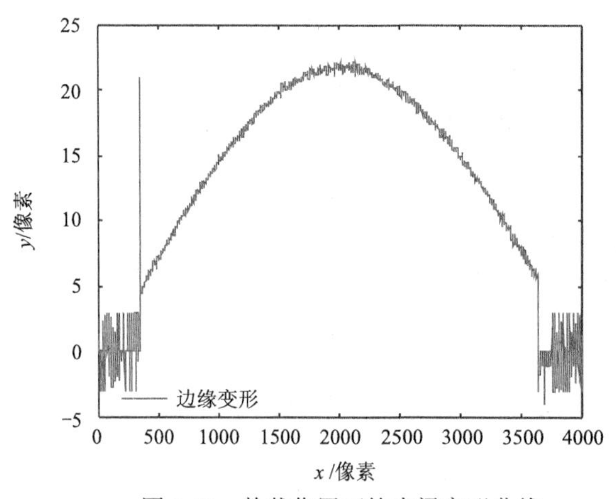

图 6-18　静载作用下简支梁变形曲线

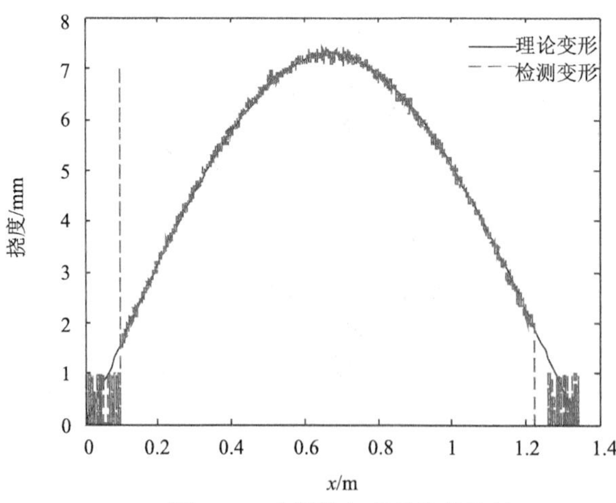

图 6-19　实测值与理论值的比较

由图 6-16 可知跨中附近边缘灰度曲面，横向延边缘拟合效果一般，竖向跨边缘拟合效果较好。由图 6-17 和图 6-18 可知，边缘识别及变形检测效果良好。由于支座及支墩对梁下边缘的影响，图像两端整像素识别的不是梁的下边缘，按梁下边缘选择的子图像不在图像两端边缘的邻域，两端边缘属于误识别。两端结果对梁中间部分无影响，出于梁的完整性考虑，这部分予以保留。

简支梁挠度曲线理论解为

$$y=\frac{Px}{48EJ}\left(3l^2-4x^2\right),\quad 0\leqslant x\leqslant\frac{l}{2}$$

检测结果在横竖向乘以标定系数，将检测与理论计算进行比较，结果如图 6-19 所示，两者符合较好。说明二维正交多项式边缘检测法的分辨率和稳定性较高。

简支梁模型试验表明，变形前后梁底检测边缘曲线波动较小，说明检测方法稳定性分辨率较高，由这两条曲线的差所得的梁变形曲线波动较小，说明二维拟合对由于梁弯曲引起的边缘横向变化的适应性较好，这也是二维拟合优于一维拟合的原因。检测变形的波动范围多数在±0.1 像素之内，如果对边缘曲线或变形曲线进行滑动平均处理，或者应用奇异值分解、小波分析等方法进行减噪处理，其精度可提高到±0.02 像素左右，亚像素变形检测的效果明显。以 900 万像素（4000×2248）便携式照相机采集约 1.2 m 范围内梁的变形图像，检测误差在 0.3 mm 以内，减噪之后误差可控制在 0.06 mm 之内。

第五节　屋脊型边缘识别及简支梁变形检测模型试验

试验模型与第三节图 6-11 一样为金属槽形梁，试验设置也一样，只检测跨中部分梁段的变形，参考图像与变形图像见图 6-20。

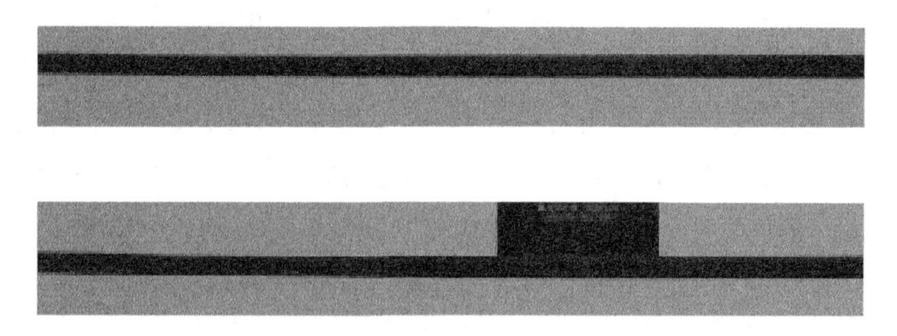

图 6-20　梁变形图像

上：变形前；下：变形后

图 6-18 所示图像采集宽度约 0.5 m，图像中梁高约 14 像素，可视为屋脊型边缘。屋脊型边缘可从中分开，左右各为一个阶跃型边缘。中分的缺点是拟合数据

减少一半，影响识别效果。多项式函数可对整个边缘进行拟合，图 6-21 是按屋脊型边缘拟合灰度曲线的结果。

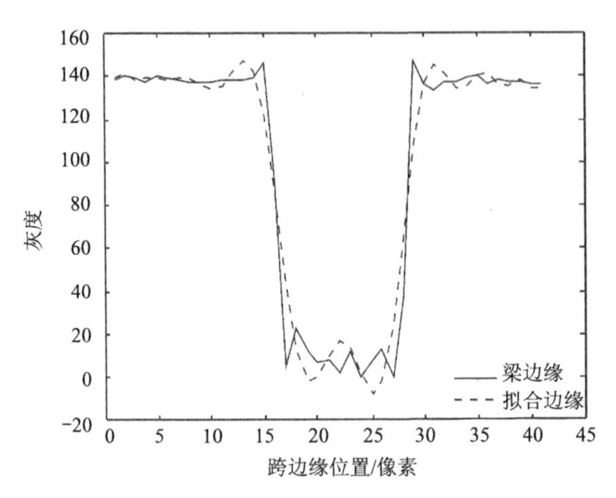

图 6-21　屋脊型边缘灰度一维拟合曲线

图 6-20 中变形图像，由于跨中重物的存在，边缘成为阶跃型，这一段的变形按屋脊型识别不太适合，如图 6-22 变形边缘曲线顶部附近一段所示。实际应用时对此类问题可先判断边缘类型，再选用适当方法进行识别，也可采用梁下边缘检测方法。根据准确尺寸方格图形进行标定，可得标定系数为 0.714 mm/像素。图 6-19 曲线乘以此系数曲线与理论解比较结果如图 6-23 所示。除跨中重物部分外，其余部分符合较好。图 6-22 和图 6-24 可见挠度曲线波动范围大多在±0.1 像素之内，即 0.07 mm 之内，由此可判断图像检测的误差范围。

从以上拟合可以得出以下结论：

（1）目前亚像素识别方法大多针对阶跃型边缘，本节介绍的多项式拟合法识别屋脊型边缘，研究表明 6 阶普通多项式的拟合效果尚可，如要提高拟合效果必须采用更高阶多项式，可以采用正交多项式对屋脊型边缘附近像素值进行拟合，其优点是确定多项式系数不用解方程，可以采用高阶多项式，拟合精度较高。

（2）正交多项式法对生成图像进行边缘检测效果良好，图像变形检测精度在±0.07 像素之内。

（3）简支梁模型试验表明，变形曲线波动范围多数在±0.2 像素之内，对若干像素点取平均，其精度可控制在±0.1 像素左右，达到亚像素变形检测的目的。以 30 万像素（640×480）网络摄像头采集约 0.5 m 范围内梁的变形图像，边缘识别所得变形曲线与精确解曲线符合较好。

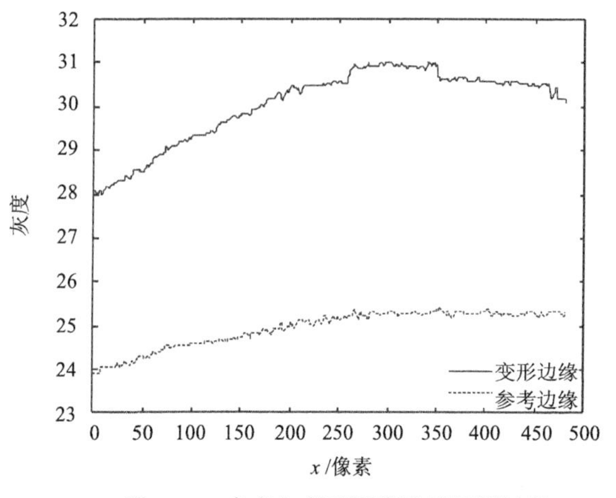

图 6-22　参考与变形图像边缘识别结果

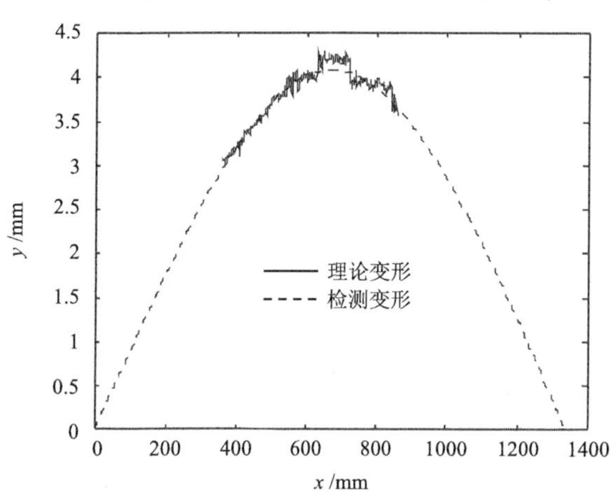

图 6-23　计算变形与检测变形比较

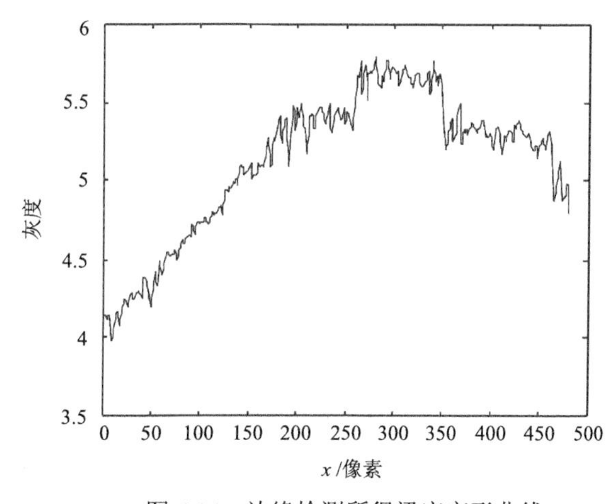

图 6-24　边缘检测所得梁底变形曲线

参 考 文 献

[1] 袁向荣，刘敏，蔡卡宏. 采用数字图像边缘检测法进行梁变形检测及破损识别[J]. 四川建筑科学研究，2013，39(1)：68-70.

[2] Fu G K，Moosa A G. An optical approach to structural displacement measurement and its application[J]. Journal of Engineering Mechanics，2002，128(5)：511-520.

[3] 胡朝辉，袁向荣，刘敏. 简支梁位移场小波去噪的试验研究[J]. 广州大学学报（自然科学版），2010，9(6)：50-53.

[4] 袁向荣. 梁变形检测的一维数字图像相关法[J]. 广州大学学报（自然科学版），2010，9(1)：54-56.

第七章　结构振动检测的数字图像法

第二章第二节介绍的图像采集设备大多可以直接采集视频，第四节介绍了MATLAB控制电脑连接设备的视频及图像采集方法，第五节介绍了NI设备采集视频和图像的办法。

由视频文件进行结构振动分析的步骤为：

（1）计算机读入视频文件。MATLAB可以读入Windows支持的各种视频格式文件，其他格式文件可采用视频格式转换软件转换为可用格式文件。

（2）将视频文件分解为图像序列，视频文件读入和分解方法参见第二章第四节。

（3）依次处理每幅图像，得到检测对象空间位置的时间序列，如边缘位置（数组形式的边缘各点位置）的时间序列，即各个时刻的边缘位置。第三、四、五章已经介绍了多种图像处理的方法。

（4）取空间位置上（如边缘上）一个点的时间序列，即此点的振动信号，对此点信号进行分析处理，同样地分析边缘其他各点的振动信号。

（5）如果是频域法模态分析，则分析各点的频响函数，获得频响函数矩阵的某一列，采用单模态或多模态识别法得到振动体的模态参数如频率、阻尼及振型。振动信号分析处理方法的书籍有很多，如文献[1]。

下面以模型试验为例介绍结构振动检测的视频方法。

第一节　简支梁模态分析试验

简支梁模型计算跨径 l=1.9 m，两端采用钢辊轴支承，一端限制梁的水平位移，图7-1为计算简图，图7-2为模型图像，图7-3为梁的横截面尺寸。通过称重、测量和计算得梁单位长度质量为 ρA=0.16 kg/m。通过分级静载试验确定梁的刚度为 EI=18.67 N·m^2。

图7-1　简支梁试验模型（单位：cm）

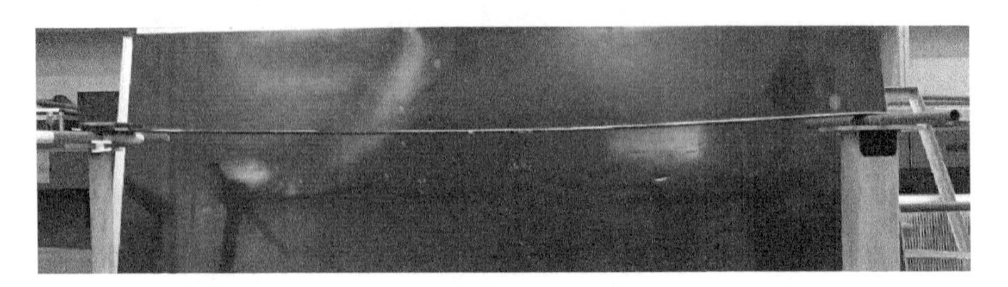

图 7-2　简支梁试验槽型梁图像

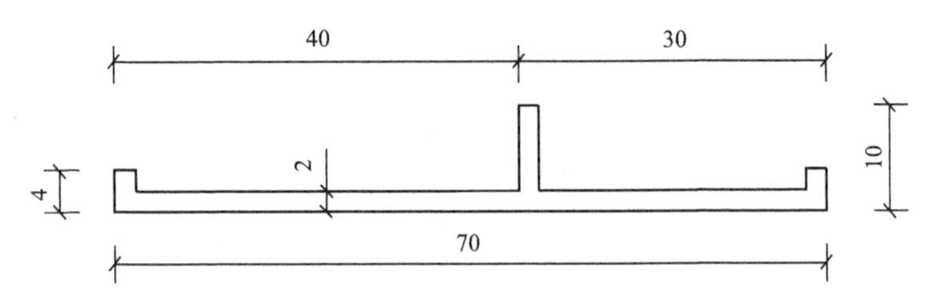

图 7-3　槽型梁横截面尺寸（单位：mm）

一、简支梁自由振动视频检测试验

简支梁理论解，第 n 阶固有频率为 $\omega_n = \left(\frac{n\pi}{l}\right)^2 \sqrt{\frac{EI}{\rho A}}$，$\omega_n = 2\pi f$。

计算解可采用有限元法，图 7-4 为有限元模型，划分为 20 个梁单元。

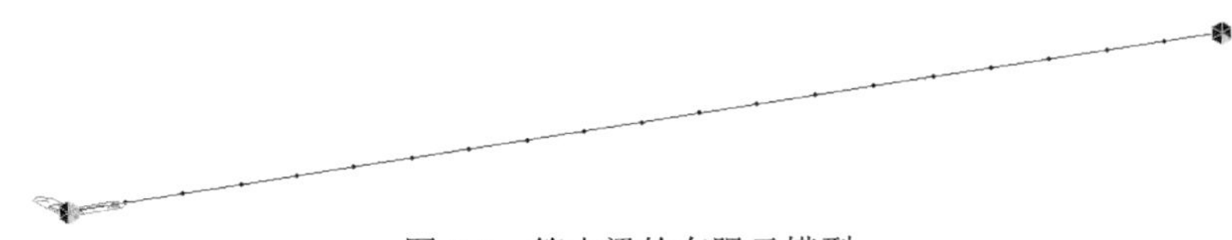

图 7-4　简支梁的有限元模型

试验前先对视频设备进行标定，频率标定采用 1/100 s 精度的数显时种，确定帧率为（120±0.01）fps。图像长宽为 1920×1080，由于梁是细长的，可沿梁长设置尺寸已知物体，图像识别物体的高和宽，确定视频标定系数（mm/像素）。梁振动采集视频时长约 22 s，视频分解为 2649 幅彩色图像，转换为灰度图像并进行裁剪，振动初始的 5 幅图像序列如图 7-5 所示。

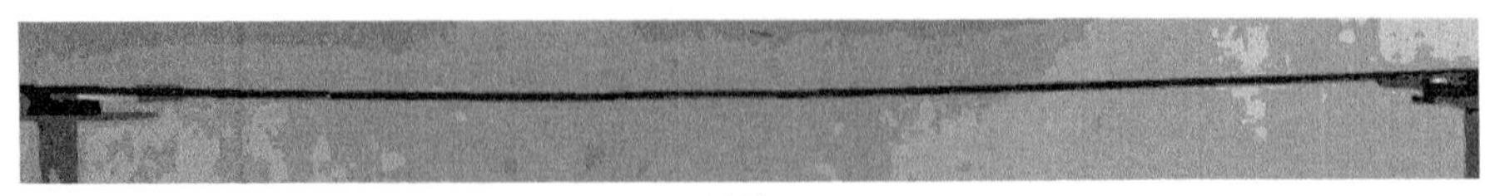

（1）

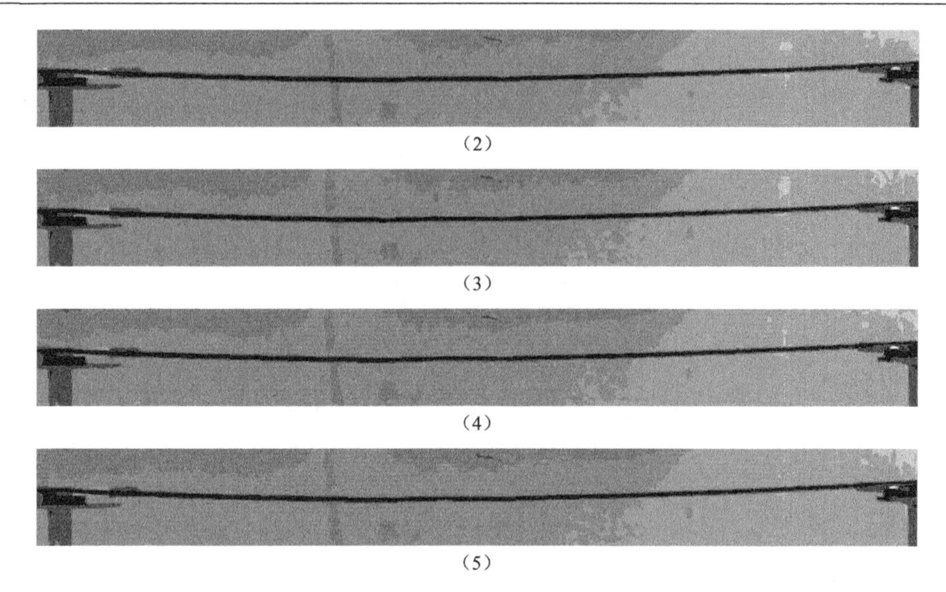
（2）

（3）

（4）

（5）

图 7-5　简支梁振动序列图像

以上序列图像整像素边缘检测结果如图 7-6 所示。

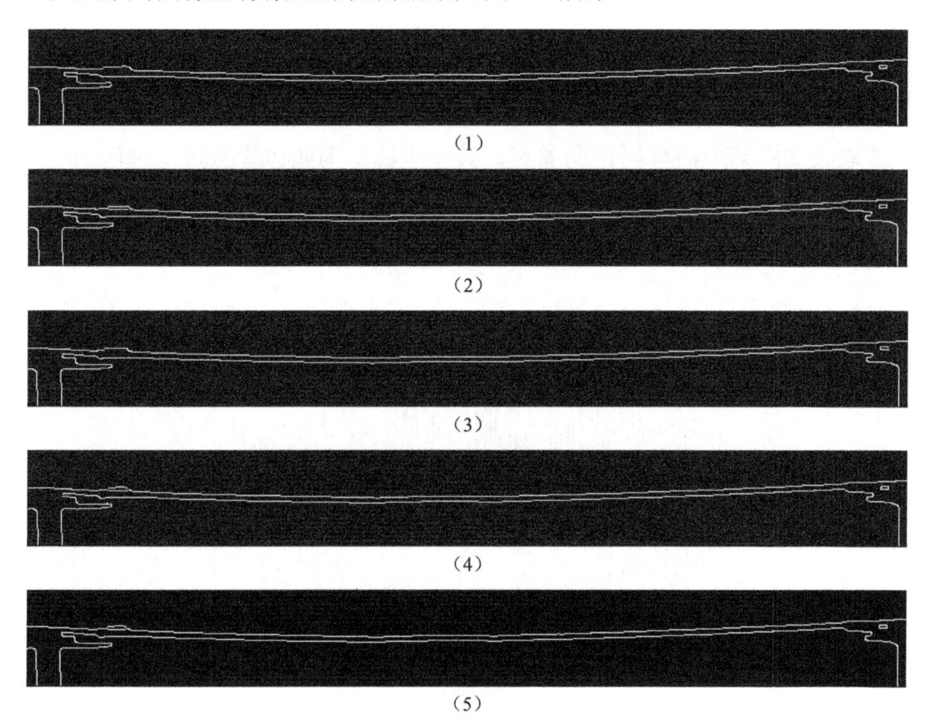
（1）

（2）

（3）

（4）

（5）

图 7-6　简支梁振动整像素边缘序列二值图像

然后依据图 7-6 所示的整像素边缘检测结果，采用二维正交多项式拟合整像素边缘邻域的矩形子图像（即按图 7-6 定子图像的位置，从图 7-5 所示灰度图像中选取子图像），识别梁边缘的亚像素位置，可得梁在 2649 个时刻的边缘曲线时间序列。图 7-7 为振动过程中 10 个时刻的梁边缘曲线序列。

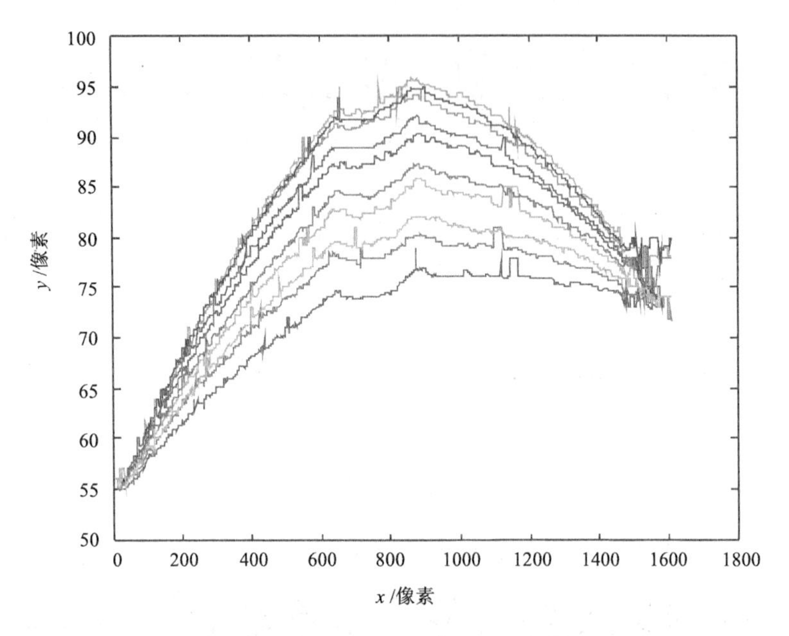

图 7-7　振动过程中 10 个时刻梁边缘曲线序列

选取边缘序列上横坐标相同的点，其竖坐标即为此边缘点振动时间历程，梁上 1/5、2/5、3/5、4/5 跨径的时程曲线如图 7-8～图 7-11 所示。

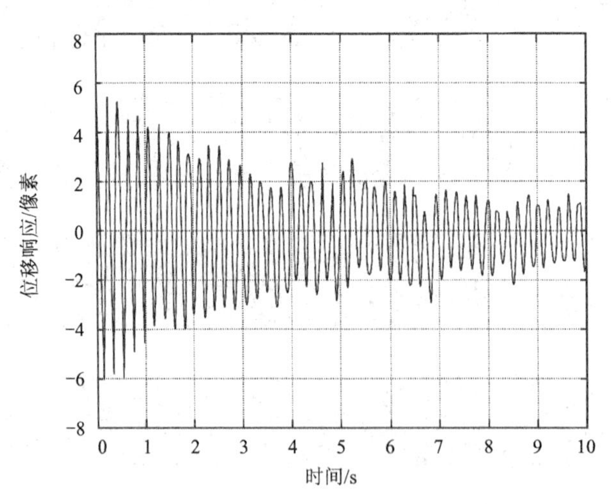

图 7-8　梁上 1/5 跨径位置点的振动信号

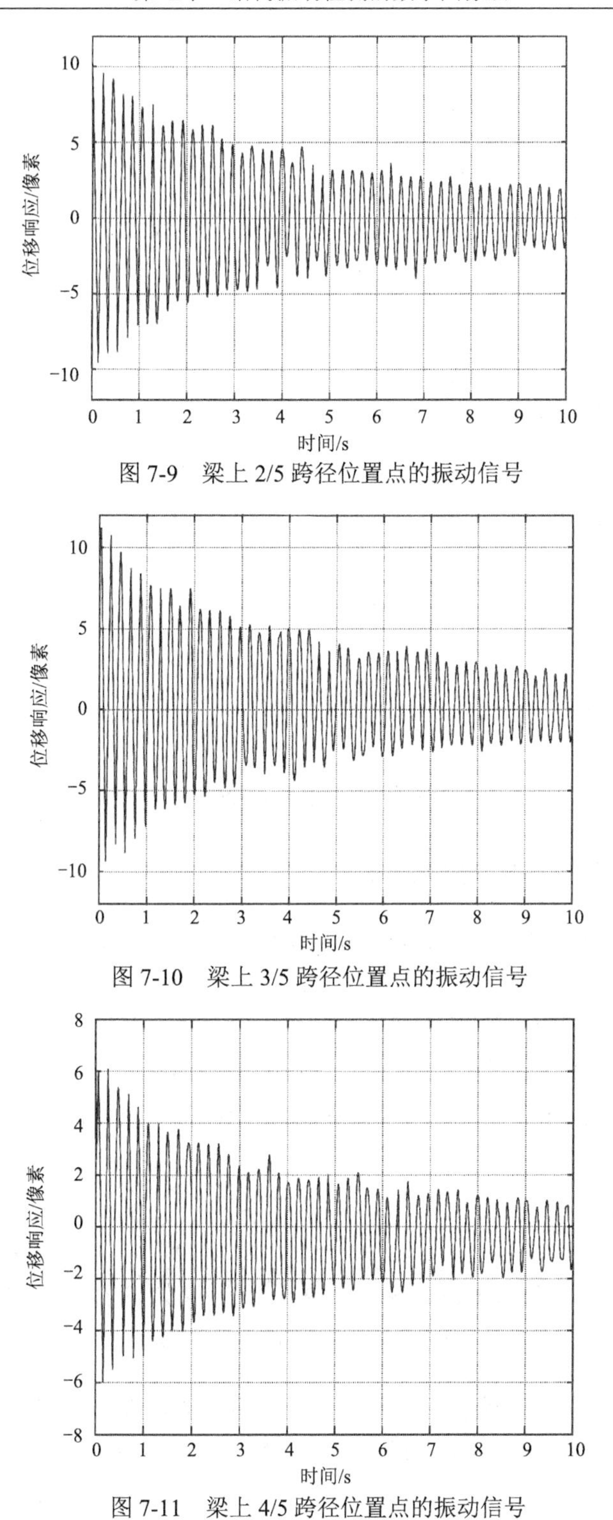

图 7-9　梁上 2/5 跨径位置点的振动信号

图 7-10　梁上 3/5 跨径位置点的振动信号

图 7-11　梁上 4/5 跨径位置点的振动信号

对边缘上各点的图 7-8～图 7-11 所示振动信号，按照频率响应和模态分析方法依次进行处理，可识别梁的振动参数。简支梁的前 3 阶固有频率理论值、有限元计算值与视频检测值如表 7-1 所示，视频检测与理论计算简支梁的固有频率一阶误差为 0.85%，二阶误差为 5.37%，三阶误差为 2.20%。试验振型如图 7-12 所示，简支梁理论振型，第一阶为半周期正弦波，第二阶为一个周期正弦波，第三阶为一个半周期正弦波，振型符合较好。简支梁模态试验结果表明，视频检测结果比较好。

表 7-1　简支梁固有振动频率理论计算及试验结果

阶数 / 方法	1	2	3
理论计算频率/Hz	4.70	18.80	42.30
有限元计算频率/Hz	4.68	18.72	42.13
视频法实测频率/Hz	4.74	19.81	43.23
实测与理论频率相对差/%	0.85	5.37	2.20

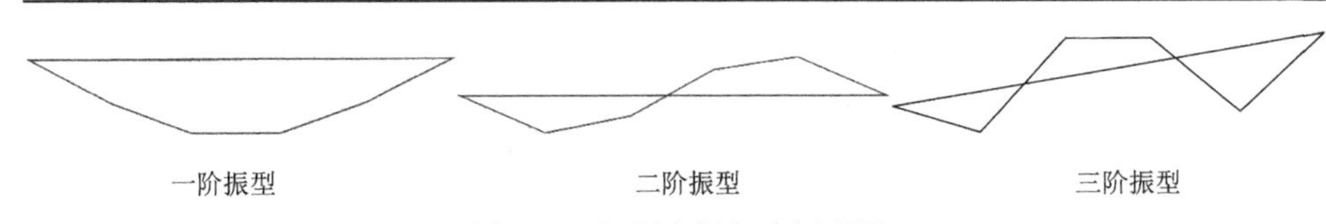

图 7-12　视频实测各阶振型图

二、加速度检测与视频检测比较试验

以上梁振动视频试验时，梁上没有传感检测元件，试验结果与梁的真实状态更接近，传统振动试验需在梁上固定传感器，较常用的是加速度检测，图 7-13 为试验设置，等距设置 4 个加速度传感器，其他与图 7-2 相同。模态分析试验，只需控制各测点振幅的相对值，因此加速度检测标定均只进行相对标定，将几个传感器集中放在梁的中间，按各传感器的振动幅值进行加速度标定。

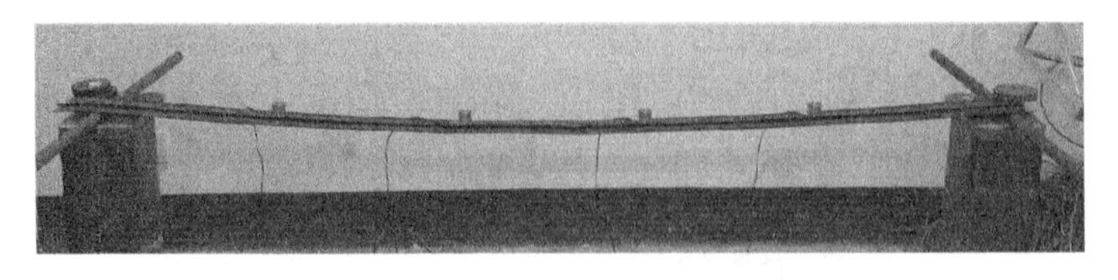

图 7-13　加速度检测的试验布置

有限元建模与图 7-4 类似，只是考虑了传感器的惯性影响，在 5 等分梁跨的节点上加了 118 g 的集中质量。直接对标定的加速度信号进行频谱分析和多自由度频域模态拟合分析，可得梁的振动参数。视频检测的处理与前面一样，图 7-14 为梁振动视频分解的图像序列，图 7-15 为对应的整像素边缘序列。

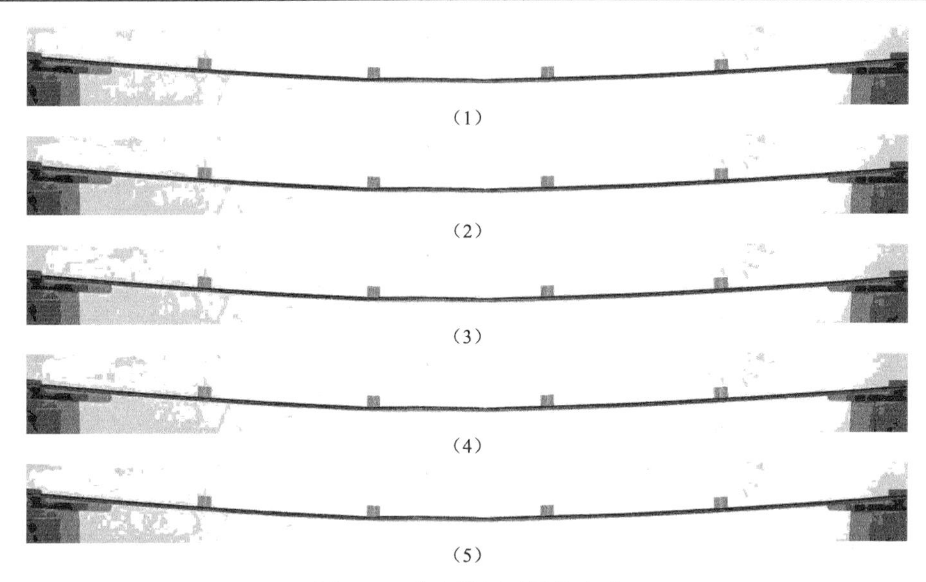

图 7-14　简支梁振动图像序列

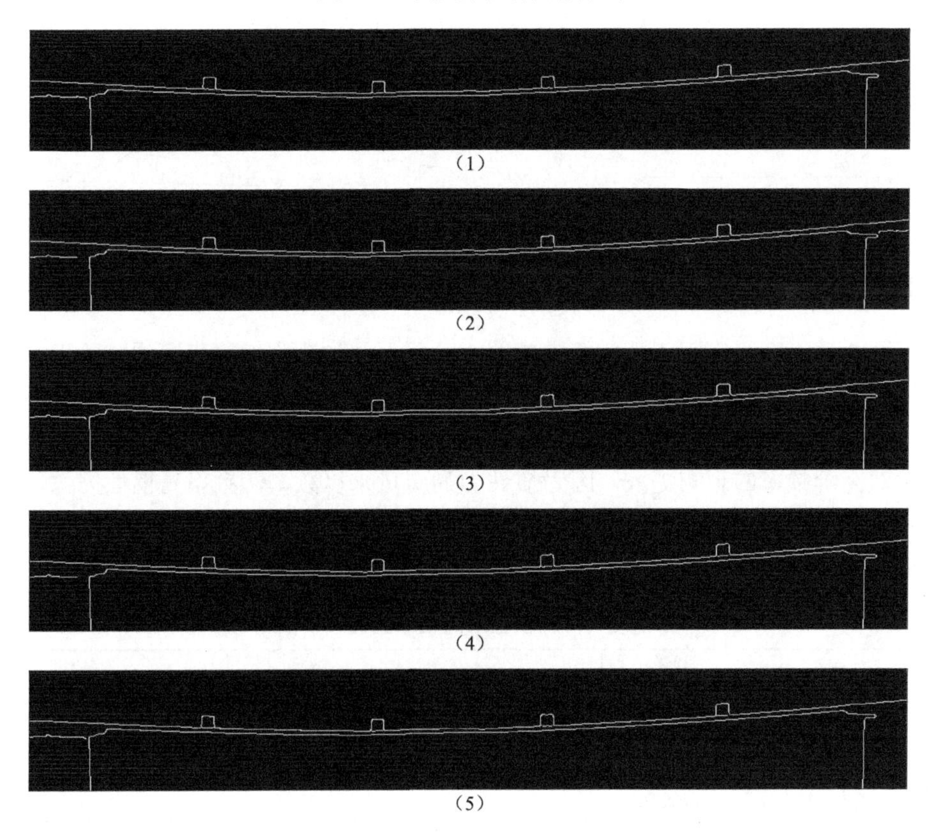

图 7-15　简支梁整像素边缘序列二值图像

按整像素边缘位置确定图 7-14 所示灰度图像中边缘子图像，按二维正交多项式拟合法识别梁的亚像素边缘，得各时刻梁亚像素边缘曲线序列。按梁上横坐标相同点取边缘序列的竖向坐标序列，即得梁上各点的时间历程。实际上视频检测得到梁上各点的振动信号以后，信号分析处理方式与加速度信号的处理方式一样。

对加速度检测和视频检测信号进行分析处理，得简支梁的前 3 阶固有频率加速度检测值与视频检测值如表 7-2 所示。结果表明视频检测与加速度检测简支梁的前 3 阶固有频率相差较小，有限元计算频率与试验检测频率符合也较好。有限元计算、加速度试验与视频试验得到的振型如图 7-16 所示。

表 7-2 简支梁固有频率计算、加速度检测与视频检测结果

方法 \ 阶数	1	2	3
有限元计算频率/Hz	2.77	11.05	24.70
加速度检测频率/Hz	2.86	11.32	23.85
视频法检测频率/Hz	2.81	11.24	23.06
视频法与加速度法相对差/%	1.75	0.71	3.31

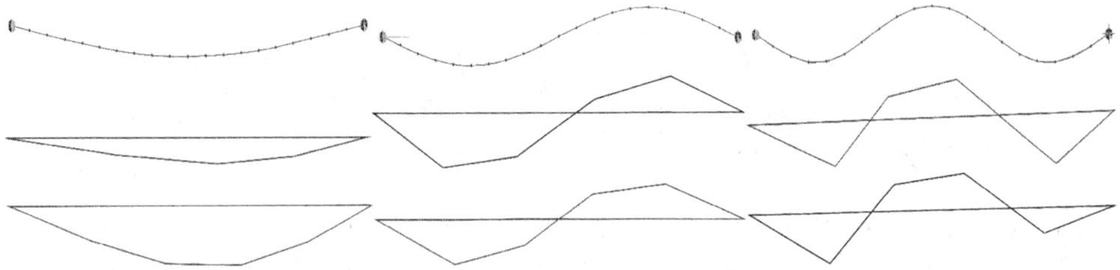

（a）一阶振型图 （b）二阶振型图 （c）三阶振型图

图 7-16 简支梁有限元计算（上）、加速度试验（中）与视频试验（下）前三阶振型图

图 7-16 表明，有限元计算简支梁前 3 阶振型与加速度试验和视频试验识别结果符合较好。表 7-1 与表 7-2 固有频率比较如表 7-3 所示，本例中，梁整体质量 304 g，4 个传感器质量 472 g。受传感器惯性的影响，梁的固有频率降低超过 40%，惯性对高阶频率的影响更大，因为惯性力为质量乘以频率，频率高惯性力大，导致频率降低幅度相应增大。加速度计质量对结构检测频率的影响可以通过质量识别加以修正[1]。视频法的优势之一是与被测体没有接触，对检测结果没有影响。

表 7-3 加速度传感器惯性对简支梁固有频率检测的影响

方法 \ 阶数	1	2	3
无加速度计视频检测频率/Hz	4.74	19.81	43.23
有加速度计视频检测频率/Hz	2.81	11.24	23.06
加速度计惯性导致频率降低值/%	40.72	43.26	46.66

为了比较，分析视频信号时，只用到与传感器对应的 4 个点的分析结果，如果采用更多的点，如全部 1000 多边缘点，可以得到几乎连续的振型曲线，缺点是

需处理海量数据，耗时较多。试验结果表明，视频法检测结构振动的精度和可靠性与传统检测相当，对结构检测的覆盖性远超传统方法。本例中传统测点为4个，受采集设备通道数限制，最多可测10个点，即使采用64通道设备，多台联采，目前振动检测中超过100个以上测点的工程实践较少。本例视频测点1000多个，最高可测1920个点，如果是8K视频，可测8000多个点，多台联测，测点数更可观，这是视频检测的优势，缺点是海量数据的存贮及处理困难。

第二节　二等跨连续梁模态分析试验

连续梁模型计算长度5.6 m，梁两端和中间设三个钢辊轴支承，左支座限制梁的水平位移如图7-17所示，计算简图如图7-18所示。梁的横截面尺寸如图7-19所示。

图7-17　二等跨连续梁试验图像

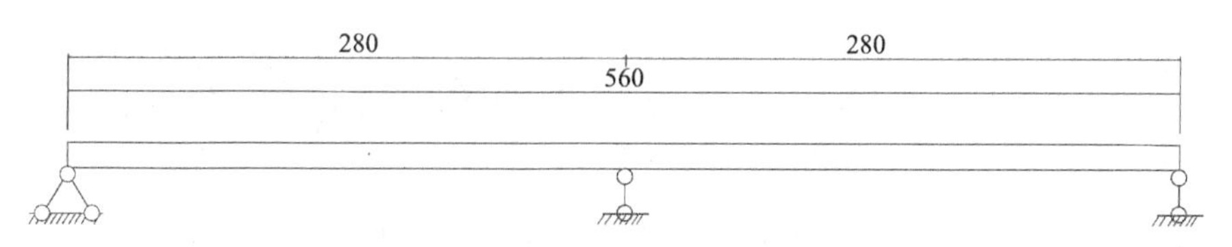

图7-18　二等跨连续梁计算简图（单位：cm）

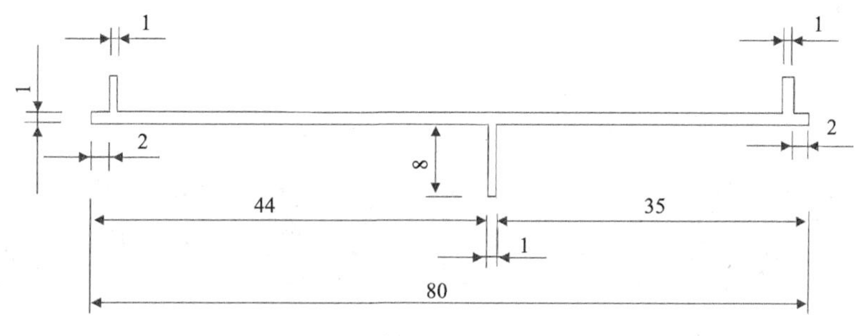

图7-19　试验梁横截面尺寸（单位：mm）

材料参数，弹性模量$E=7.0\times10^{10}\,\text{Pa}$，泊松比$\nu=0.3$，线膨胀系数$1.2\times10^{-5}/℃$，容重$\gamma=2.29\times10^{4}\,\text{N/m}^3$。

一、二等跨连续梁自由振动视频检测试验

图 7-20 为连续梁有限元模型。视频试验，视频分辨率为 1920×1080，帧率为 120 fps，时长 10 s，分解为 1200 幅灰度图像序列，前 5 个时刻裁剪图像序列如图 7-21 所示。

图 7-20　连续梁有限元模型

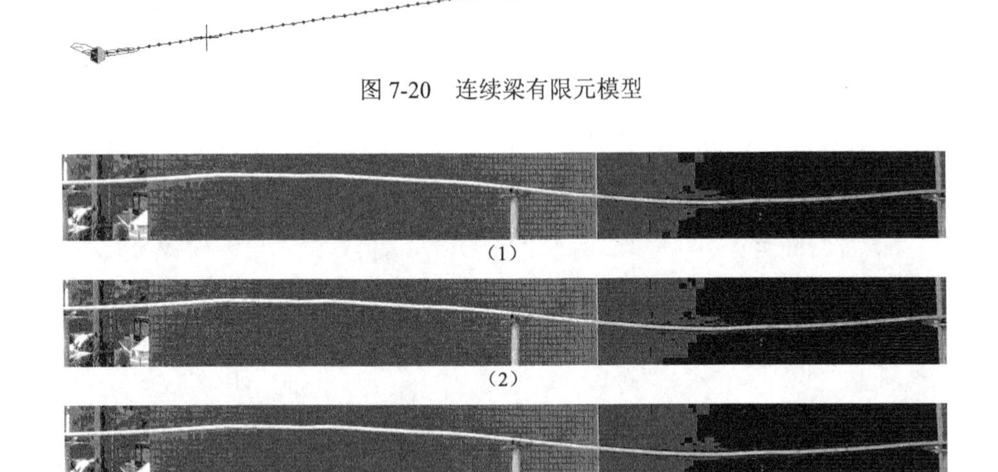

（1）

（2）

（3）

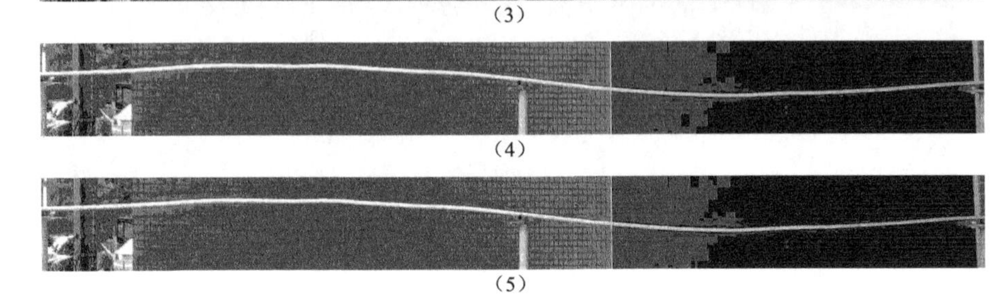

（4）

（5）

图 7-21　连续梁振动前 5 个时刻图像序列

对图 7-21 所示图像序列进行处理得连续梁整像素序列如图 7-22 所示。

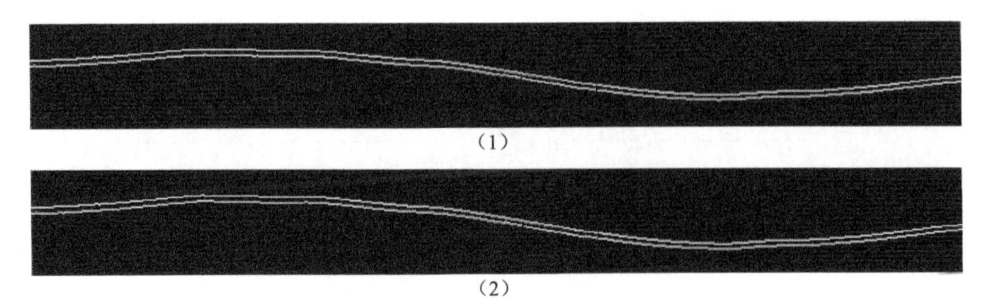

（1）

（2）

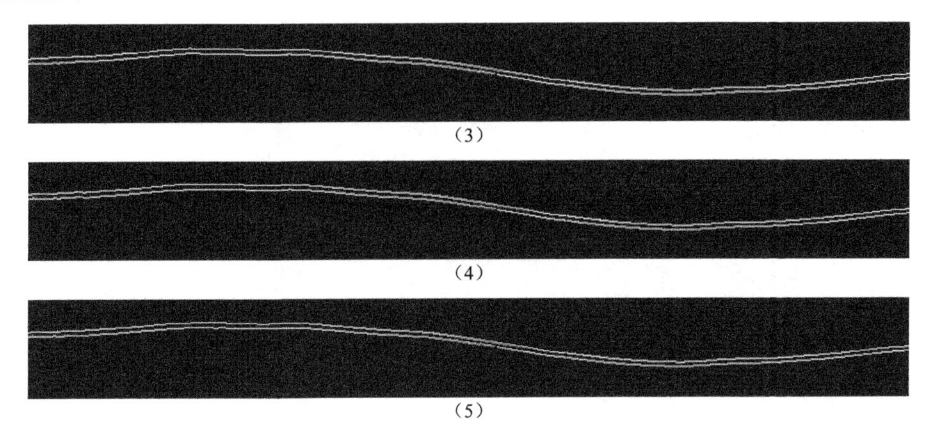

图 7-22　连续梁振动前 5 个时刻整像素边缘序列

采用极值法从图 7-22 中提取整像素边缘坐标得梁整像素边缘折线序列。从图 7-21 所示的灰度图像中选取整像素边缘邻域子图像，采用二维正交多项式拟合，识别梁边缘的亚像素位置，可得梁边缘曲线的时间序列。图 7-23 为振动初始第 1～30 时刻梁边缘曲线序列。

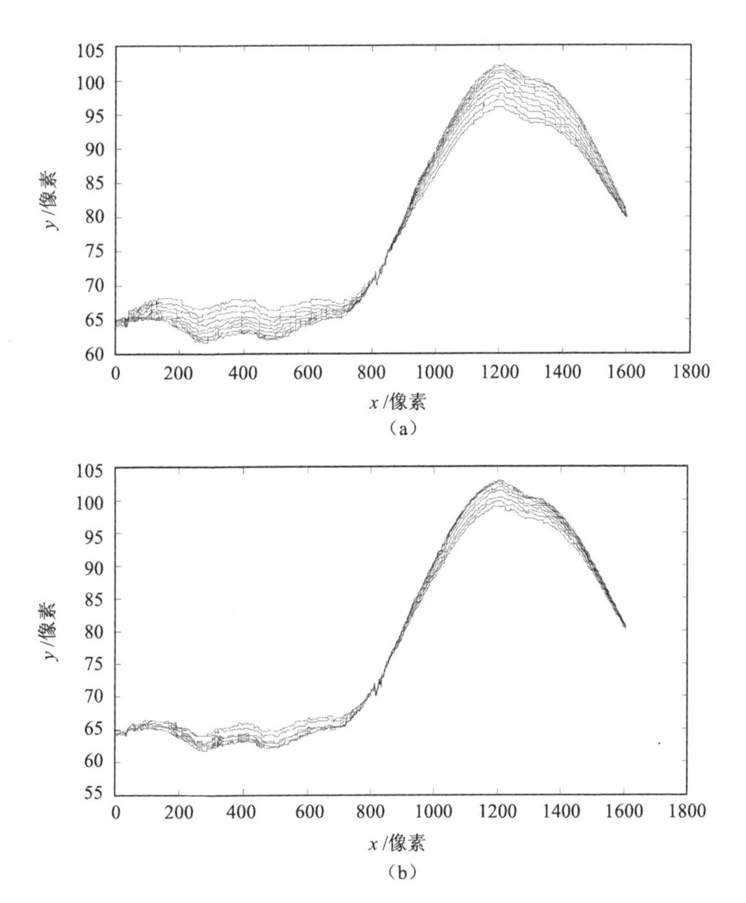

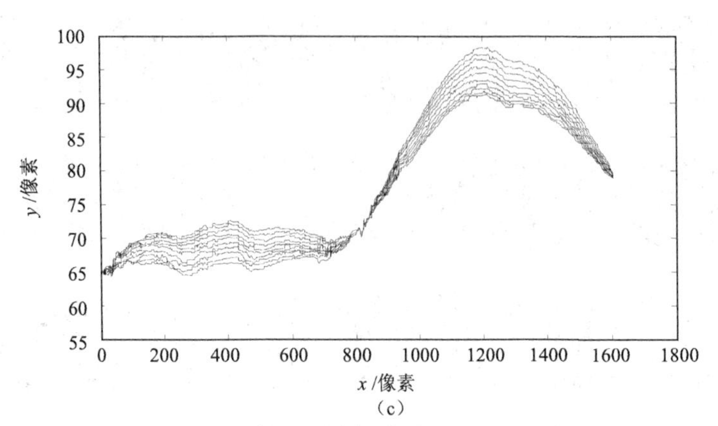

（c）

图 7-23　第 1～第 30 时刻图像序列对应的梁边缘曲线序列

按梁上横坐标相同点取边缘序列的竖向坐标序列，即得梁上各点的时间历程。

对加速度检测和视频检测信号进行频谱分析和模态分析，得梁的振动参数。表 7-4 为连续梁前三阶固有频率计算和视频检测值。图 7-24 为连续梁计算和视频试验识别前三阶振型。

表 7-4　连续梁前三阶固有频率计算和视频试验值

方法 \ 阶数	1	2	3
理论频率	1.823	2.849	7.108
有限元计算频率/Hz	1.893	2.958	7.573
视频法实测频率/Hz	1.777	2.699	6.909
理论与试验频率比较/%	2.52	5.27	2.80

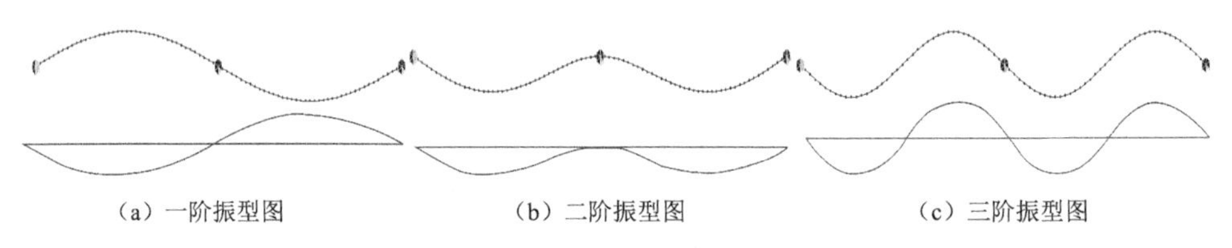
（a）一阶振型图　　（b）二阶振型图　　（c）三阶振型图

图 7-24　二等跨连续梁计算（上）视频试验识别（下）前三阶振型

由表 7-4 可知，视频检测前三阶频率与理论频率的相对误差在 2.52%～5.27%。由图 7-24 可知，计算振型与视频试验识别振型符合较好。

二、二等跨连续梁振动加速度检测与视频检测比较试验

传统手段试验采用加速度传感器检测，6 个传感器等距布置，设置如图 7-17 所示。有限元建模类似图 7-20，由于梁上固定了 6 个加速度传感器，须在各跨 4 等分的 6 个节点上加上 118 g 的集中质量。视频试验，视频分辨率为 1920×1080，帧率为 120 fps，时长 10 s，分解并转换为 1200 幅灰度图像序列，前 5 幅裁剪得图

像如图 7-25 所示。

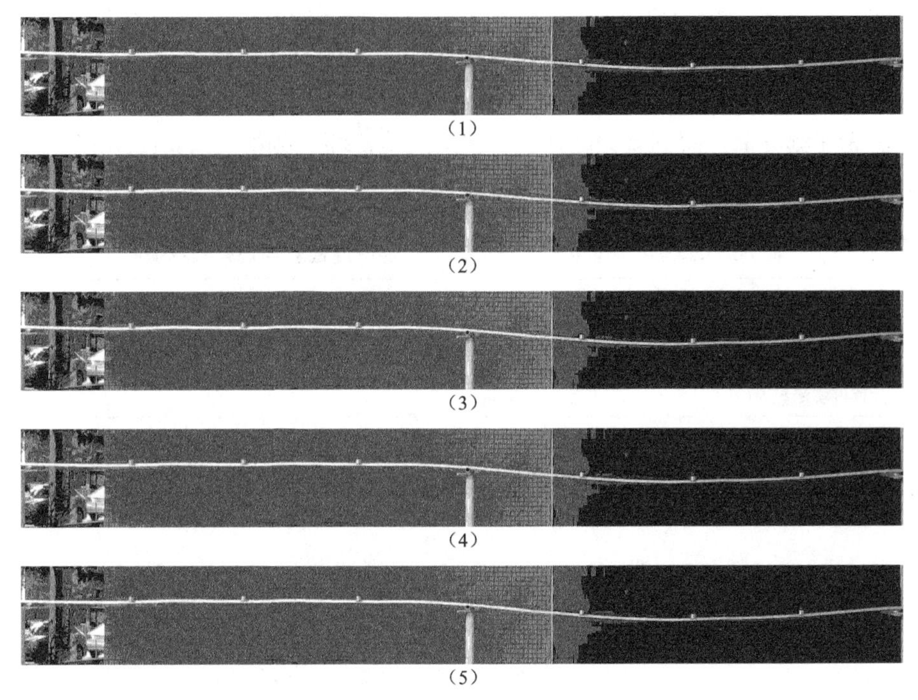

图 7-25　连续梁振动序列前 5 个时刻图像

对图 7-25 所示的图像序列进行处理得连续梁整像素边缘序列如图 7-26 所示。

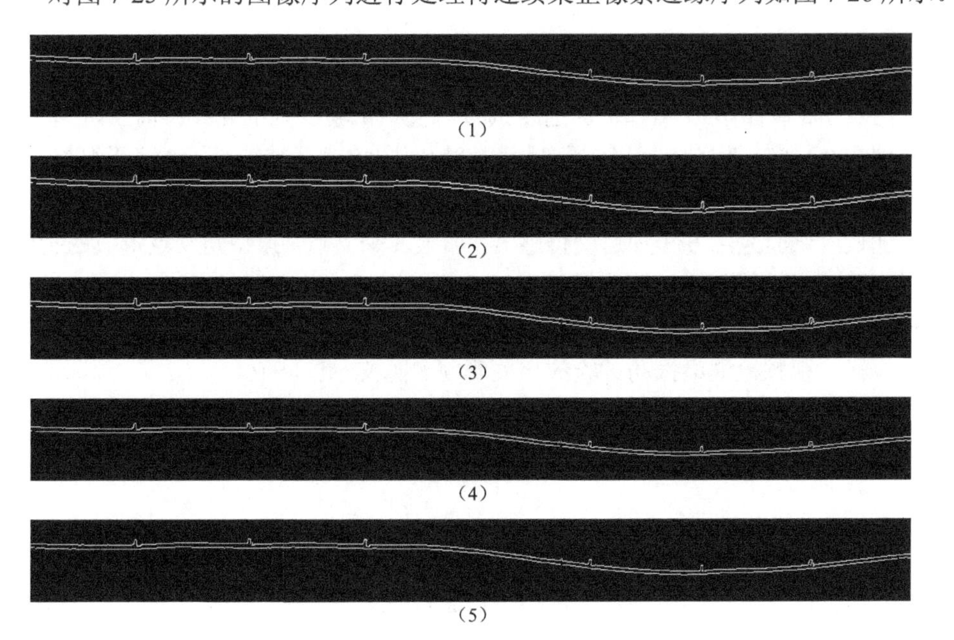

图 7-26　连续梁振动整像素边缘序列

从图 7-25 所示的灰度图像中选取整像素边缘邻域子图像，采用二维正交多项式拟合，识别梁边缘的亚像素位置，可得梁边缘曲线的时间序列。按梁上横坐标相同点取边缘序列的竖向坐标序列，即得梁上各点的时间历程。

对加速度检测和视频检测信号进行频谱分析和模态分析，得梁的振动参数。表 7-5 为连续梁前三阶固有频率计算、加速度检测和视频检测值。图 7-27 为连续梁计算、加速度试验和视频试验识别前三阶振型。

表 7-5　二跨连续梁前三阶频率计算、加速度检测与视频检测值

方法 \ 阶数	1	2	3
有限元计算频率/Hz	1.448	2.262	5.785
加速度实测频率/Hz	1.369	2.119	5.269
视频法实测频率/Hz	1.323	2.115	5.115
加速度检测与视频检测比较/%	3.36	0.19	2.92

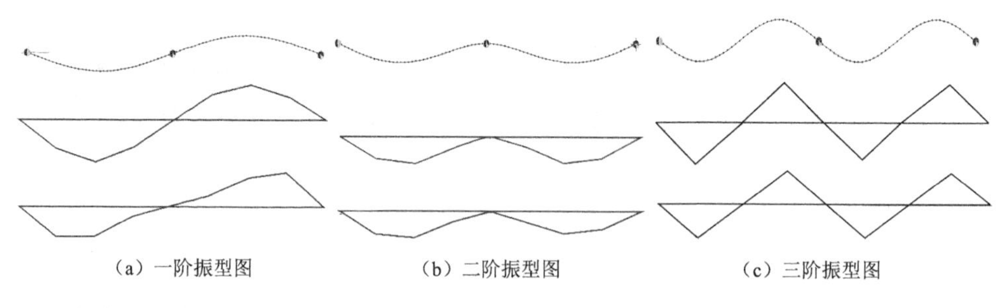

(a) 一阶振型图　(b) 二阶振型图　(c) 三阶振型图

图 7-27　有限元计算（上）、加速度试验（中）、视频试验（下）二等跨连续梁前三阶振型

由表 7-5 和图 7-27 可知，加速度试验与视频试验识别的连续梁前三阶固有频率差别在 0.19%～3.36%，计算频率与试验频率的相对误差较小，计算所得前三阶振型与加速度试验和视频试验识别振型符合较好。

加速度试验采用 6 个加速度传感器，加上 3 个支点，振型是 9 点形成的折线，为了对加速度检测和视频检测结果进行比较，视频试验数据处理时，仅从各边缘序列中取加速度传感器所在的 6 点信号进行模态分析，得到的振型与加速度试验基本一样。视频检测梁振动试验的相关研究参见文献[2]～[6]。

第三节　三跨连续梁模态分析试验

梁的横截面与第二节一样，梁的计算长度 5.7 m，梁的两端和三分点各一个钢辊轴支承，左支座限制梁的水平位移。试验设置如图 7-28 所示。

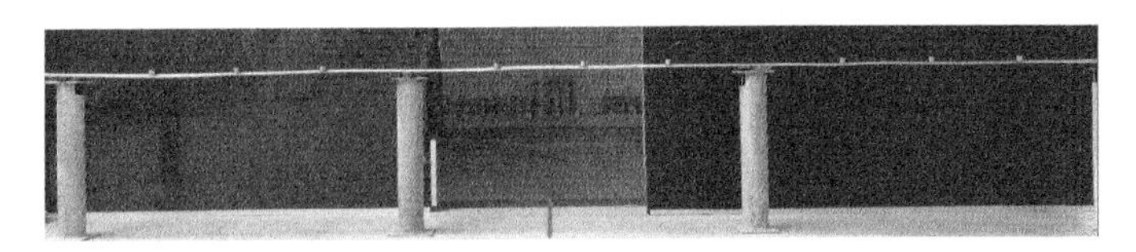

图 7-28　三等跨连续梁模态分析试验模型

传统试验采用加速度传感器，每一跨 3 个传感器设置于 1/3 跨径处。采用敲击法激振。对各点检测信号进行分析处理得到梁的振动模态参数。

连续梁振动计算采用有限元模型，划分为 36 个梁单元，左支座约束梁端 x、y、z 三个方向上的位移，对中间 2 个支座及右端支座仅约束 z 方向上的位移，各跨 3 等分的节点上增加传感器的 118 g 惯性质量。采用子空间迭代法进行模态分析，有限元模型如图 7-29 所示。

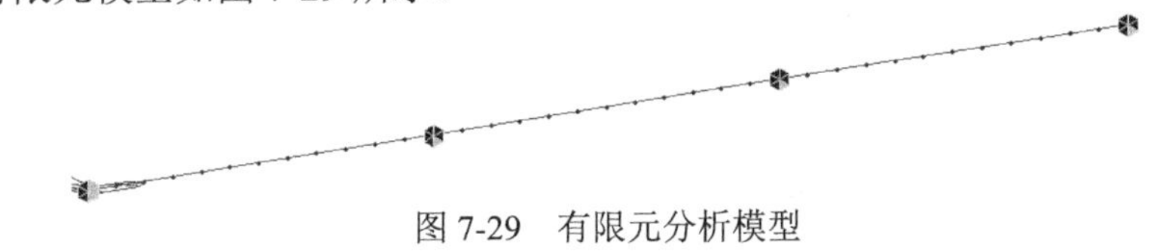

图 7-29　有限元分析模型

根据模型进行视频试验，视频分辨率为 1920×1080，帧率为 120 fps，时长 10 s，分解并转换为 1200 幅灰度图像序列，其中 3 幅裁剪图像如图 7-30 所示。

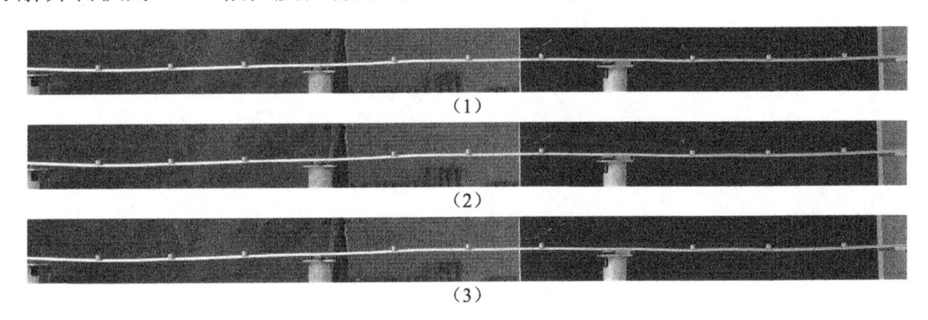

图 7-30　3 个时刻梁振动图像序列

采用整像素边缘检测法对图 7-30 灰度图像序列进行处理，得到梁振动时的整像素边缘如图 7-31 所示。

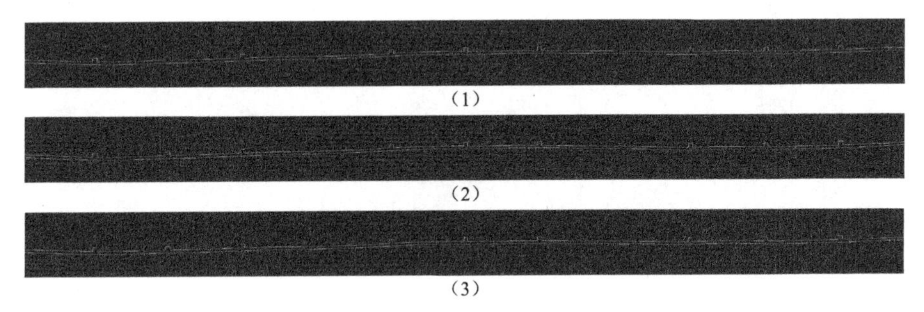

图 7-31　三等跨连续梁振动 3 个时刻整像素边缘序列

按照整像素边缘确定的边缘位置在图7-30灰度图像序列中选择边缘邻域子图像，采用二维正交多项式拟合法识别梁各时刻瞬时边缘位置序列如图7-32所示。

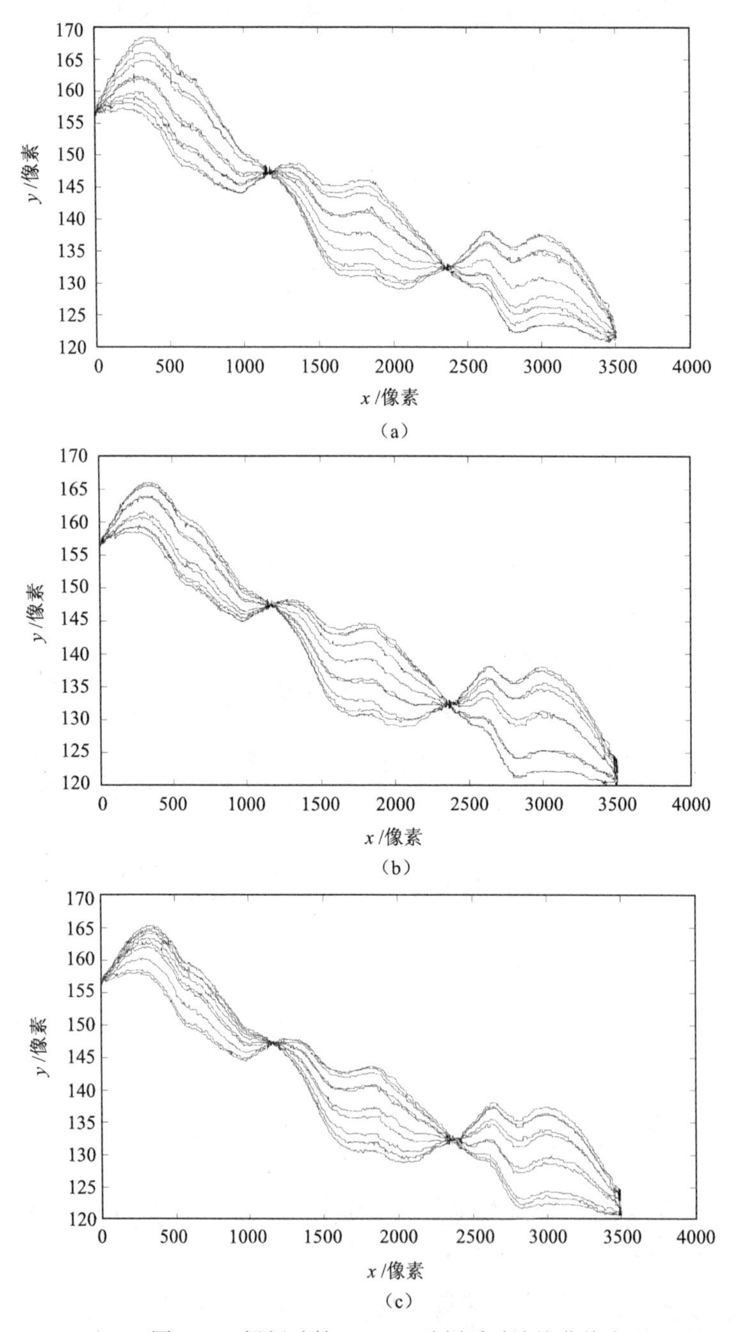

图7-32　梁振动第61～90时刻瞬时边缘曲线序列

对于图7-32所示的梁边缘序列，各边缘曲线上取横坐标相同的点，即此点的振动时间历程或振动信号，对各点的振动信号进行分析处理，得到梁的振动模态参数。三等跨连续梁前 3 阶固有振动频率如表 7-6 所示。

表 7-6　三等跨连续梁前三阶固有频率

方法 \ 阶数	1	2	3
计算频率/Hz	2.840	3.639	5.311
加速度检测频率/Hz	2.911	3.782	5.550
视频检测频率/Hz	2.880	3.625	5.233
相对视频检测计算误差/%	1.39	0.39	1.49
加速度与视频检测相差/%	1.08	4.33	6.06

由三等跨连续梁计算及加速度检测和视频检测结果（表 7-6 及图 7-33）可知：

（1）计算频率相对视频检测频率的误差为 0.39%～1.49%，计算精度和可靠性较高。

（2）加速度检测频率相对于视频检测频率相差 1.08%～6.06%，说明两者相互印证，由于加速度进行振动检测历史悠久，结果精确可靠且已为多种规范所采纳，可以认为在满足一定条件下视频检测精度和可靠性与加速度检测精度和可靠性相当。

（3）考虑振型乘以任意常数仍然是这一阶振型，由振型峰谷位置及峰谷相对比例可以看出，三种途径得到的振型符合较好，说明计算及 2 种试验结果良好。由于每个跨径仅设 3 个传感器，加速度检测振型由折线构成，较为粗糙，如果每跨设置 10 个或更多传感器，振型曲线会好得多。但传感器太多，其质量势必影响测体的惯性，造成检测误差，而且太多的测点，布线、采集设备通道限制、安装调试工作等困难显著增加。视频像素众多，即测点众多，本例沿梁长近 2000 像素，是有限元计算的 35 个节点的 50 多倍，实测振型曲线可与计算振型曲线比美，并且精度及可靠性优于有限元计算。

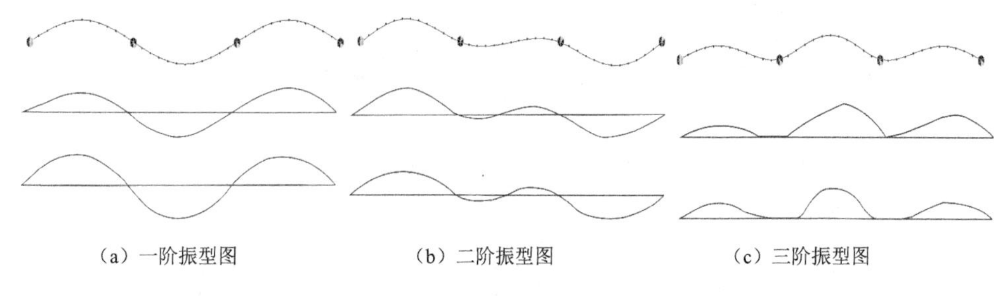

图 7-33　三等跨连续梁计算（上图）加速度检测（中图）视频检测（下图）前三阶振型图

第四节　弦振动模态分析试验

斜拉索振动试验设置如图 7-34 所示，索的下端安装力传感器。

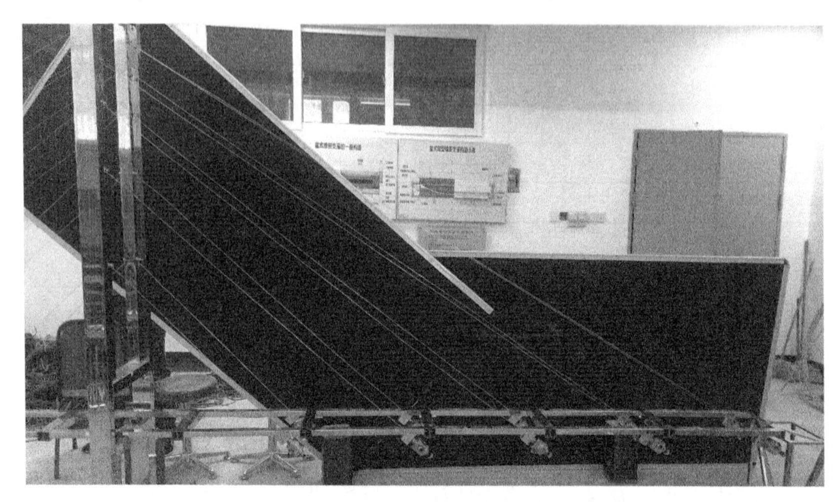

图 7-34　斜拉索振动模态分析试验

采用突然卸载法激振，采用 720p 240 帧视频采集弦振动过程，视频时长约为 30 s。将视频分解为图像序列。取弦自由振动的一段视频时长约 21 s，分解得 5040 幅图像，其中 5 幅裁剪图像序列如图 7-35。视频采集时，调整像框长边与弦大致平行。

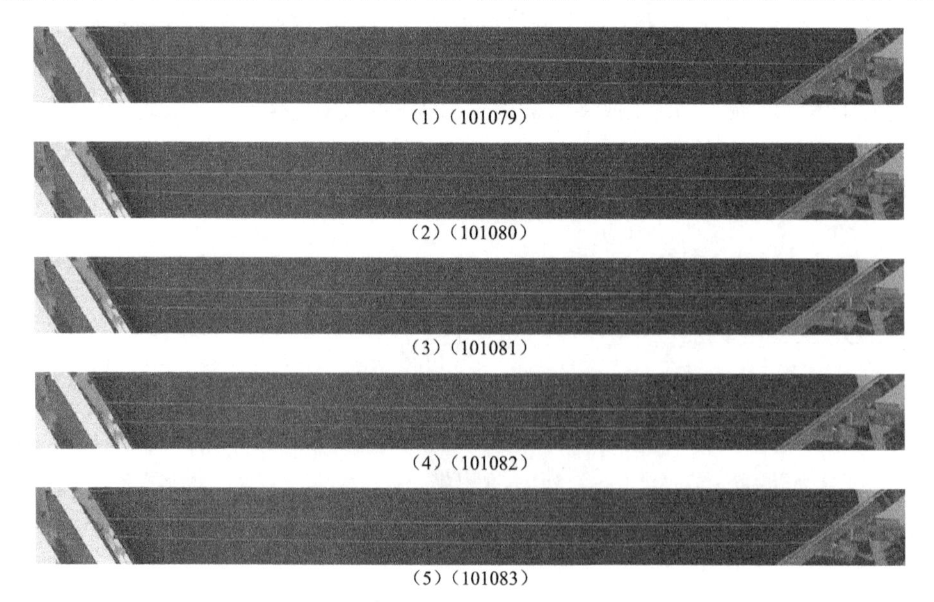

（1）（101079）

（2）（101080）

（3）（101081）

（4）（101082）

（5）（101083）

图 7-35　弦振动图像序列

依次对图像序列进行分析处理，得各时刻边缘序列亚像素位置如图7-36所示。

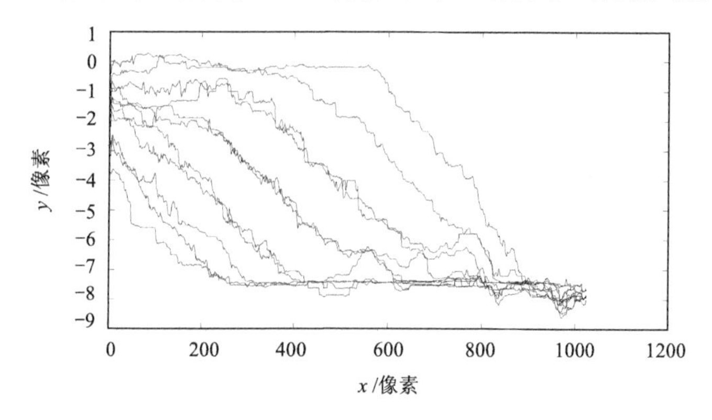

图 7-36　11 个时刻的弦亚像素边缘序列

在边缘序列中取横坐标相同点的竖向坐标序列，即该点的振动位移时程曲线，如图 7-37 所示。

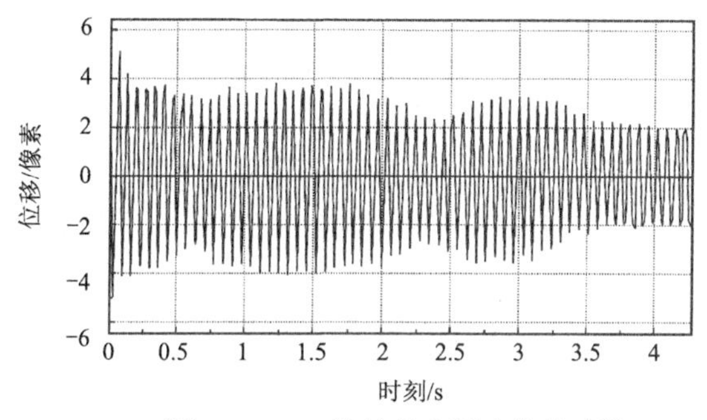

图 7-37　1/2 跨长处点振动位移时程

对弦上各点振动信号进行频谱分析结果如图 7-38 所示。由频域多自由度拟合法识别弦振动前四阶振型图如图 7-39 所示。弦振动理论振型，第 1 阶为半个周期正弦波，第 2 阶为 1 个周期正弦波，第 3 阶为 1.5 个周期正弦波，第 4 阶为 2 个周期正弦波。视频检测结果与理论解符合较好。

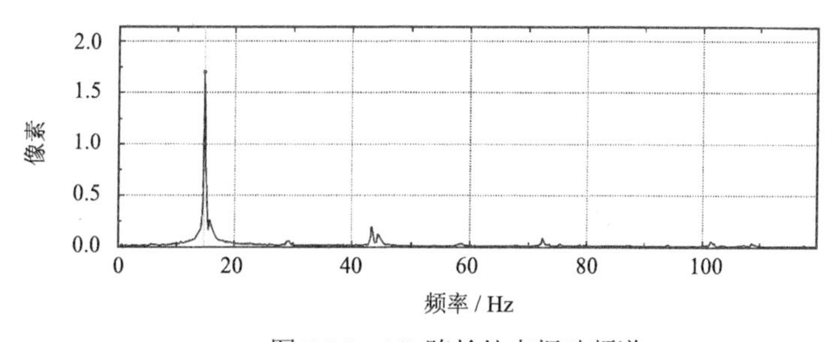

图 7-38　1/2 跨长处点振动频谱

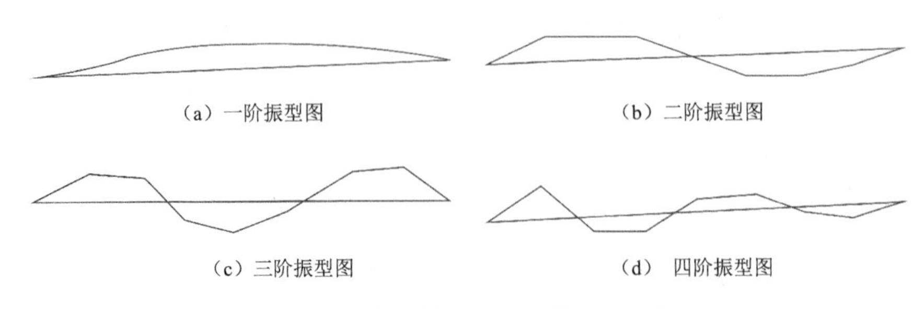

(a) 一阶振型图　(b) 二阶振型图

(c) 三阶振型图　(d) 四阶振型图

图 7-39　视频检测弦振动前 4 阶振型

模态分析识别弦前 4 阶固有频率如表 7-7 所示。弦振动固有频率，第 n 阶是第 1 阶的 n 倍，表 7-7 的实测频率符合这个规律。弦第 8 阶固有频率约为 117.2 Hz，按采样定律，在 240 fps 帧率测试范围，由图 7-33 频谱图，第 7 阶频率处峰值较明显，第 8 阶频率处峰值不明显，说明本次视频试验可识别弦自由振动前 7 阶固有频率。振型识别时，5 阶频率以上振动分量较小，未能识别 5 阶及以上振型。如果要获得高阶振型，可采用帧率较高的视频设备及高频强迫振动方法。

表 7-7　视频试验实测频率

阶数	1	2	3	4
频率/Hz	14.656	29.061	43.361	58.360

根据索力公式：

$$N = 4wL^2\left(\frac{f_k}{k}\right)^2$$

式中 w 是弦的单位长度质量，L 是自由长度，k 是频率阶数，N 是索力。

将试验实测频率代入索力公式，计算索力并与力传感器所测索力比较，结果如表 7-8 所示。

表 7-8　视频法检测索力值与传感器实测索力值　　（单位：N）

频率 阶数	视频法实测索力 F_1	传感器实测索力 F_2	$\lvert F_1 - F_2\rvert / F_2$
1	21.404	21.599	0.90%
2	21.039	21.599	2.59%
3	21.956	21.599	1.65%
4	21.212	21.599	1.79%

试验结果表明，视频检测弦振动试验，模态参数如频率振型识别结果与理论解符合较好，由视频识别频率计算索力与力传感器实测索力符合较好。

试验采用的索较细，质量较小，加速度传感器在细索上固定困难，并且其质量相对于索质量较大，势必影响索的固有振动频率检测的准确性。工程中细索很常见，附着式传感器势必影响细索的检测结果。

工程中斜拉索长度数百甚至逾千米，高度数十甚至数百米，加速度传感器的安装极为困难，密集检测几乎不可能，非接触、高密度的视频检测优势明显，随着 8K 或更高分辨率视频采集的普及，可见的将来，工程上普遍应用可期。8K 视频覆盖 8 m 范围，16K 覆盖 16 m 范围，保守地，图像检测精度 0.1 mm，满足工程需求。图像检测法的应用是必然趋势。

参 考 文 献

[1] 陆秋海，李德葆. 工程振动试验分析[M]. 第二版. 北京：清华大学出版社，2015.

[2] 张盼，袁向荣，刘辉，等. 基于视频图像法的两跨连续梁振动研究[J]. 实验技术与管理，2016，33(12)：48-52.

[3] 胡朝辉，袁向荣. 梁桥模态参数图像识别技术的模型试验研究[J]. 铁路勘察，2016，42(1)：11-15.

[4] 胡朝辉，袁向荣. 振动试验视频图像测试技术[J]. 噪声与振动控制，2011，31(3)：162-165.

[5] 黄文，袁向荣. 视频图像振动测试技术研究[J]. 微型机与应用，2011，30(22)：62-64.

[6] Poudel U P，Fu G，Ye J. Structural damage detection using digital video imaging technique and wavelet transformation[J]. Journal of Sound and Vibration，2005，286：869-895.

第八章　车桥耦合振动同步检测的数字图像法

第一节　车桥耦合振动检测现状分析

车辆、桥梁系统参数对车-桥系统动力学行为有重要影响。文献[1]计算结果显示，在不考虑桥面不平顺的前提下，车辆质量、阻尼、刚度等参数对桥梁振动的影响较小，但对车辆振动响应的影响很明显。

对车辆、桥梁检测的主要目的是识别其参数、评估其状态。交通部公路科学研究所、长沙理工大学等 10 家单位完成的获奖项目“公路在用桥梁检测评定与维修加固成套技术”[2]，创建了桥梁承载力检测评定方法、标准与体系，构建了桥梁承载力评定参数理论模型与计算方法。文献[3]介绍了基于 LabView 的桥梁健康监测数据采集系统，根据系统采集的桥梁响应数据和车辆视频数据，获得桥梁响应频谱，并识别系统自振频率。文献[4]研究了基于车辆响应的桥梁结构参数的统计区间估计，文献[5]综述了基于车桥耦合振动分析的桥梁损伤诊断方法，文献[6]介绍了城市轨道交通桥梁车辆荷载动力系数测试与分析，文献[7]分析了车桥系统频谱及参数敏感性，文献[8]介绍了在役桥梁实测荷载横向分布系数研究与应用。文献[9]介绍了正常交通流下斜拉桥的振动模态测试。文献[10]介绍了基于时频分析的运营桥梁模态参数识别方法。

路面不平顺检测，常用水平仪、标尺、车载或拖带式单轨或双轨路面不平度测量仪、倾斜测量装置，以及声波、超声波非接触式路面测量装置。常规的桥梁检测方法常用加速度计、速度计、顶杆式或拉线式或吊锤式位移计、电阻式应变计、振弦式应变计、连通式位移测量仪、靶标式光电挠度仪、光纤光栅传感元件、百分表、千分表检测或水准仪人工检测。在车辆、桥梁检测技术发展过程中，一些结合信息、电子等新技术的手段、设备逐渐普及，其中较成功的有红外、超声、雷达、视频等无损检测技术。车辆、桥梁结构动变形检测技术在数据采集设备方面和数据处理方面采用新技术较多，发展较快，但在新型采集手段、新型采集传感器开发方面发展较慢，变形检测主要是点式检测，这些检测手段的共同缺点一是只能检测系统的有限个测点，二是对车辆桥梁分开检测，对车辆主要是车载检测，对桥梁主要是用固定于桥梁的设备进行的检测，常用加速度检测、惯性式速度或位移检测。

基于车-桥系统静动响应检测数据识别桥上移动荷载的研究也有长足的进展，主要的方法有时域法、频域法、差分法。文献[11]分析了这三类方法对噪声的敏感性，此外还有基于桥梁响应的拟合法[12-14]、基于拟合待识别移动荷载的识别方法[15]等。

目前车桥耦合振动检测与识别技术在两个方面存在不足。一是检测是点式，检测数据远少于车-桥系统分析计算数据，解析分析技术可对车-桥系统无穷多个连续点进行分析计算，有限元和差分法代表的数值分析方法可以细密网格对车-桥系统整体及各局部进行分析计算，计算网格可以构成车-桥系统分析的完备空间。而传统检测技术，测点无法构成与数值方法类似的检测网格，由于检测数据的不完备，车-桥系统识别和诊断时，必须对完备空间进行凝聚，或者由非测试数据对空间缺失数据进行替换，造成车-桥系统识别诊断误差甚至失败。二是没有考虑车-桥系统的整体特性，对动态接触的车、桥两个子系统分开检测，对移动车辆的检测是固定于车并随车移动的检测系统，对桥是固定于静止参考系的检测系统，检测数据不同时不同步。由于测试数据的先天缺陷，系统参数识别局限性较大，一是受限于测点数，可识别参数数量有限，二是只能对各单个弹性体的参数进行分别识别。因此有必要开展基于图像检测的车-桥系统全域同步检测和参数识别的研究。

目前的车辆、桥梁检测实践也有图像技术方面的应用。铁路轨检车普遍安装摄像检测设备，以惯性设备定检测基准，数字图像检测轨道的几何形状，包括短波、中波、长波高低和轨向、轨距、水平、三角坑、线路坡度、平断面、纵断面曲率等项目[16]。文献[17]介绍了基于数字图像的车辆轮对参数检测系统，可实时在线自动检测如轮缘高度、宽度、车轮直径、QR 值、轮对内侧距等参数。西南交通大学牵引动力国家实验室进行了轮轨接触点位置的图像检测方法研究[18]，其边缘检测主要是采用基于整像素差分的 Sobel 算子。西南交通大学土木学院研究了轮轨接触几何检测的数字图像技术[19]，由图像采集软件的处理软件结合图像矫正和拼接技术，获得 1 个车轮的轨面接触点断面报表图。西南交通大学理学院研究了基于图像处理的铁路沿线视频监控算法[20]，针对行人越轨行为进行识别报警。兰州交通大学进行了基于边缘检测的铁轨识别研究[21]，其边缘检测主要是采用基于整像素差分的 Roberts 算子。周征进行了基于 CCD 的铁路货车轮轴—轴承检测系统设计研究[22]，目的是开发轮轴—轴承检测分拣系统，其边缘检测是采用基于整像素差分的 Sobel 算子。马海民等研究了铁轨最小曲率半径的图像识别方法[23]，采用整像素差分近似梯度计算，构成 9×9 检测模板以替代普通的边缘检测算子。美国交通部联邦铁路管理局开发了一种在移动车辆上操控的视频检测系统[24]，以检测钢轨连接板的裂缝。对公路车辆，图像检测技术主要用于交通管理与控制，检测车辆外形尺寸以控制车辆超限[25]，图像识别车牌以处理交通违章[26]，等等。桥梁方面，图像检测技术已应用于桥梁外观检查[27]、裂缝检测[28]、变形检测[29, 30]等。

本章通过模型试验介绍同步检测车桥耦合振动的视频法。

第二节　车桥耦合振动检测模型试验

车桥耦合振动模型试验如图 8-1 所示，模型梁横截面如图 8-2 所示，两片同样的梁平行布置，梁两端用外径 25 mm 圆钢管支承以模拟简支条件，试验梁前后设过渡梁。由静动载试验测得梁的抗弯刚度和固有频率，各项参数见表 8-1。车辆模型为遥控电动车，采用称轴重法和重心测试悬挂法可以确定重心在模型车的两轴正中，前轴无悬挂，后轴悬挂刚度较大，变形基本发生在直径 85 mm 的轮胎上，因此判定前后刚度阻尼一样，由预压或预拉后释放变形，均不能使车辆模型自由振动，车辆模型参数见表 8-2。

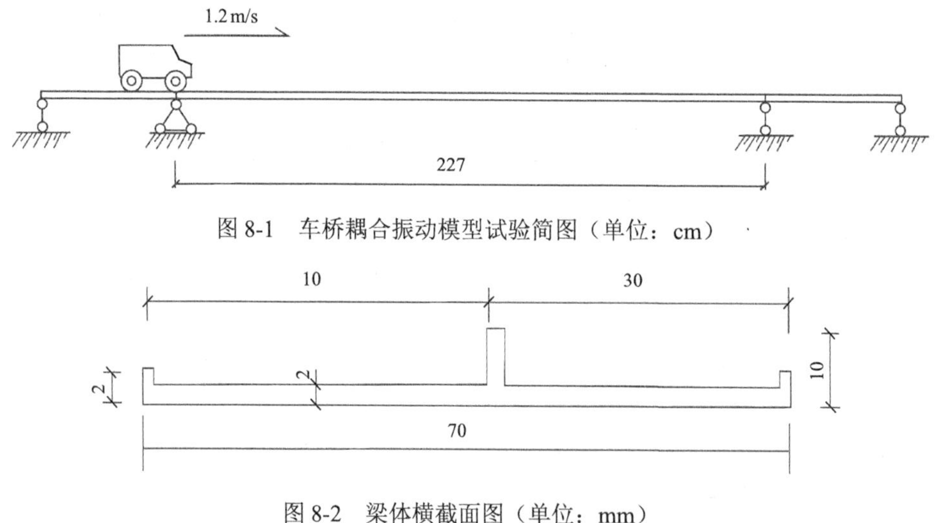

图 8-1　车桥耦合振动模型试验简图（单位：cm）

图 8-2　梁体横截面图（单位：mm）

表 8-1　模型梁参数

跨径/m	刚度/(N/m)	基频/Hz	单位长质量/(g/m)
2.27	43.19	11.23	320

表 8-2　车辆参数

轴距/m	前后轴重/N	转动惯量/(kg·m^2)
0.17	4.7	0.00679

采用 640×320 像素摄像头，按帧率 30 fps 采集试验视频，按梁或车的特征高

度进行像素标定。

试验准备就绪后，视频采集开始，遥控模型车前行，模型车出试验梁后，视频采集结束。将视频中车辆进试验梁前瞬时到出试验梁后的一段分解为图像序列，图像序列共 160 幅，对应车辆进试验梁后的 160 个时刻，其中第 17～36 时刻的 20 幅图像如图 8-3 所示。

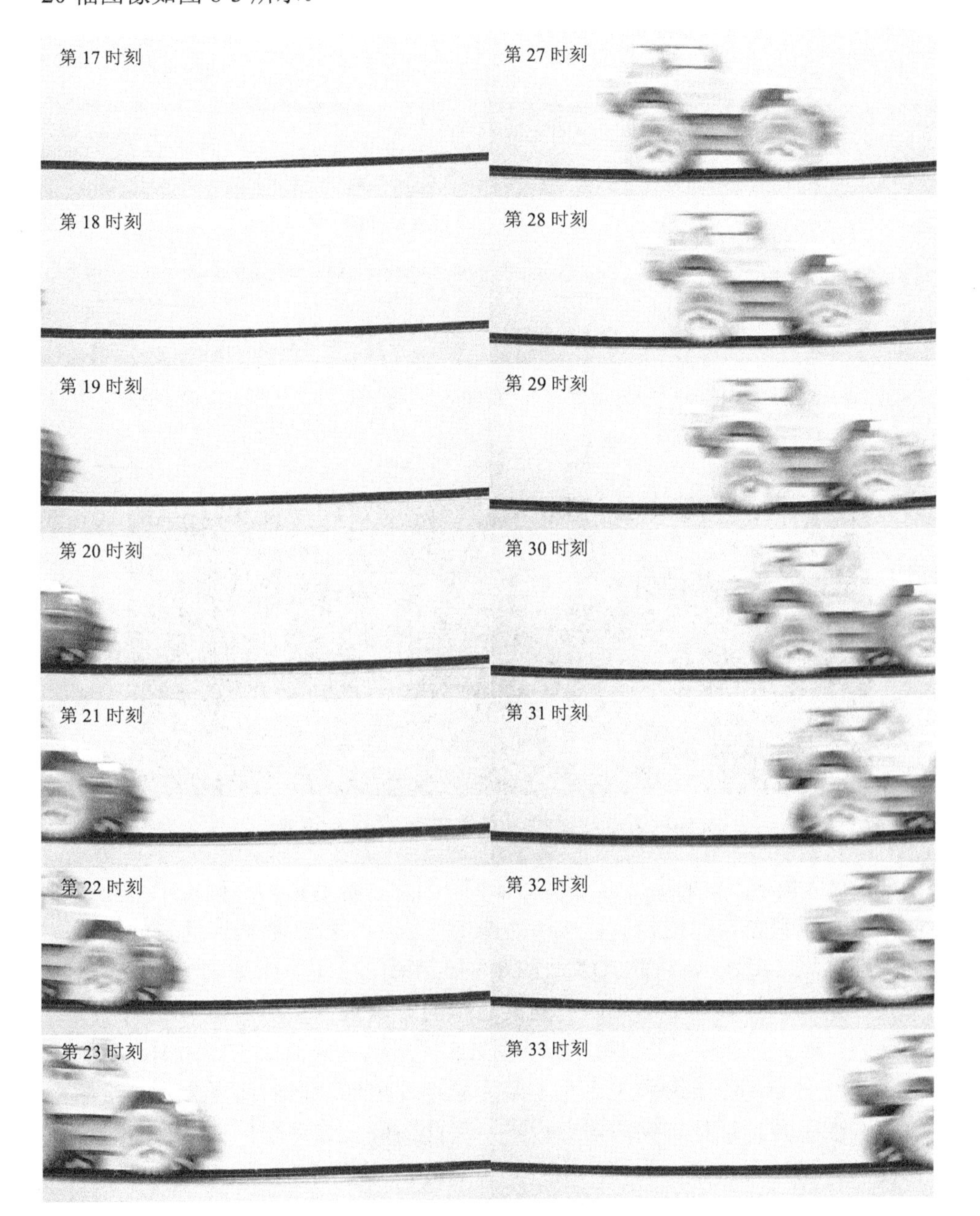

图 8-3　车辆进梁后第 17～36 时刻的图像序列

由 Canny 边缘识别法识别图像中的整像素边缘，图 8-3 中第 25 时刻图像边缘检测所得二值图像如图 8-4 所示。

图 8-4　第 25 时刻车和梁整像素边缘二值图像

如图 8-4 所示，梁的上边缘有移动车辆，因此以像素值为 1 确定梁下边缘各点的水平与垂直方向的坐标。以梁下边缘的一点为中心，取适当高宽的矩形区域为兴趣区域（IOZ），按此 IOZ 从图 8-3 所示的灰度图像中选取子图像，采用二维正交多项式拟合此子图像，识别梁边缘的亚像素位置，可得梁边缘曲线的时间序列，即 160 个时刻的瞬时边缘。图 8-5 为车辆进梁后第 1 到第 100 时刻梁下边缘曲线序列。由于图像坐标左上角为原点，坐标轴向右向下为正，绘图坐标原点在左下角，坐标轴向右向上为正，因此图像边缘向下挠曲，绘图边缘向上凸起。

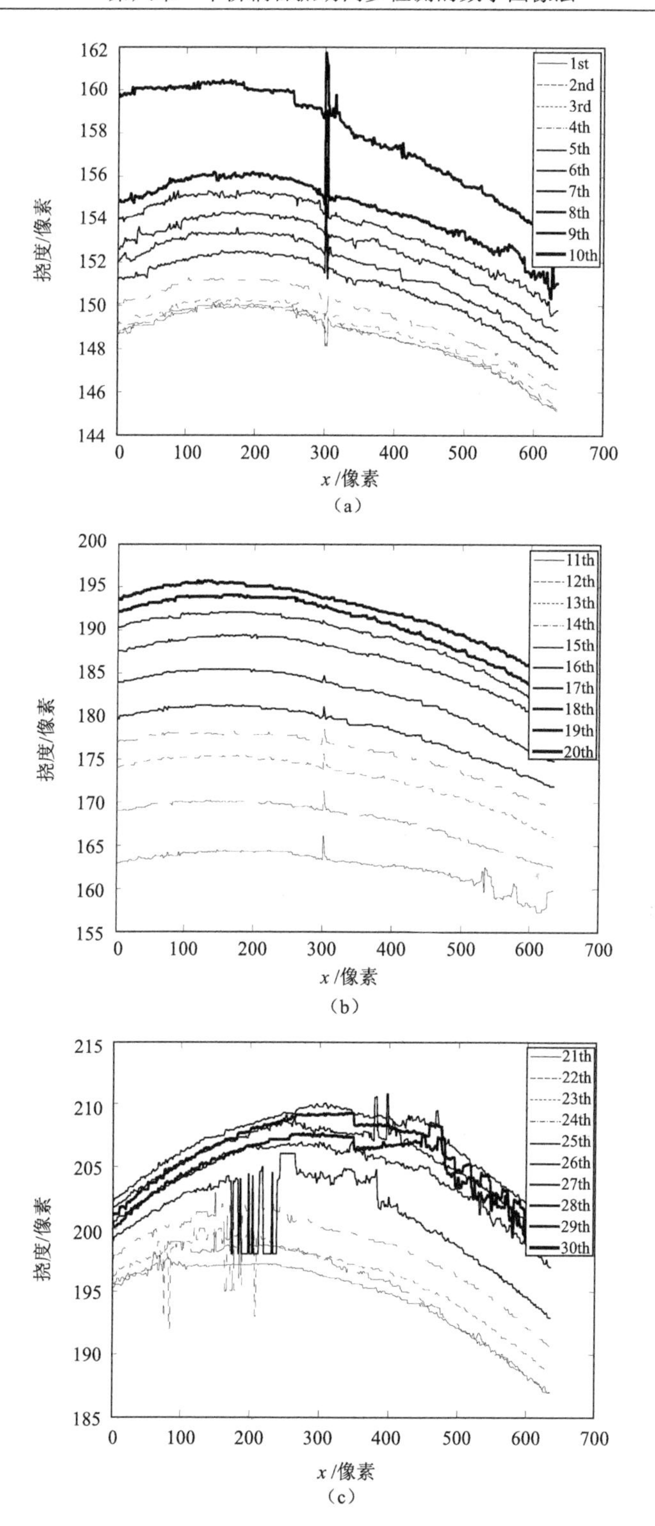
挠度/像素
x/像素
1st
2nd
3rd
4th
5th
6th
7th
8th
9th
10th
11th
12th
13th
14th
15th
16th
17th
18th
19th
20th
21th
22th
23th
24th
25th
26th
27th
28th
29th
30th

(a)

(b)

(c)

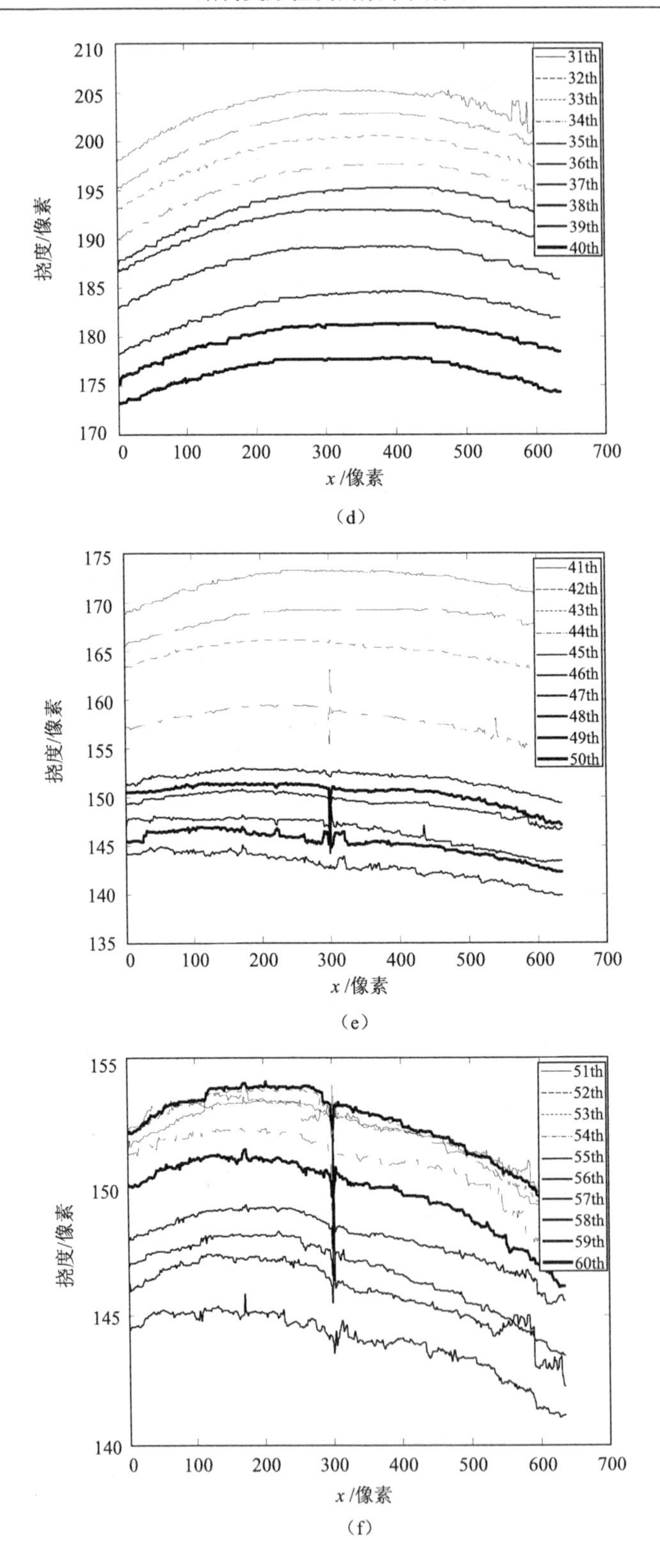
31th
32th
33th
34th
35th
36th
37th
38th
39th
40th
挠度/像素
x/像素
41th
42th
43th
44th
45th
46th
47th
48th
49th
50th
51th
52th
53th
54th
55th
56th
57th
58th
59th
60th

(d)

(e)

(f)

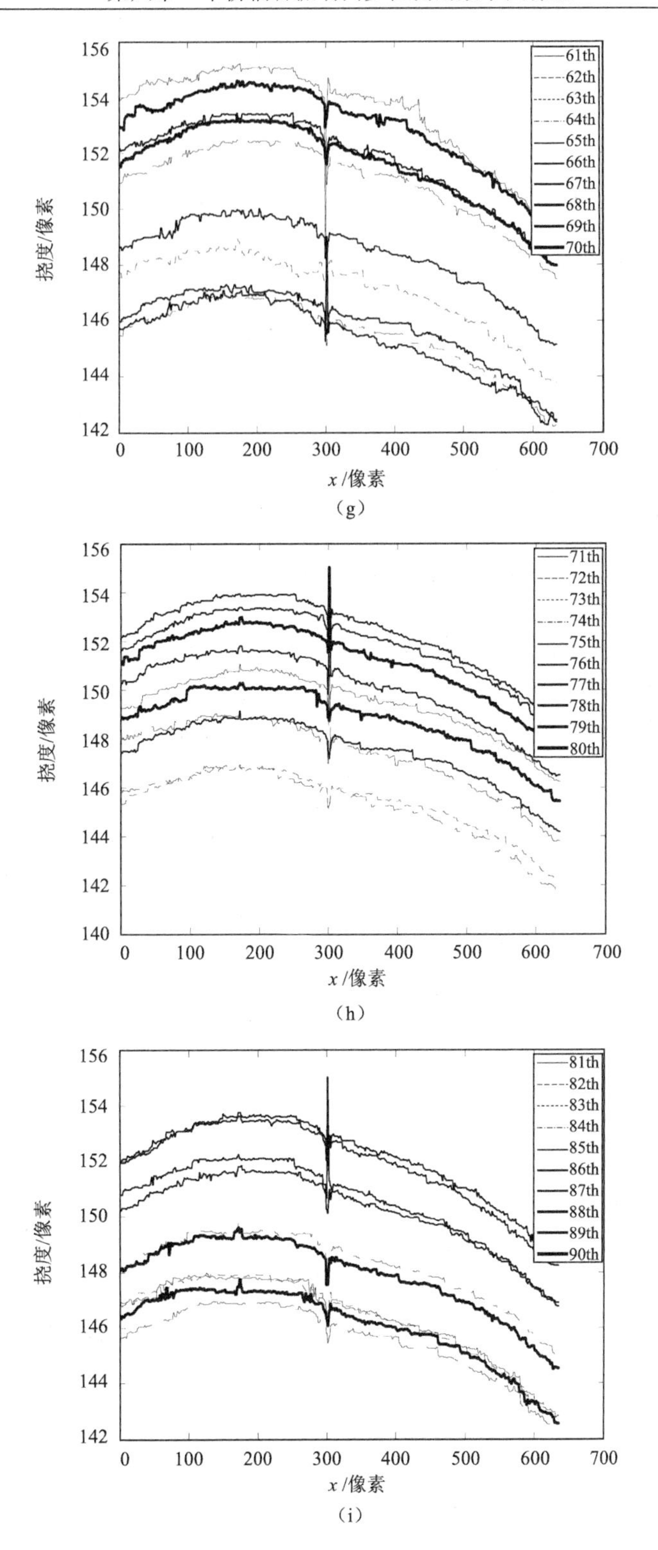
挠度/像素
x/像素
61th
62th
63th
64th
65th
66th
67th
68th
69th
70th
71th
72th
73th
74th
75th
76th
77th
78th
79th
80th
81th
82th
83th
84th
85th
86th
87th
88th
89th
90th

(g)

(h)

(i)

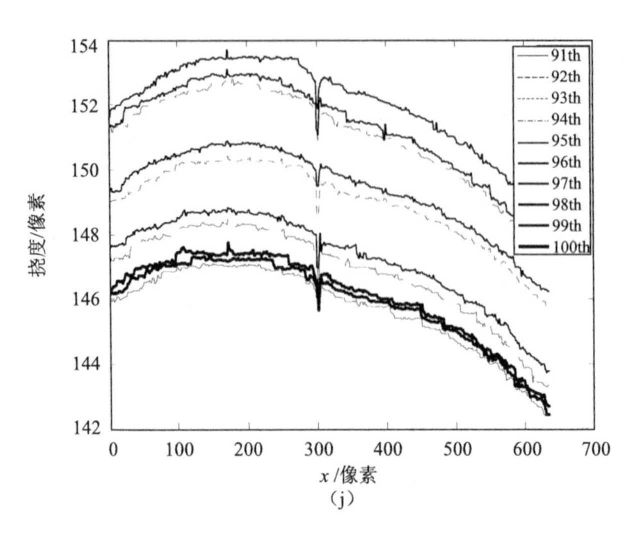

(j)

图 8-5　车辆进梁后第 1 到第 100 时刻梁下边缘曲线序列

图 8-5 所示每一条边缘曲线实际上是边缘上 640 个点的瞬时位置连线，可视为梁上 640 个点的振动位移，某一个点如 80 号点（梁的检测长度的 1/8），取出 160 个时刻边缘曲线序列与 80 号点对应的竖坐标，即 80 号点的振动信号，图 8-6 为梁上检测长度内 7 个 8 分点的振动信号。

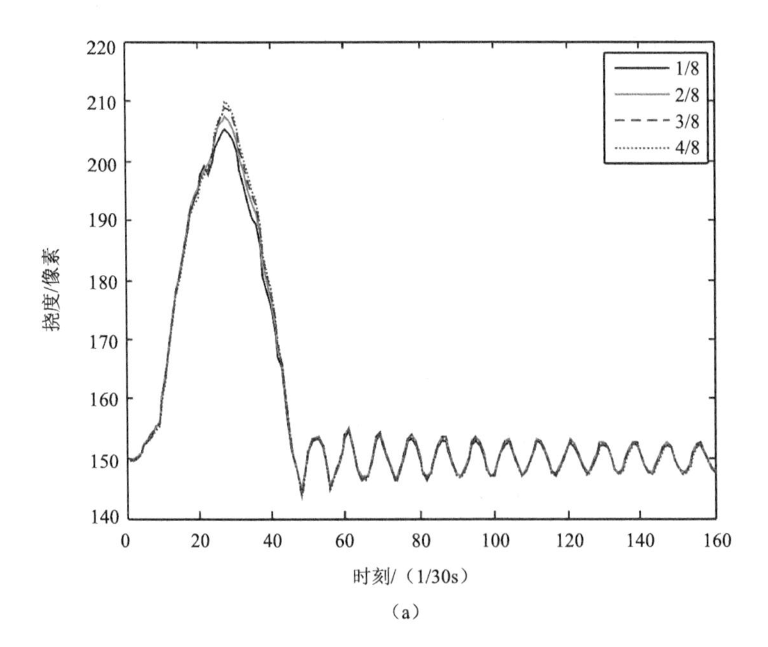

(a)

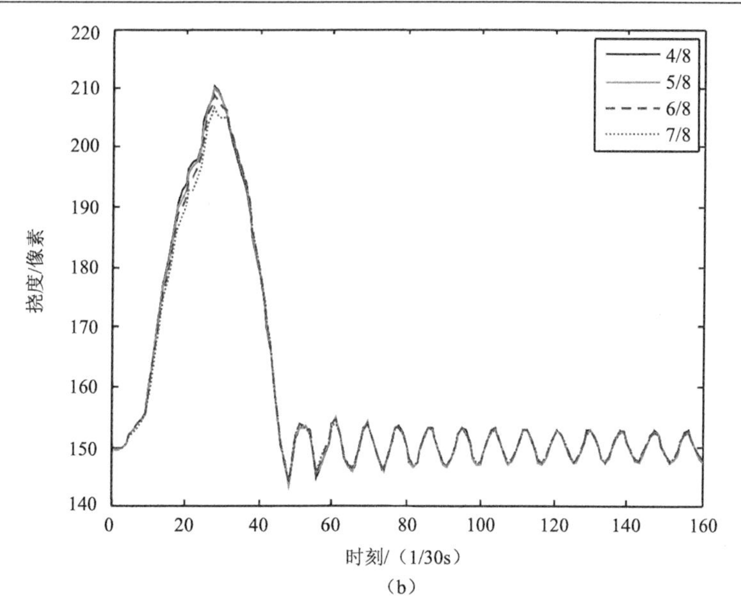

（b）

图 8-6　梁上检测长度内 7 个 8 分点的振动信号

由图 8-6 可以看出：①靠右面的边缘点时程曲线稍稍向右偏；②靠近跨中边缘点的挠度大于远离跨中边缘点；③各点的时程曲线有不同程度的高差，因为边缘检测的是梁边缘的绝对位置，而边缘上各点的静止高程是不一样的。可以采用各变形边缘减去静止边缘的处理方法。

采用第三章介绍的二维数字图像相关法，以车体中部为兴趣区域，取第 23～31 个时刻的 9 幅图像进行分析（其他时刻，车体中部未全部进入或已部分驶出图像范围），对车辆运动进行检测，识别结果如图 8-7 和图 8-8 所示。

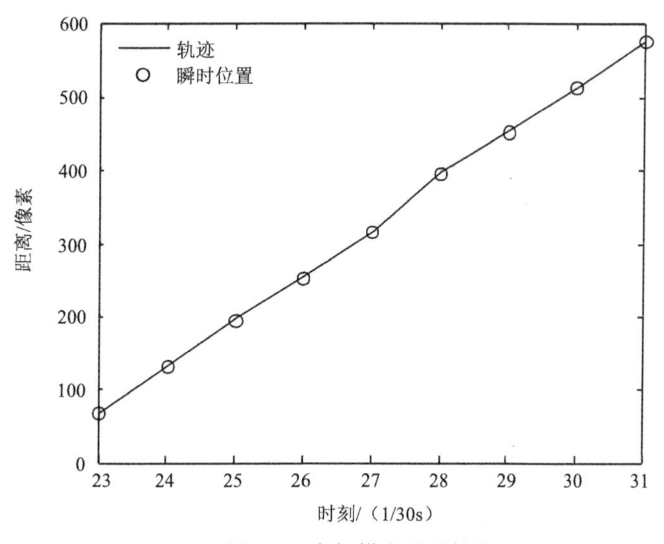

图 8-7　车辆横向移动轨迹

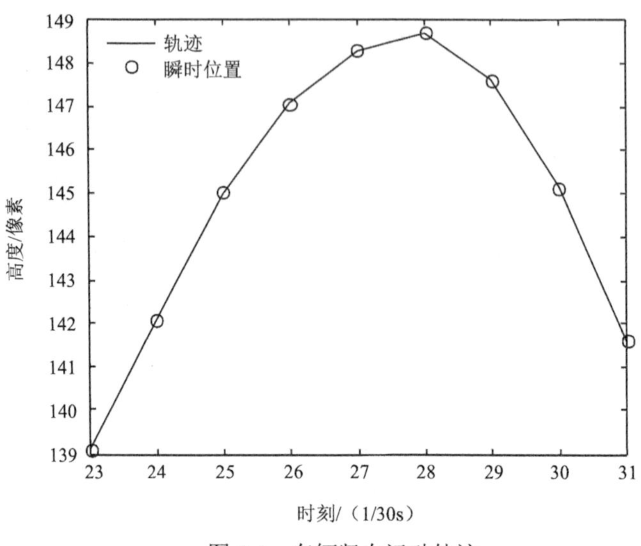

图 8-8　车辆竖向运动轨迹

车辆兴趣区域正下方，取梁边缘为兴趣区域，对第 23～31 时刻的 9 幅图像进行相关计算，车辆下方边缘的瞬时位置如图 8-9 所示。图 8-9 不是边缘某个点的轨迹，是与车辆 9 个位置对应的边缘上 9 个点在对应的 9 个时刻的瞬时位置，与图 8-5、图 8-6 边缘曲线和边缘上点的轨迹不同。为比较，图 8-9 中同时显示车辆竖向运动轨迹。

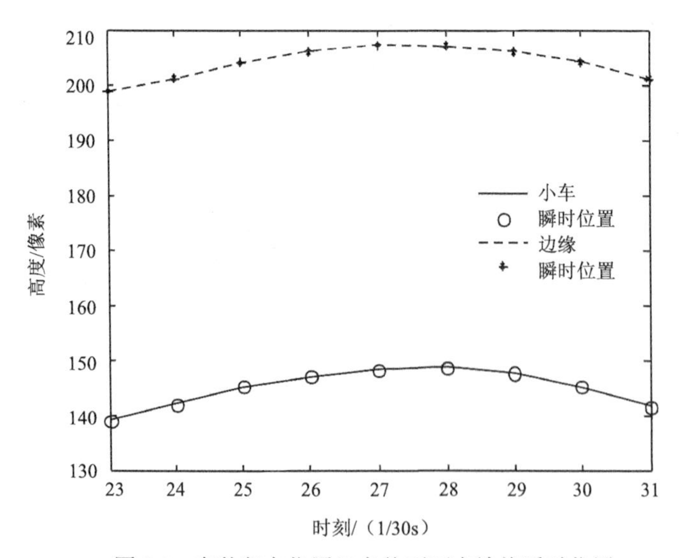

图 8-9　车体竖向位置及车体正下方边缘瞬时位置

车体相对梁体的竖向运动轨迹如图 8-10 所示。由于车辆没有前悬挂，后悬挂刚度较大，可以认为车体与车轮之间没有相对运动，除了轮胎以外，车辆整体类似于刚体。因此，车体相对梁体没有明显的振动，靠近跨中的相对位移较小，推测其原因是车辆随梁体向下加速运动，惯性作用使轮胎受力减小，其幅值很小，约为轮胎直径的 1%。

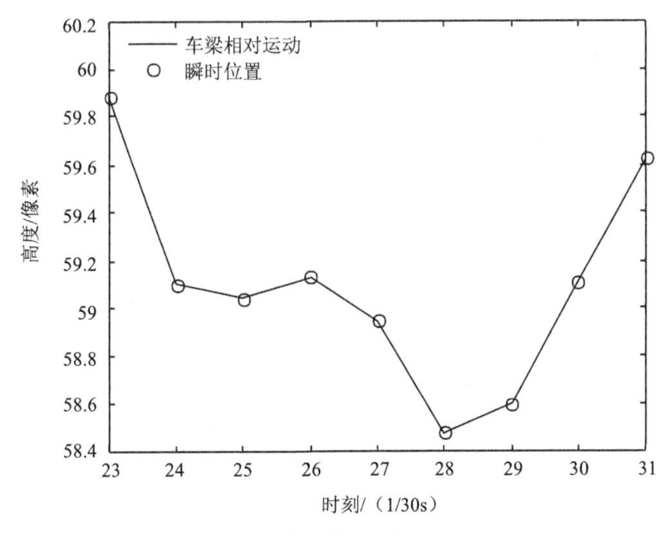

图 8-10　车体相对梁体的运动轨迹

视频检测车桥耦合振动还处于探索研究阶段，模型试验基本实现同步检测车桥的振动，图 8-9 和图 8-10 所示结果是以前传统检测试验所没有的。由于试验是 2011 年进行的，采用的是 640×320 像素 30 fps 摄像头，远距采集覆盖范围大，检测精度低，近距检测精度提高，但 30 fps 很难追踪高频大振幅振动及高速运动车辆。将来可以对模型试验进行重新设计，增大模型尺寸，选择弹性较好的车辆，采用 60～120 fps 全高清或 4K 视频设备，并在适当时候进行车桥耦合振动的原位试验。

参 考 文 献

[1] 李东平，王宁波，曾庆元. 车桥时变系统耦合振动分析模态综合法[J]. 铁道科学与工程学报，2009，6(3)：36-41.

[2] 交通部公路科学研究所，等. 公路在用桥梁检测评定与维修加固成套技术[J]. 中国科技奖励，2009，2：36-38.

[3] 余岭，朱军华，Chan T H T. 基于 LabView 的桥梁健康监测数据采集系统[J]. 暨南大学学报（自然科学版），2009，30(5)：465-468.

[4] 李炜明，朱宏平，夏勇. 基于车辆响应的桥梁结构参数的统计区间估计[J]. 工程力学，2008，25（增刊）：254-258.

[5] 陈上有，夏禾，战家旺. 基于车桥耦合振动分析的桥梁损伤诊断方法评述[J]. 中国安全科学学报，2007，17(8)：148-155.

[6] 曹雪琴，朱金龙. 城市轨道交通桥梁车辆荷载动力系数测试与分析[J]. 城市轨道交通研究，2003，5：30-35.

[7] 张楠，夏禾，de Roeck G. 车桥系统频谱及参数敏感性分析[J]. 工程力学，2009，26(11)：197-202.

[8] 李松辉，李冲，闫明. 在役桥梁实测荷载横向分布系数研究与应用[J]. 山东科技大学学报（自然科学版），2009，28(5)：27-29.

[9] 李长升，王新歧，胡军，等. 正常交通流下斜拉桥的振动模态测试[J]. 天津大学学报，2004，37(12)：1063-1068.

[10] 侯立群，欧进萍. 基于时频分析的运营桥梁模态参数识别方法[J]. 振动工程学报，2009，22(1)：19-25.

[11] 袁向荣. 噪声对移动荷载识别的影响[J]. 噪声与振动控制，2009，29(1)：58-60.

[12] 袁向荣. 移动荷载识别的响应曲线滑动拟合法[J]. 振动、测试与诊断，2007，27(4)：320-323.

[13] 袁向荣，卜建清，满洪高，等. 移动荷载识别的函数逼近法[J]. 振动与冲击，2000，19(1)：58-60.

[14] 李忠献，陈锋. 基于时间元模型的复杂桥梁结构移动荷载识别[J]. 天津大学学报，2006，39(9)：1043-1047.

[15] 范海燕，基于移动荷载拟合的识别方法研究[D]. 广州：广州大学，2009.

[16] 陈东生，田新宇. 中国高速铁路轨道检测技术进展[J]. 铁道建筑，2008，(12)：82-86.

[17] 王信隆，苏大鹏. 车辆轮对参数检测系统中钢结构整体道床的设计[J]. 机械工程师，2008，(7)：97-98.

[18] 杨淑芬，陈建政. 轮轨接触点位置图像检测方法研究[J]. 电力机车与城轨车辆，2009，32(1)：34-36.

[19] 肖杰灵，刘学毅，张渝. 轮轨接触几何状态检测装置[J]. 中国铁道科学，2008，29(4)：141-144.

[20] 赵智雅，王泽勇. 基于图像处理的铁路沿线视频监控算法设计[J]. 现代电子技术，2009，(17)：162-164.

[21] 柴世红. 基于边缘检测的铁轨识别[J]. 铁路计算机应用，2009，18(4)：1-3.

[22] 周征. 基于线阵 CCD 传感器的铁路货车轮轴—轴承检测系统设计[J]. 工业控制计算机，2009，22(3)：56-57.

[23] 马海民，赵庶旭，党建武. 铁轨最小曲率半径的图像识别方法[J]. 计算机工程与应用，2009，45(12)：20-22.

[24] 美国交通部联邦铁路管理局. 钢轨连接板视频检测系统[J]. 西铁科技，2007，(2)：59-60.

[25] 胡永举. 基于图像的车辆外型尺寸识别技术[J]. 道路交通与安全，2007，7(2)：33-35.

[26] 廖明，张金林，甄树新，等. 一种实用车牌定位算法及实现[J]. 系统仿真学报，2005，17(10)：2349-2351.

[27] 吴敏慧. 基于 CCD 的数字成像技术在桥梁检测中的运用[J]. 建设技术与管理，2009，(7)：87-89.

[28] 张维峰，刘萌，杨明慧. 基于数字图像处理的桥梁裂缝检测技术[J]. 现代交通技术，2008，5(5)：34-36.

[29] 夏哲，付红桥，张文，等. 桥梁变形图像监测系统调制传递函数[J]. 重庆大学学报，2004，27(6)：17-20.

[30] 何振星，于起峰. 桥梁位移的远距离测量新技术[J]. 广东公路交通，2003，(4)：21-23.

第九章 桥梁结构施工虚实结合技术

第一节 概　述

随着土木工程结构的大型化、复杂化，工程结构施工难度越来越大，对施工控制技术的要求越来越高。在工程结构施工准备阶段及施工的全过程中采用新的分析、仿真、检测、识别、控制技术，无疑是促进施工技术发展的重要途径。以沉浸、交互、构想为特征的虚拟现实技术在军事、航空、航天、机械等方面的应用，为促进科学技术的进步做出了不可估量的贡献。土木工程中虚拟施工方面的研究，不同程度地实现了对施工环境、施工过程、施工对象的虚拟仿真，研究成果的应用对实际施工过程中的决策、优化和控制能力的提高起到了重要作用。采用数字图像技术检测结构具有非接触、空间高密度、高精度、重复可比性好、无设备损耗等优点。对于大型复杂结构的施工控制，通过虚拟现实技术，在施工前预演施工控制全过程，在施工的各个阶段，通过海量点的测量，与结构分析计算进行点对点数据比较，识别相关参数并按真实环境修正虚拟环境，使虚拟环境符合已完成的实际施工状态，并参照设计状态确定施工控制措施，推演以后的施工控制过程。

一、虚实结合施工控制的科学意义

虚拟现实技术的终极目的是实实在在的应用，虚拟现实系统的价值在于对真实场景的逼近。虚拟施工系统深层次的研究不能局限于二维或三维动画表现，其交互和构想功能应该通过施工状态分析、监测、调整、预测来体现，即虚拟施工控制。虚拟现实技术使工程人员第一次可以身临其境地进行施工准备，虚拟施工控制可将工程实境融入虚拟环境，使虚拟现实技术的研究向虚实结合方向发展。这方面的研究对控制理论的发展有促进意义。传统监控方法实测数据点少，限制了可识别的控制参数数量，一般是通过灵敏度分析选择少数关键的参数进行控制。开展基于数字图像检测技术的研究，可以获得与理论分析计算模型对应的外表面变形检测数据，使得可识别、可控制的参数数量极大地增加。采用数字图像检测技术取代结构变形的传统检测手段，对于促进结构施工全过程全方位信息化是必要的。

二、虚实结合施工控制的工程意义及应用前景

国家统计局有关统计数据显示，“十一五”期间，城镇基础设施累计完成投资 22.1 万亿元，年均增长 21.8%。在投资规模增长的同时，体量超大超高、跨度超大、造型奇特新颖、构造极复杂、施工高难度的工程结构越来越多，具有代表性的有国家体育场，超过 600 m 的上海中心大厦，斜拉桥跨度世界第一的苏通大桥，悬索桥跨度世界第二的舟山西堠门大桥，拱桥跨度世界第一的重庆朝天门大桥、第二的上海卢浦大桥，等等。古人说凡事预则立。虚拟现实技术使工程人员第一次可以身临其境地进行施工准备，面对工程结构施工高难度的挑战，还必须实时身临其境地修正调整虚拟环境，在施工过程的各个阶段根据工程结构真实状态调整虚拟环境，对下一阶段结构状态进行预测，对施工过程进行指导。采用数字图像检测技术对结构表面进行规模化施工监测，为施工控制提供的信息量远大于传统监测方法。以有限元为代表的结构计算，已经在科研、教学、设计、施工单位普遍采用。开发易操作、易执行、有一定通用性的虚拟施工控制系统，必将对施工企业进行相对复杂较大型结构的施工控制起到极大的促进作用。

三、与虚实结合施工控制研究相关的国内外研究现状及发展动态分析

1. 虚拟施工方面的研究

20 世纪 80 年代初 Jaron Lanier 正式提出了“Virtual Reality，VR”一词，之后的三十多年里 VR 在各行各业均有成功应用[1, 2]，虚拟施工方面的研究也有二十多年的历史[3-5]。文献[3]回顾了基于计算机的施工仿真系统。文献[4,6]介绍了一种发展到第三代的用于教育和培训的四维虚拟施工仿真器。文献[7]介绍了基于虚拟施工环境的离散事件的仿真技术。文献[8]介绍了工地现场的可视化技术。文献[9]介绍了基于用户交互的构件设计概念。文献[10]介绍了 2009 年出现的“增强现实”（Augmented Reality, AR）的概念。

AR 技术是真正意义上的虚实结合技术，借鉴 AR 的理念，将基于高解像度的数字图像检测数据融入虚拟施工环境中，人机互动，虚实互动。易于操作的人机互动，准确实用的虚实结合，是虚拟施工系统进入施工单位的可行之路。

国内在虚拟施工方面的研究也取得相当可观的进步，李国成等采用参数化或非参数化的方式建立结构构件及机械设备的虚拟模型[11]，在虚拟环境中清楚地表达出构件及机械设备间相互的空间关系[12]，提出基于 VR 的岩土工程方案设计的整体思路和设计流程[13]。张伟等采用实体层次结构建模和模型支持系统，设计实现了虚拟装配引擎[14]。雷军波等介绍了虚拟仿真技术在工程施工中各个阶段的应用[15]。王晓搭建了基于 AutoCAD 和 Creator/Vega 的虚拟仿真系统总体

框架，实现实时仿真[16]。赵海涛等应用 VR 建立建筑模型、模拟纠偏措施、实时获得各工序的进程和效果 [17]。刘铮等将 VR 应用于建筑施工安全管理[18]，把 VR 与施工实践经验结合起来，从而实现施工中的事前控制和动态管理[19]。

杨波等提出采用 VR 模拟施工过程，用桥梁的虚拟原型代替桥梁的模型对桥梁施工的效果进行仿真[20]。陈正斌等介绍了 VR 的概念及 VR 在桥梁施工技术设计领域的应用情况[21]。魏鲁双等将 VR、数据库技术、图像动画等进行有机结合，引入到钢结构桥梁工程中[22]。

黄江等将建筑 VR 施工技术应用到将军澳运动场馆建设的方案设计、施工图设计和现场施工的各环节[23]。张琳等给出了识别 CAD 系统设计结果的数据，并在此基础上介绍了进行三维建模的施工管理虚拟环境[24]。吴晓等基于 VR 的远程操作技术为物料搬运和工程施工提供了一种新的工作方式[25]。张希黔等论述了在建筑工程施工中应用 VR 的意义[26-28]。侯筱婷等提出了基于数据仓库、数据挖掘和 OLAP 技术的施工知识库构造方法及施工知识决策体系结构[29]。郭享等指出水运工程全寿命 VR 系统、分布式视景仿真系统和智能虚拟港口系统将是今后的发展方向[30]。廖明军等论述了 VR 的概念、开发方法，介绍了其在土木工程中的应用，并给出了 1 个开发实例[31]。南登科等通过利用支持多种观测系统的设计方法，在进行二维、三维野外施工设计过程中，同步跟踪三维立体来显示各种统计分析结果[32]。

2. 施工控制方面研究

20 世纪 80 年代，日本在修建斜拉桥时利用计算机联网技术，实现施工过程实测参数与设计值的快速比较，此后又研制了以现场微机为分析计算手段的斜拉桥施工双控系统[33-35]。结构工程施工控制方面现已较多地采用现代控制理论与方法，如线性系统理论、系统辨识、最优控制、最优估计、自适应控制、模糊控制、专家系统控制等。现在桥梁施工控制主要采用的方法有预测控制法、自适应控制法。桥梁施工过程模拟分析主要采用的方法有正装计算法、倒装计算法、无应力状态法等[33]。

文献[36]采用传感器系统和集成工程模型进行施工质量主动控制，文献[37]认为工地施工实时控制正在发展但仍处于婴儿阶段，迄今为止最有成效的进展是在挖土施工（Earthmoving）领域。

孙全胜等运用神经网络理论，结合一座双塔三跨混凝土斜拉桥换索施工过程，对斜拉桥换索过程索力和主梁标高进行预测研究[38]。李乔等研究了全过程自适应施工控制系统[39]，基于灰色–神经网络[40]、基于后验概率估计的递进识别算法进行大跨度斜拉桥参数识别方法[41]。陈彦江将灰色理论应用于钢管混凝土拱桥的施工控制[42]。陈为真等针对连续梁桥施工，采用多因子模型预测挠度值与应力值[43]。秦顺全提出了无应力状态控制法[44]，并介绍了采用无应力状态控制法在斜拉桥施工中实现多工序并行作业技术[45]。肖汝诚等介绍了基于网络的桥梁智能化施工控制系统[46]。要文堂介绍了自适应法在斜拉桥施工控制中的应用[47]。现代控制方法在各种类型桥梁的施工应用研究也在顺利进行，孙测世等研究了部分斜拉桥施工控制特点[48]。许凯明等对大跨度钢管混凝土拱桥施工阶段非线性稳定进行了分析[49]。郑平伟等[50]，罗玲等[51]对大跨度桥梁的施工控制及施工力学理论及其应用进行了研究。吕宏亮介绍了钢管混凝土系杆拱桥施工控制研究[52]。刘振标等介绍了一座大跨度连续刚构柔性拱组合桥施工控制实例[53]。张玉平等进行了自锚式悬索桥的施工控制研究[54]。文武松介绍了苏通大桥辅桥连续刚构施工控制过程[55]。范亮等介绍了特大跨径钢桁拱桥施工过程模型试验[56]。

根据预研的方案或仿真进行施工控制，当施工过程中结构状态与方案或仿真的状态不同时，必须由经验丰富的专业人士对施工控制理论与应用进行处理。因此开发虚实结合的施工控制技术，适于工地施工企业普通技术人员放心操作的增强现实控制系统是必要的。按照类似结构分析计算的方法建立结构各阶段的模型，形成初始虚拟施工环境，普通施工企业的员工在施工的各阶段只需给系统输入相应的检测数据，由系统根据检测数据分析识别结构状态，并修改虚拟施工环境，给出施工控制建议。

3. 结构虚实结合施工控制研究展望

预计未来的需求并可实现技术有：结构可见表面检测网格与计算网格对应的全域高密度数据采集技术；基于全域数据的大规模参数识别技术和对计算模型的修正技术；按增强现实理念的桌面虚拟施工控制环境创建技术；真实环境的检测数据溶入虚拟施工环境的技术；结合预设结构状态的控制参数识别技术，根据虚拟环境中的操作对真实环境中的结构施工进行控制的技术，真实环境中控制动作信号反馈到虚拟环境中传感技术。

第二节　桁架结构施工控制虚实结合模拟

一、虚拟环境中的桁架建模

采用虚拟现实建模语言 VRML 进行桁架结构三维建模，背景为天蓝地绿，固定台座为矩形，悬臂桁架，上、下弦杆长 3 m，竖杆长 1 m，各杆件均为截面直径为 10 cm 的实腹圆杆，弹性模量 E=2.06×10^8 kPa，容重 γ=76.98 kN/m^3，截面惯性矩 I=4.91×10^{-6} m^4，截面面积 A=7.9×10^{-3} m^2。按 4 节段悬臂拼装进行施工模拟如图 9-1 所示。一个节段为一个群（group），后面的节段可采用复制和平移、旋转生成。

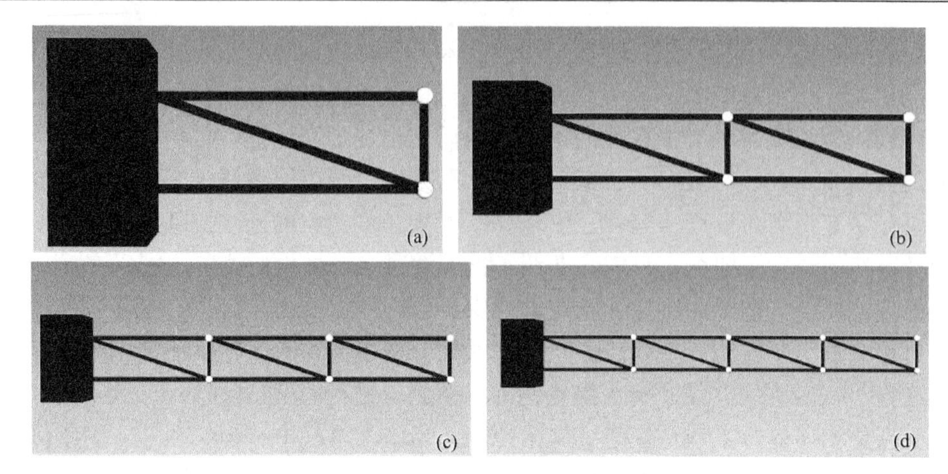

图 9-1　虚拟环境 4 节段桁架拼装模型

二、有限元建模及施工过程结构分析

桁架各杆件几何域（geometry field）、平移域（translation field）和转动域（rotation field）包含其尺寸和坐标。有限元（FEM）计算和 VR 建模均在 MATLAB 进行，VR 模型可方便地转换为 FEM 模型，转换时注意 VR 模型构件平移及转动域值是构件形心的移动值，FEM 调用这些域值时要转换为单元节点坐标值。设置相关域接口，由相关域值得到各单元几何参数，物理参数在计算程序中输入。各节段悬臂端施加 6.14 kN 集中力以模拟施工荷载，桁架荷载为自重和施工荷载。桁架 FEM 建模如图 9-2 所示。桁架悬臂拼装施工各阶段变形计算结果如表 9-1 所示。

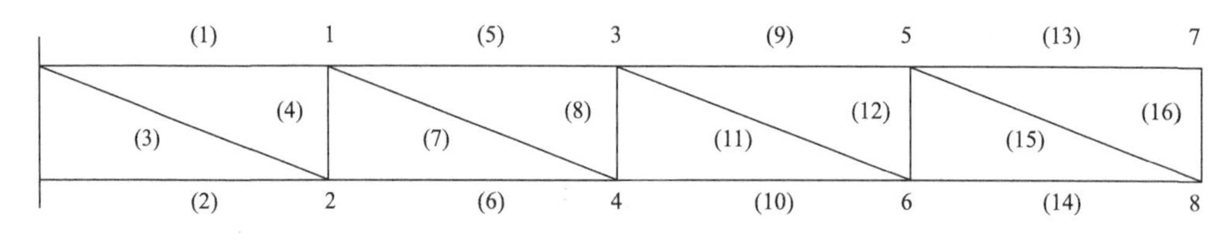

图 9-2　桁架 FEM 单元和节点编号

通过计算得到各阶段桁架自重及施工荷载作用下的变形如表 9-1 所示。

表 9-1　有限元计算所得的结构各节点竖向位移　（单位：mm）

节点编号	1	2	3	4	5	6	7	8
一节段	−0.33	−0.33						
二节段	−0.71	−0.70	−1.61	−1.60				
三节段	−1.19	−1.18	−3.10	−3.09	−5.17	−5.17		
四节段	−1.78	−1.76	−4.99	−4.98	−8.90	−8.89	−12.99	−12.99

桁架自重及施工荷载引起的各节段的竖向位移应在施工中予以调整，上弦杆、竖杆和斜杆组成稳定的三角，因此可以通过下弦杆调整节段上拱度，或者调整杆的长度或者调整右端铆栓点的水平位置。对应表 9-1 的竖向位移，各节段下弦杆即 2、6、10 及 14 号单元杆，或各右端节点即下约束点、2、4 和 6 号节点的水平调整量为 0.05、0.13、0.26 和 0.41mm。

三、施工控制模拟分析

结构设计、有限元分析及预拱度设置等设定了施工的预定目标，实际施工过程会偏离预定值，包括几何的线性偏离和力学的内力偏离。因此需要对施工过程进行监测，并根据监测结果进行施工控制。以下仅讨论线性偏离的调整。

通过调整节段的面内旋转和竖向平移模拟施工误差，各节段左节点可精确固定，检测误差主要在悬臂端的右节点。

1．施工检测

施工荷载估算及装配误差导致的阶段性误差可由图像法检测，由于桁架的梁单元计算的是节点位移，可进行结点检测，因此采用第三章第一节介绍的节点形心识别法，即计算节点的形心位置，通过施工中节点位置和设计节点位置的比较确定施工偏差。

根据设计进行的 3D 建模（图 9-3，第一节段），作为施工控制的参考图像，施工监测图像作为偏移图像，参考图像与偏移图像中桁架节点的形心位置可以进行识别比较以检测施工偏移量值。这里在 3D 环境里模拟施工偏移，由 3D 模型截图模拟施工监测图像。第一节段右节点模拟偏移为上移 20 mm，如图 9-4 所示。

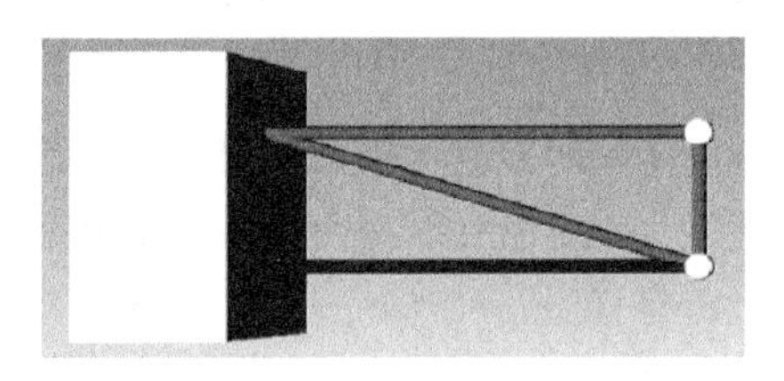

图 9-3　第一节段桁架设计图

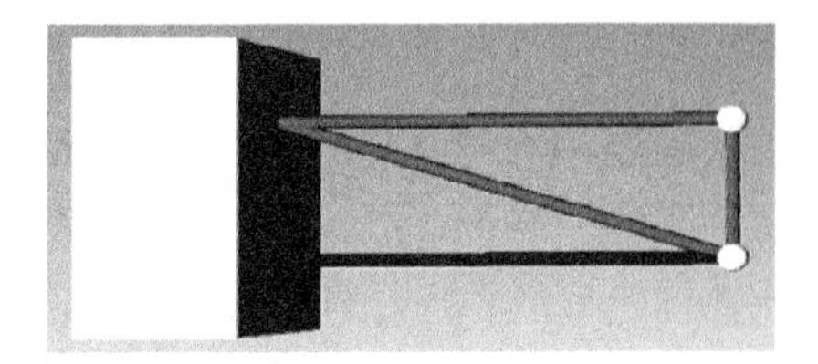

图 9-4　第一节段桁架施工模拟图

通过图像处理分析可得，设计的节段右下球节点形心坐标：（683.12，456.15），施工的节段右下球节点形心坐标：（683.09，453.87）。

标定：竖杆长度 1 m，其图像长度为 456.15−345.82=110.33 像素。标定系数 9.06 mm/像素。

检测施工偏移：竖向 456.15−453.87=2.28 像素，乘以标定系数得 20.67 mm。

图像检测施工偏移：20.67 mm。给定的（假设）施工偏移为 20 mm。检测相对误差（20.667−20.00）/20.667=3.23%。

2．施工调整

保证桁架线形的施工控制措施为调整下一节段的装配高度。第一节段的检测偏移 20.67 mm，可在第二节段左端铆栓固定时将其下调到设计位置，考虑预拱度（表 9-1），即第二节段整体向下平移 20.67－1.78=18.89 mm。

第二节段右节点模拟偏移为上移 10 mm，参考（设计）图像与（施工）偏移图像如图 9-5 和图 9-6 所示。

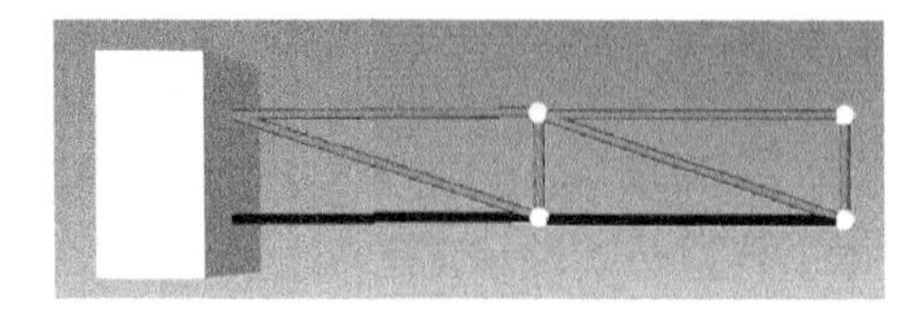
图 9-5　第二节段桁架设计图

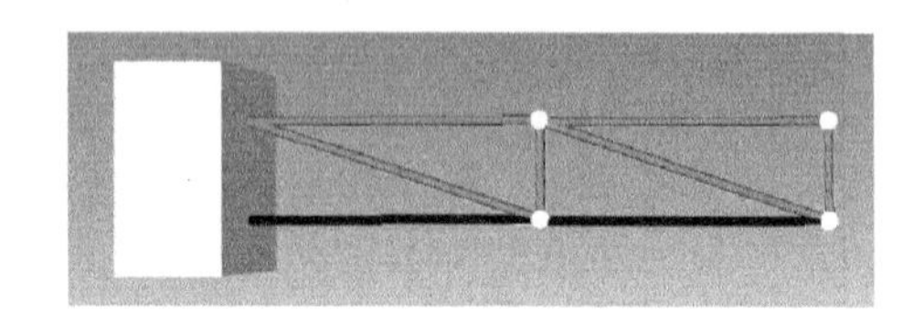
图 9-6　第二节段桁架施工模拟图

图像检测第二节段右下节点处向上偏移 10.16 mm。

第三节段左端铆栓固定时将其下调到设计位置，考虑预拱度（表 9-1），即第三节段整体向下平移 10.16－4.99+0.71=5.88 mm。

第三节段右节点模拟偏移为下移 17 mm，同样可由图像检测，第三节右下球节点处下移 1.90 像素，17.24 mm。可在第四节左端铆栓固定时将第四节上调到设计位置，考虑预拱度(表 9-1)，即第四节整体向上平移 17.24+5.17－3.10=19.31 mm。

第四节段右节点模拟偏移为下移 18 mm，同样可由图像检测得，第四节右下球节点处下移 2.04 像素，18.44 mm。

第三节　桁架结构施工控制虚实结合模型试验

试验模型由 6 节 0.5 m×0.3 m×0.2 m（长×宽×高）的空间桁架节段拼装构成，节段之间采用 Φ5 mm 普通螺栓连接，每个节段采用 18 根不锈钢箱型薄壁杆件焊接构成如图 9-7 所示，杆件横截面尺寸为 22 mm×10 mm×0.5 mm（高×宽×厚）。螺栓连接属于弹性连接，先通过静载试验识别其刚度。

图 9-7　钢桁架试验模型节段构造

试验内容是模拟悬臂、刚构和连续梁悬臂拼装施工过程，0 号节段固定于左边 2 个支墩上，模拟悬臂梁根部、刚构和连续梁中支座左端部分，依次悬臂拼装 1～5 号节段（图 9-8），线型控制目标是桁架上沿成水平直线，第 5 号节段下沿与右支墩顶水平对齐。

图 9-8　钢桁架悬臂拼装施工模型试验设置

一、钢桁架施工各阶段有限元建模及结构变形预测计算

每个节段有 18 根杆件，每根杆为有限元一个单元。桁架上放置砝码模拟施工荷载，考虑结构自重和施工荷载，计算施工各阶段结构变形。初步试算的变形结果相对实测变形误差较大。经分析其原因是桁架与支墩连接及桁架节段间连接是普通螺栓连接，属于弹性连接，计算假定为固结，连接刚度无穷大，与实际情况不符。采用模型修正技术，识别连接的弹性系数，修正的模型与实测符合较好，修正过程及结果见第十章第八节。

由修正的有限元模型计算钢桁架施工中各节点变形结果如表 9-2～表 9-3 所示。其中 P0～P5 为 0～5 号节段右端前上节点，P0 点为检测参考点。

表 9-2　拼装各阶段自重情况下钢桁梁节点位移计算结果　（单位：mm）

节段＼节点	P0	P1	P2	P3	P4	P5
一节段	0	0.2				
二节段	0	0.9	1.8			
三节段	0	2.0	4.3	6.8		
四节段	0	3.9	8.9	14.4	20.1	
五节段	0	5.5	12.9	21.4	30.9	40.6

表 9-3　拼装各阶段施工荷载作用下钢桁梁节点位移计算结果　（单位：mm）

节段＼节点	P0	P1	P2	P3	P4	P5
一节段	0	1.2				
二节段	0	2.9	6.1			
三节段	0	4.8	10.9	17.8		
四节段	0	8.2	18.9	31.8	45.9	
五节段	0	10.2	24.5	41.8	62.1	83.7

按照预定线型和计算变形确定钢桁架悬臂拼装施工各阶段各节点预计高程如表 9-4 所示。表中负号表示高于参考点 P0 点。

表 9-4　拼装各阶段自重情况下钢桁梁节点高程　（单位：mm）

节段＼节点	P0	P1	P2	P3	P4	P5
一节段	0	−5.3				
二节段	0	−4.6	−11.1			
三节段	0	−3.50	−8.6	−14.6		
四节段	0	−1.6	−3.0	−7.0	−10.8	
五节段	0	0	0	0	0	0

二、钢桁架悬臂拼装施工虚拟预演

模型试验前先进行计算机模拟，与本章第二节类似。采用 VRML 进行 3D 建模，一个节段为一个造型单元（VRML 节点），造型单元位置初始域值采用设计值，构成参考虚拟模型，由拼装施工过程各阶段有限元计算结果修正位置域值，构成变形虚拟模型。计算结果导入可以采用程序调用方式，也可以采用文件读写方式，自动导入造型节点的位置域，由变形和参考虚拟模型的检测识别结果调整控制下一节段拼装高程，实现 3D 环境中拼装施工过程的预演。

按照虚拟施工预演剧本进行模型拼装试验，由全幅单反相机采集模型变形图像，调整相机水平姿态，梁跨两侧墩顶为基点，在采集图像中确定两墩顶间水平连线，作为图像检测的基线。每一节段拼装完成后，检测桁架边缘如图 9-9 所示，与基线比较并考虑标定系数，确定当前桁架节点标高与设计值（表 9-4）的误差。同时检测数据导入 3D 环境构成变形检测模型，与参考虚拟模型比较，考虑变形检测模型与参考模型的差，重新进行结构分析计算，修正以后施工过程的参考和变形虚拟模型，重新预演之后的施工过程，按照新剧本进行下阶段施工。实际施工、图像检测识别、按检测结果进行结构再分析、按照分析结果再预演，重复这个过程直到施工完成。计算和检测结果导入造型节点的位置域，实现 3D 环境中

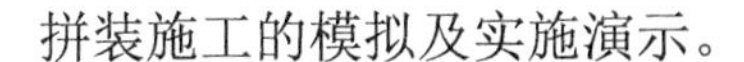
拼装施工的模拟及实施演示。

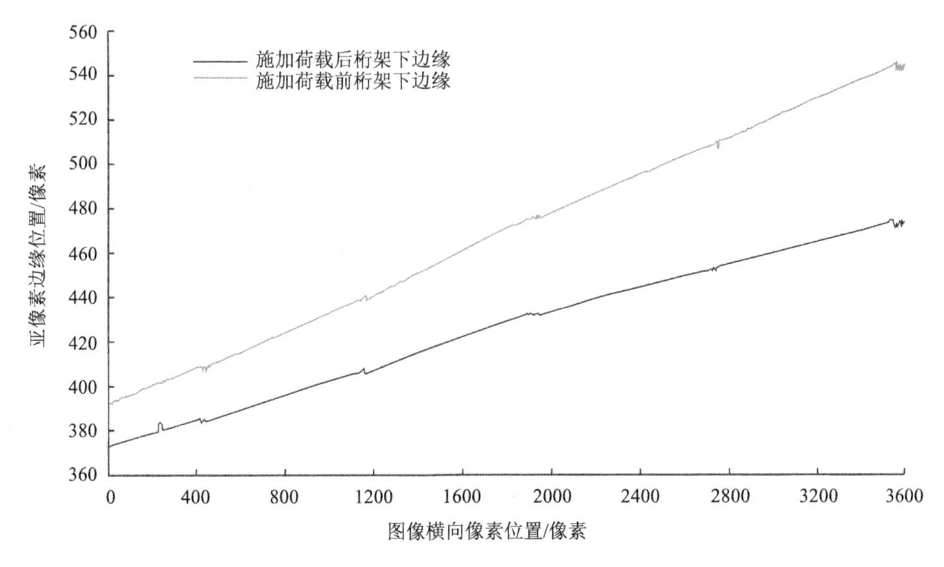

图 9-9　桁架下边缘在施加荷载前后亚像素边缘

施工控制措施。已完成施工的节段左节点安装位置已固定，只能通过改变其右节点与下一节段的连接以调整下一节段的高程。采用在节段间连接的上下节点螺栓位置增加垫片的方式，调整下一节段右端高程。

三、钢桁架悬臂拼装实施过程

1 号节段拼装如图 9-10 所示。由表 9-4，桁架自重下 P1 点高程-5.3mm，因此在 1 号节段左下各螺栓处增加 2 个垫片。

图 9-10　1 号节段拼装完成图

采用二维正交多项式边缘识别法检测桁架在自重情况下的变形，P1 点位移为-6.4 mm，负值表示高于 P0 点高程。与表 9-4 预计自重高程-5.3 mm 比较，偏高

1.1 mm。

实测结果导入 3D 环境后，参考虚拟模型与变形检测模型比较如图 9-11 所示，图中适当放大检测变形，以便观察比较。

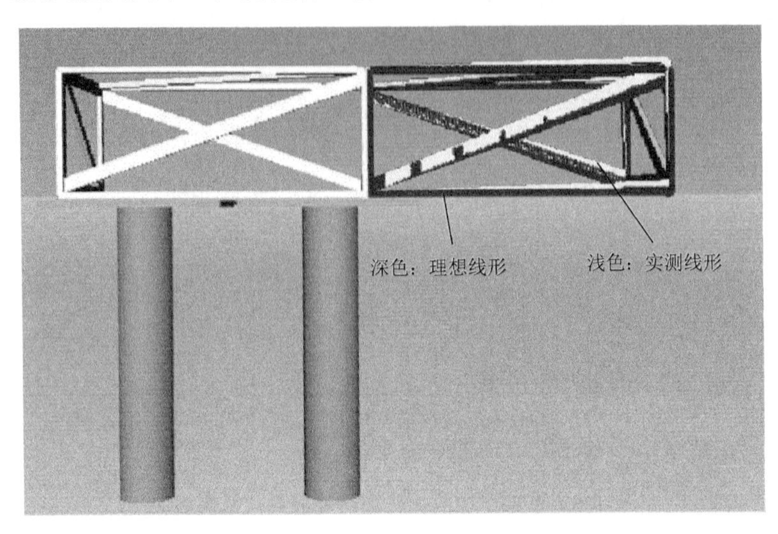

图 9-11 第 1 节段拼装施工完成后变形检测模型与参考虚拟模型比较

2 号节段拼装。由表 9-4，桁架自重下 P2 点高程−11.1 mm，考虑 P1 点实测高程−6.4 mm，相差−4.7 mm（偏低 4.7），考虑表 9-2 自重 0.9 mm，拼装调整量为−3.8 mm，须在 2 号节段左下各螺栓处增加 1 个垫片。

经边缘检测，在桁架自重作用下，P2 点位移为−9.5 mm。与表 9-4 预测高程−11.1 mm 比较，偏低 1.6 mm。

3 号节段拼装。由表 9-4，桁架自重下 P3 点高程−14.6 mm，考虑 P2 点实测高程−9.5 mm，相差−5.1 mm（偏低 5.1），考虑表 9-2 自重 2.5 mm，拼装调整量为−2.6 mm，须在 3 号节段左下各螺栓处增加 1 个垫片。

经边缘检测，在桁架自重荷载作用下，P3 点位移为−15.4 mm。与表 9-4 预测高程−14.6 mm 比较，偏高 0.8 mm。

4 号节段拼装。由表 9-4，桁架自重下 P4 点高程−10.8 mm，考虑 P3 点实测高程−15.4 mm，相差+4.6 mm（偏高 4.6），考虑表 9-2 自重 6.7 mm，拼装调整量为 11.3 mm，须在 4 号节段左上各螺栓处增加 3 个垫片。

经边缘检测，在桁架自重荷载作用下，P4 点位移为−10.7 mm。与表 9-4 预测高程−10.8 比较，偏低 0.1 mm。

2、3、4 号节段拼装图及虚拟环境中实测模型与参考模型对比图略。

5 号节段拼装见图 9-12。由表 9-4 可知，桁架自重下 P5 点高程 0 mm，考虑 P4 点实测高程−10.7 mm，相差−10.7 mm，考虑自重 9.7 mm，拼装调整量为−1.0 mm，在此忽略。

经边缘检测，在桁架自重荷载作用下，P1～P5 各点位移为 0.2，0.4，0.7，1.0，1.3 mm。与表 9-4 预测高程 0 比较，略为偏低 0.2～1.3 mm，如图 9-13 所示。

图 9-12　钢桁梁 5 号节段自重下试验照片

图 9-13　节段拼装全部完成后变形检测模型与参考虚拟模型比较

由图 9-12 和图 9-13 可知，虚实结合施工控制效果较好，钢桁梁拼装完成线形与理想线形吻合较好，各节点最终误差为 0.2～1.3mm，达到了预期的施工控制目标，说明本次虚实结合施工控制模型试验效果良好。

第四节　两跨连续梁顶推施工虚实结合模型试验

桥梁工程施工常用技术之一是顶推施工，连续梁桥常采用这一工法，拱桥采用顶推施工的也不少，如我国高铁第一座顶推施工的拱桥——钢箱拱桥蒲河特大桥。顶推施工的斜拉桥较少见，7 塔 8 跨斜拉桥法国 Millau 高架桥，是第一座顶推施工的斜拉桥。下面通过模型试验介绍两跨连续梁顶推施工虚实结合技术。

一、实验模型

实验模型为带斜撑的单箱三室有机玻璃展翅箱型梁如图 9-14 所示，梁顶、翼板宽 630 mm，高 70 mm，全长 3400 mm，跨径组合 2 mm×1650 mm。梁横截面如图 9-15 所示，尺寸见表 9-5。有机玻璃取弹性模量 $E=3.52\times10^3\text{MPa}$，容重 $Dens=1.18\times10^4\,\text{N/m}^3$。

（a） 立面

（b）横截面

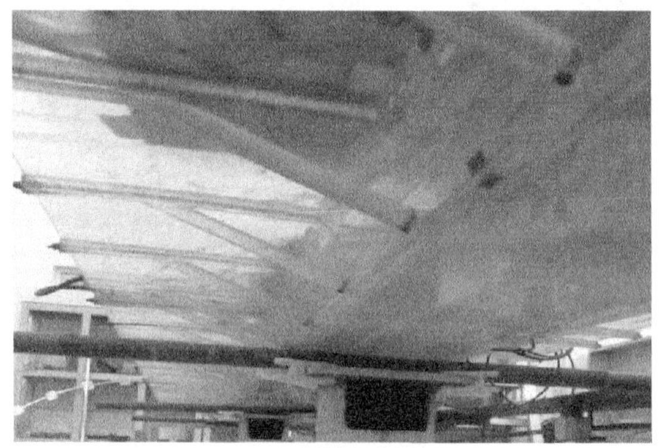

（c）展翼及斜撑

（d）支墩及支座

图 9-14　两跨连续箱梁模型

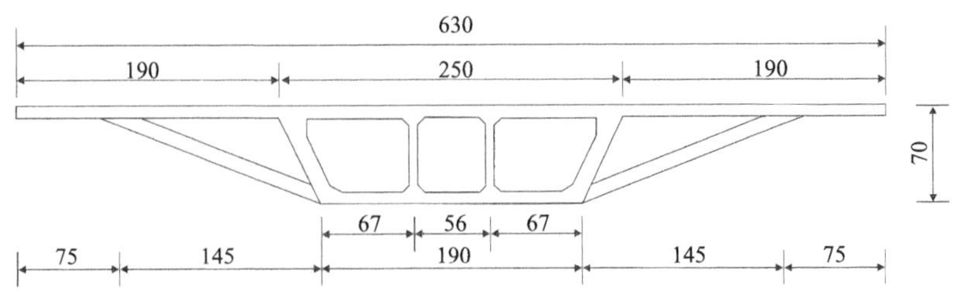

图 9-15　单箱 3 室梁横截面（单位：mm）

表 9-5　箱梁板厚及斜撑杆截面尺寸　（单位：mm）

翼板	边箱顶板	中箱顶板	斜腹板	中腹板	边箱底板	中箱底板	斜撑水平杆	斜撑斜杆
8	10	8	12	6	8	6	10×16	10×10

先讨论顶推施工过程。3 个墩顶各设一根钢管作支座，左边墩旁边设一平台，台面与墩顶平，箱梁放置在台面，顶推初始时，箱梁右端与平台右端对齐。

由于施工横向偏差与结构变形关系不大，主要控制竖向偏差，线性控制目标是顶推结束时梁底与 2 号墩顶支座的垂向偏差小于 5 mm。以 3 个墩顶支座的水平连线为图像测量基线。人力从梁尾顶推，第 1 次到第 1 跨的 1/6 跨径处，进行图像检测，检测结果输入虚拟施工环境，与预编施工剧本进行比较，由预测和实测值的差进行施工调整。第 2、3、4、5 次分别顶推到第 1 跨的 2/6、3/6、4/6、5/6 跨径，第 6 次顶推到中支座处，第 7～12 次分别顶推至第 2 跨 1/6、2/6、3/6、4/6、5/6 跨径和右边支座处，顶推完成。每次顶推，均模拟施工荷载进行加载，加载前后进行图像检测，检测结果与计算结果输入虚拟施工环境进行比较，由预测和实测值的差进行施工调整。

二、计算模型

由有限元计算预测顶推施工过程结构变形，采用梁单元，计算模型如图 9-16 所示，计算简图如图 9-17 所示。根据顶推梁各阶段支座的位置，改变计算模型相应节点的边界条件。

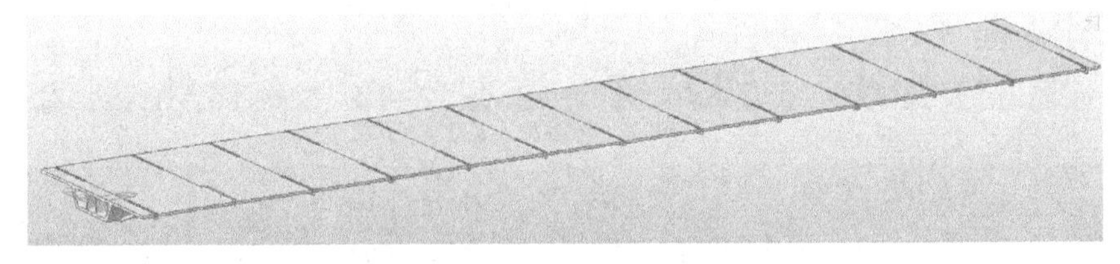

图 9-16 桥梁计算模型

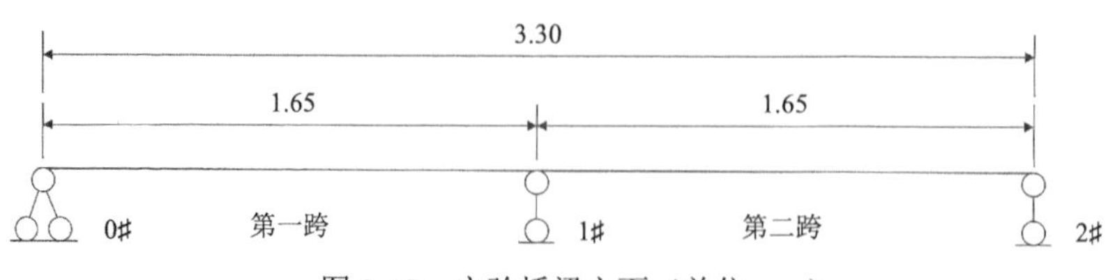

图 9-17　实验桥梁立面（单位：m）

三、第 1 跨顶推施工过程

第 1～6 次顶推施工图像如图 9-18 所示。

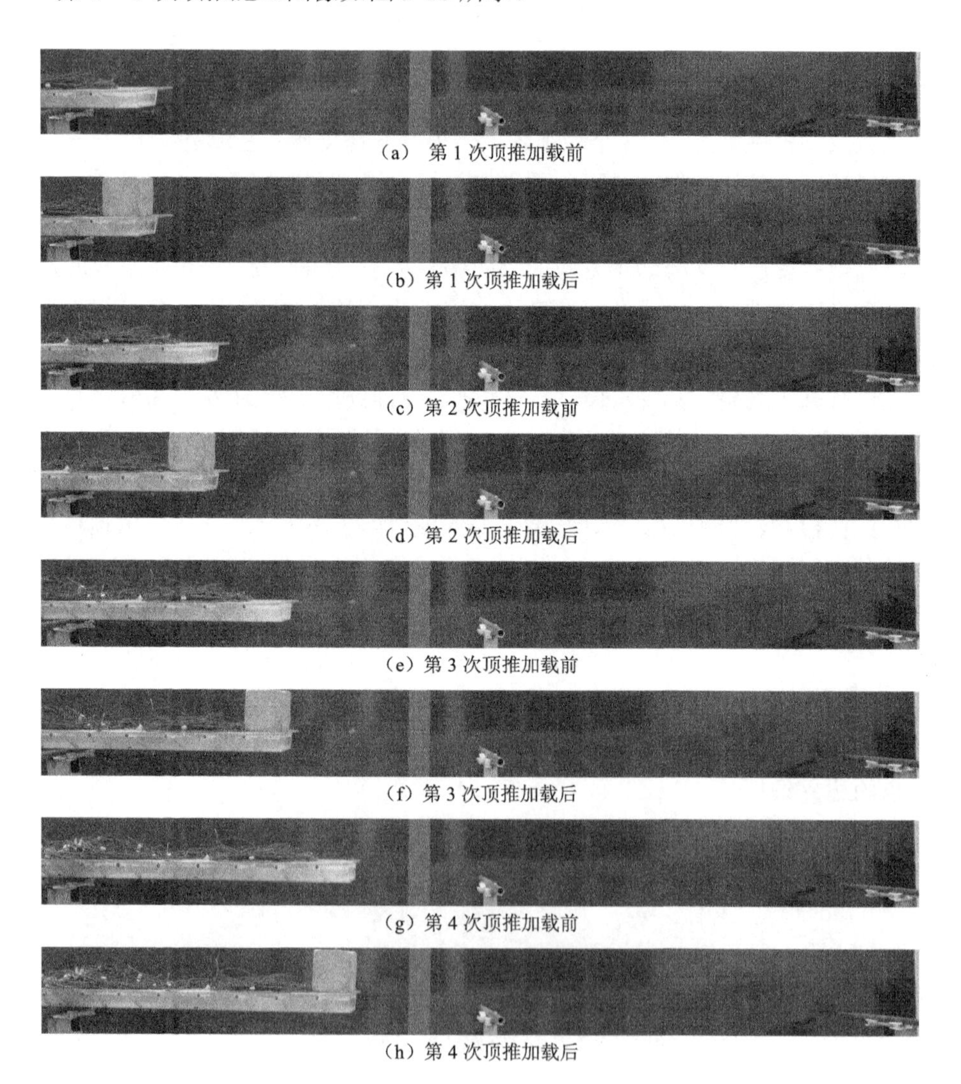

（a） 第 1 次顶推加载前

（b）第 1 次顶推加载后

（c）第 2 次顶推加载前

（d）第 2 次顶推加载后

（e）第 3 次顶推加载前

（f）第 3 次顶推加载后

（g）第 4 次顶推加载前

（h）第 4 次顶推加载后

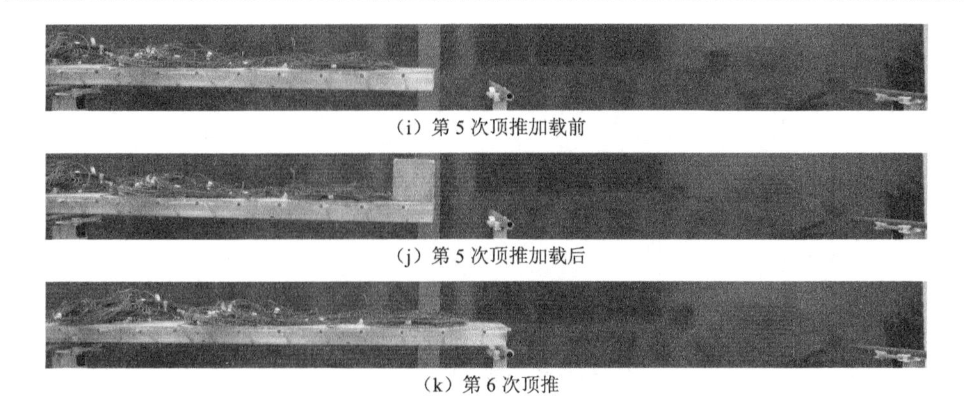

（i）第 5 次顶推加载前

（j）第 5 次顶推加载后

（k）第 6 次顶推

图 9-18　两跨连续梁第 1 跨 6 次顶推图像

采用 edge 函数对图 9-18 序列图像进行处理，检测得到 6 次顶推过程整像素边缘，部分结果如图 9-19 所示。

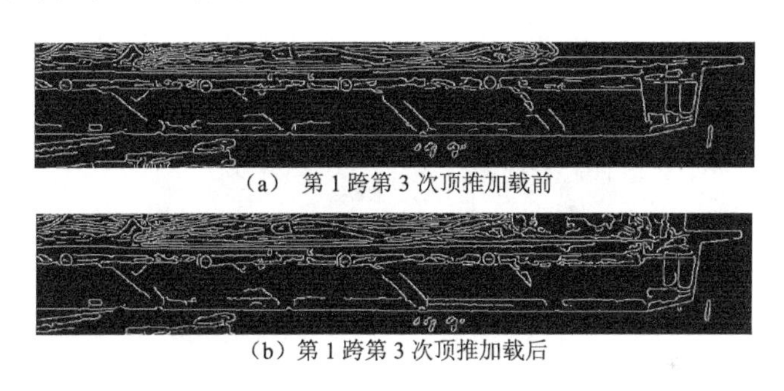

（a）第 1 跨第 3 次顶推加载前

（b）第 1 跨第 3 次顶推加载后

图 9-19　第 1 跨顶推施工图像整像素边缘

以整像素边缘检测结果定位梁体下边缘位置，采用二维正交多项式拟合法识别梁体下边缘的亚像素位置。各次顶推阶段加载前后梁体下边缘的亚像素位置如图 9-20～图 9-25 所示。

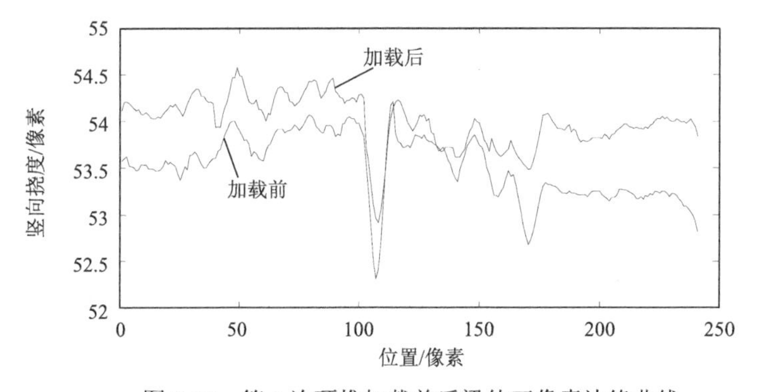

图 9-20　第 1 次顶推加载前后梁体亚像素边缘曲线

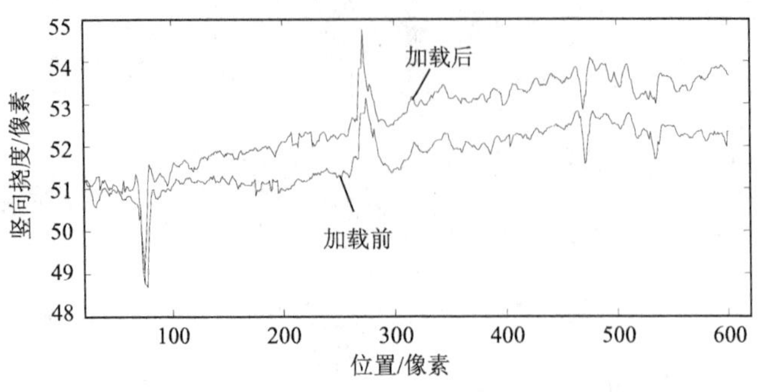

图 9-21　第 2 次顶推加载前后梁体亚像素边缘曲线

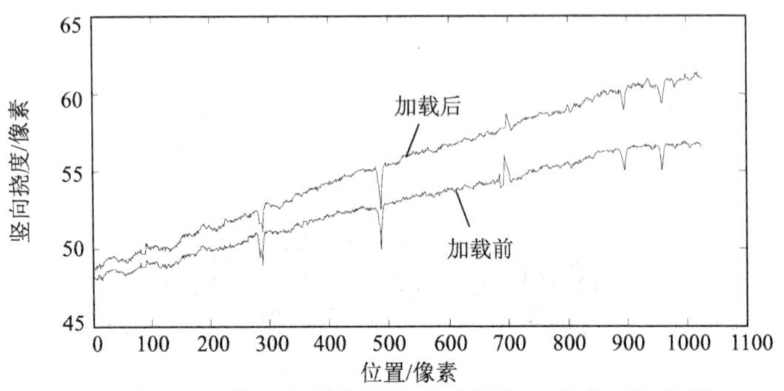

图 9-22　第 3 次顶推加载前后梁体亚像素下缘曲线

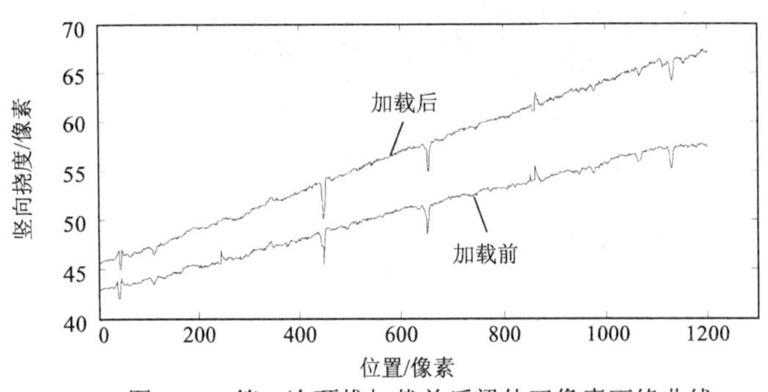

图 9-23　第 4 次顶推加载前后梁体亚像素下缘曲线

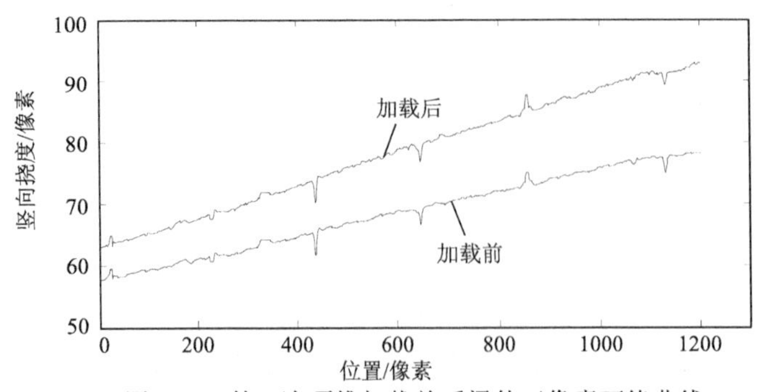

图 9-24　第 5 次顶推加载前后梁体亚像素下缘曲线

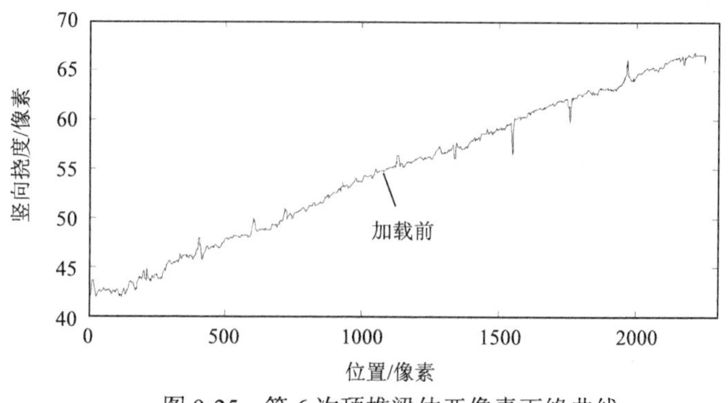

图 9-25　第 6 次顶推梁体亚像素下缘曲线

第 1 跨各次顶推施工中自重作用下梁上各点变形如图 9-26 所示。

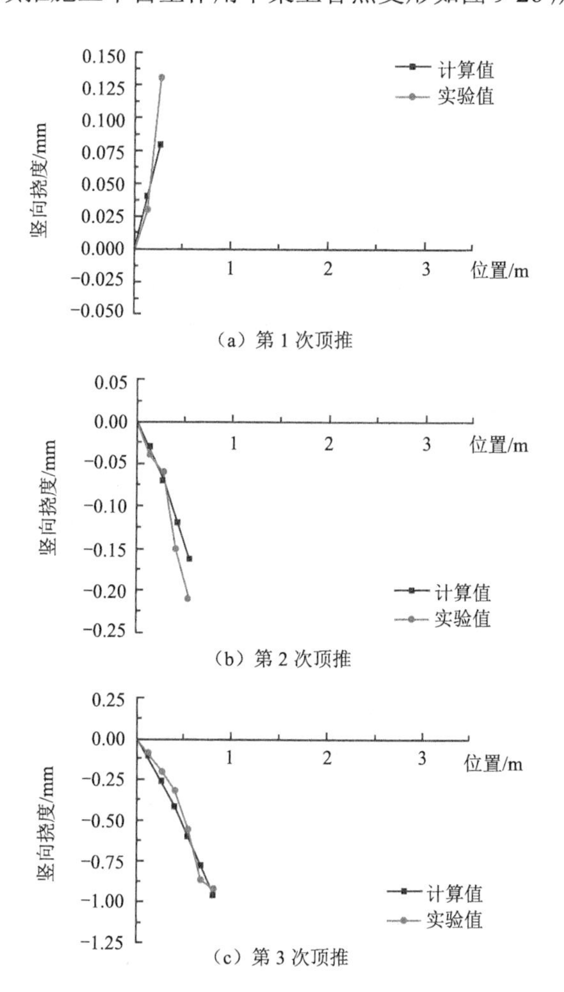

（a）第 1 次顶推

（b）第 2 次顶推

（c）第 3 次顶推

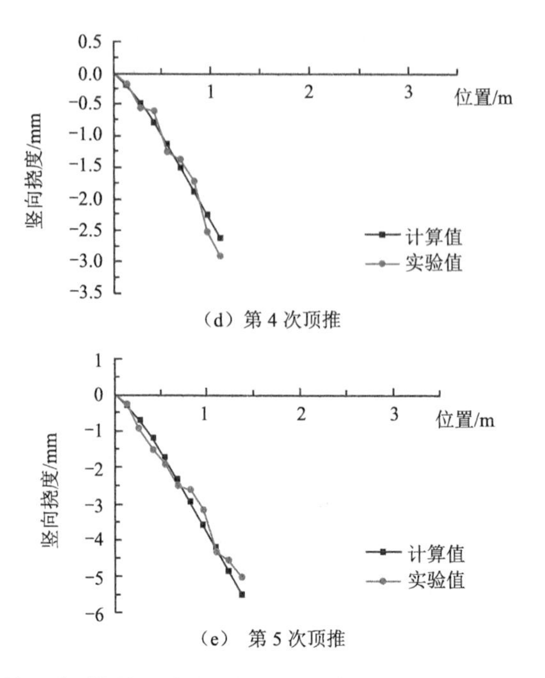

（d）第 4 次顶推

（e） 第 5 次顶推

图 9-26　第 1 跨顶推施工中自重作用下悬臂梁各点挠度计算值与实验值

由图 9-26 可知，5 次顶推过程中梁体在自重作用下变形实测值与计算预测值相差较小，顶推到中支座附近时，最大挠度计算值为 5.51 mm，实测值是 5.02 mm，基本在控制目标 5 mm 范围。

第 1 跨各次顶推中施工荷载作用下梁上各点变形如图 9-27 所示。

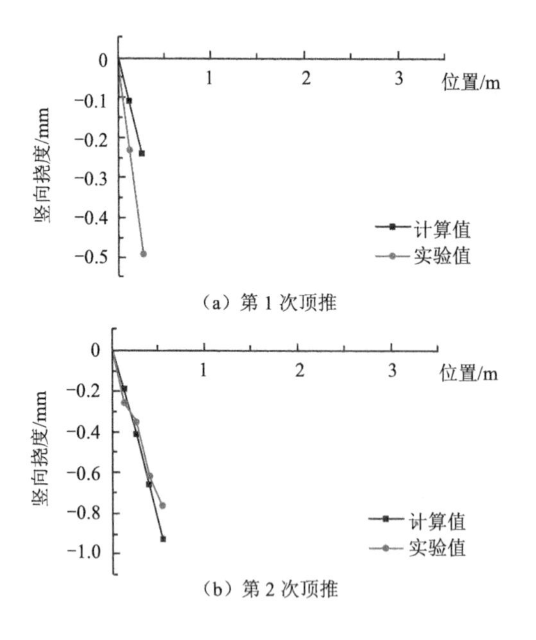

（a）第 1 次顶推

（b）第 2 次顶推

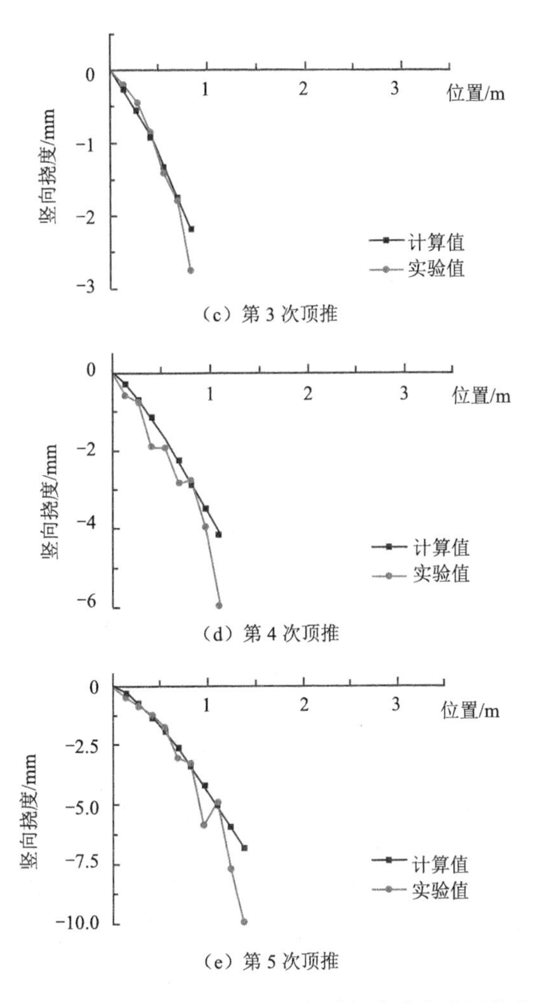

图 9-27　第 1 跨顶推中施工荷载作用下悬臂梁各点挠度计算值与实验值

由图 9-27 可知，5 次顶推过程中梁体在施工荷载作用下变形实测值与计算预测值相差较小，顶推到中支座附近时，最大挠度计算值为 6.84 mm，实测值是 9.94 mm，超过控制目标值 5 mm。移走施工荷载后，梁体变形恢复到自重作用下的变形状态，梁端下缘与中支座高差约为 5 mm，可采用左支座以外的梁体上增加重物，以抬高梁体右端，附以梁端的抬升措施，以完成第 6 次顶推到中支座处。

四、第 2 跨顶推施工过程

第 1～6 次顶推施工图像如图 9-28 所示。

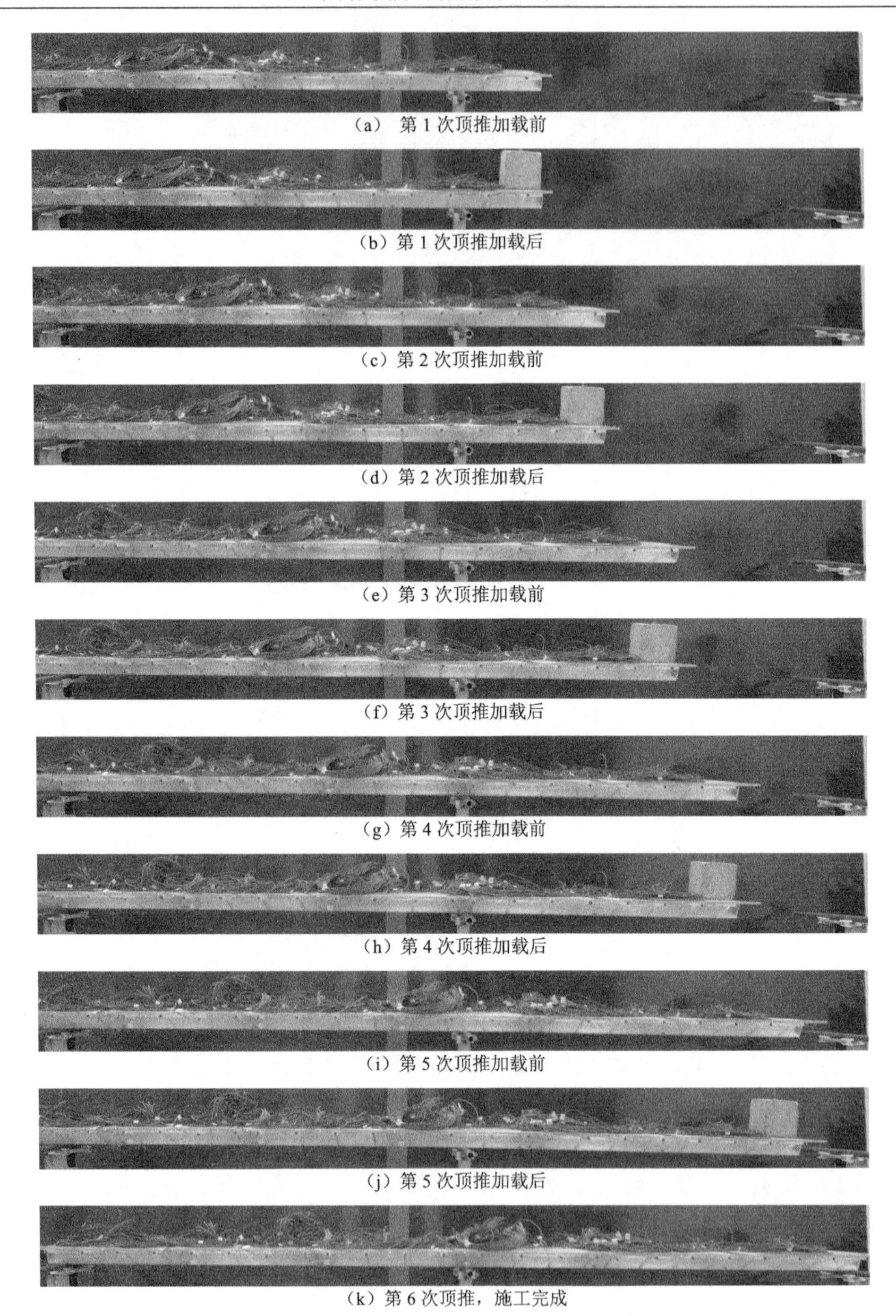

（a） 第 1 次顶推加载前

（b）第 1 次顶推加载后

（c）第 2 次顶推加载前

（d）第 2 次顶推加载后

（e）第 3 次顶推加载前

（f）第 3 次顶推加载后

（g）第 4 次顶推加载前

（h）第 4 次顶推加载后

（i）第 5 次顶推加载前

（j）第 5 次顶推加载后

（k）第 6 次顶推，施工完成

图 9-28　两跨连续梁第 2 跨 6 次顶推图像

第 2 跨各次顶推阶段加载前后梁体下边缘的亚像素位置如图 9-29～图 9-34 所示。

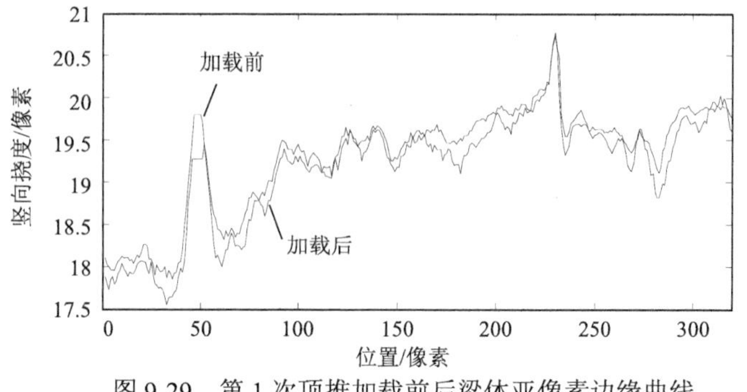

图 9-29　第 1 次顶推加载前后梁体亚像素边缘曲线

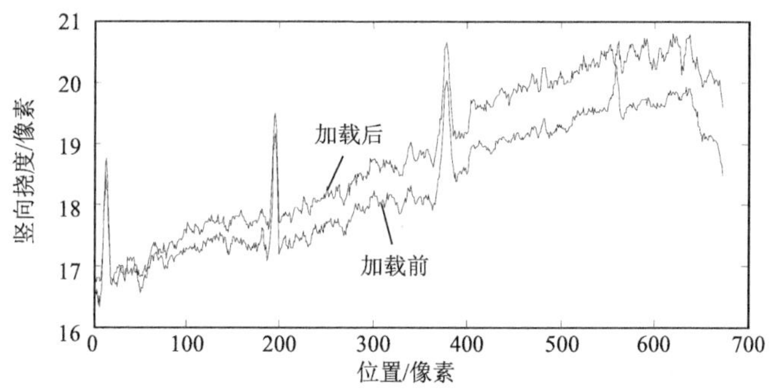

图 9-30　第 2 次顶推加载前后梁体亚像素边缘曲线

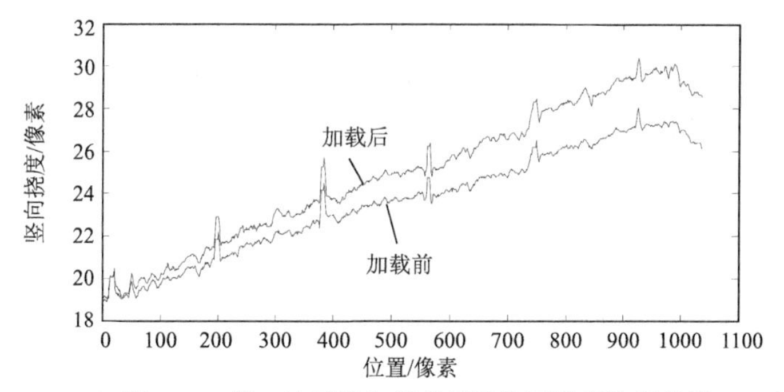

图 9-31　第 3 次顶推加载前后梁体亚像素边缘曲线

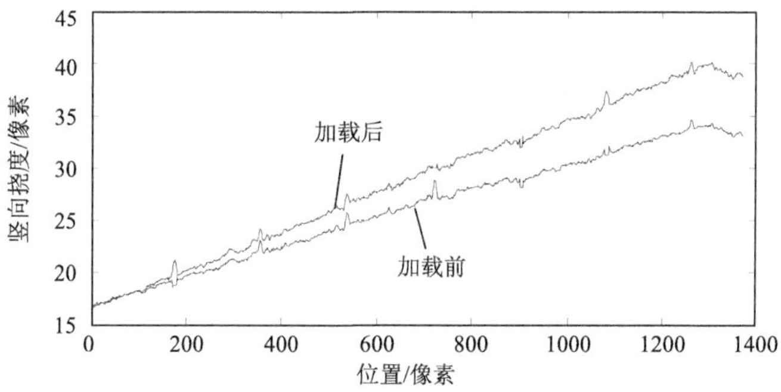

图 9-32　第 4 次顶推加载前后梁体亚像素边缘曲线

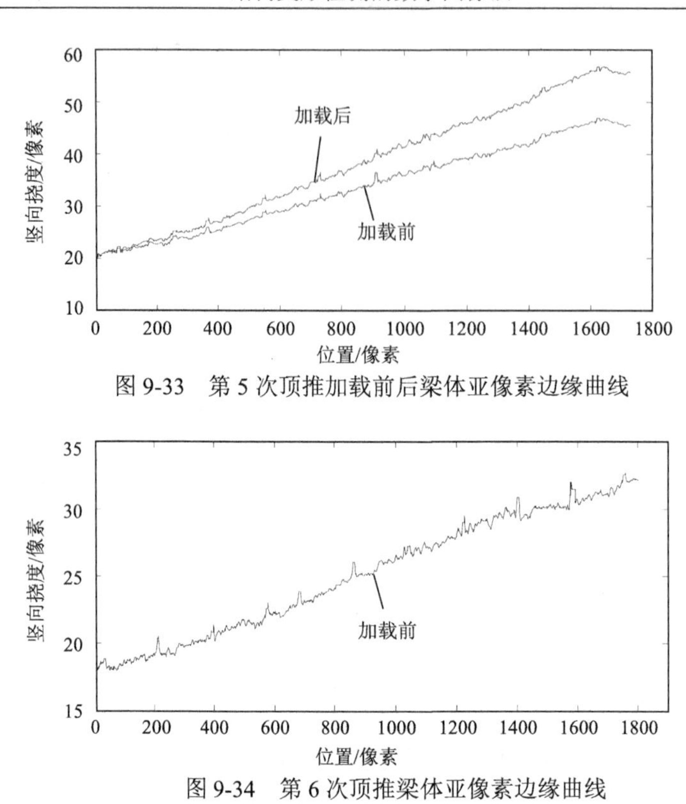

图 9-33　第 5 次顶推加载前后梁体亚像素边缘曲线

图 9-34　第 6 次顶推梁体亚像素边缘曲线

第 2 跨各次顶推中自重作用下梁上各点变形如图 9-35 所示。

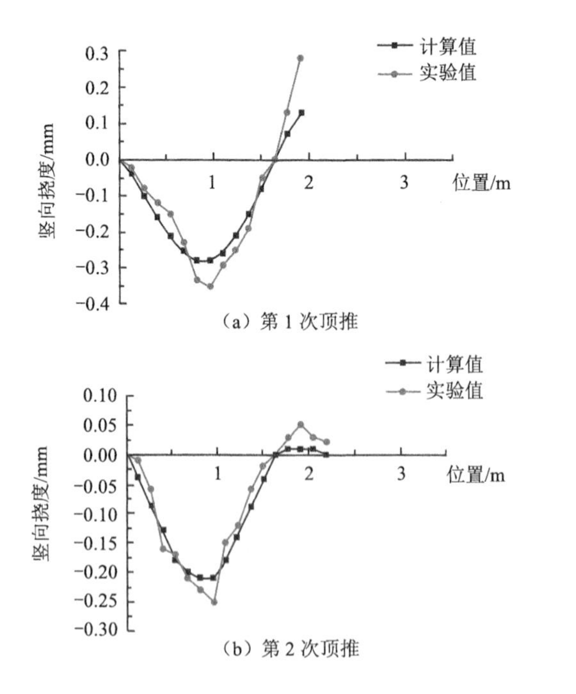

（a）第 1 次顶推

（b）第 2 次顶推

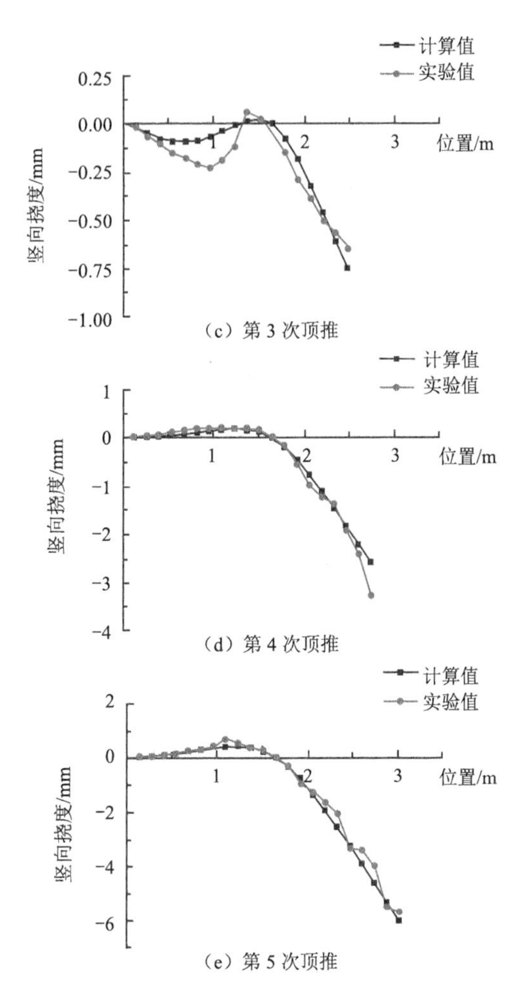

图 9-35　第 2 跨顶推施工中自重作用下全梁各点挠度计算值与实验值

由图 9-35 可知，第 2 跨 5 次顶推过程中梁体在自重作用下变形实测值与计算预测值相差较小，顶推到右支座附近时，最大挠度计算值为 6.03 mm，实测值是 5.73 mm，略微超过 5 mm 的控制目标值。

由图 9-36 可见，第 2 跨 5 次顶推过程中梁体在施工荷载作用下变形实测值与计算预测值相差较小，顶推到右支座附近时，最大挠度计算预测值为 8.19 mm，实测值是 7.61 mm，超过 5 mm 的控制目标值。移走施工荷载后，梁体变形恢复到自重作用下的变形状态，梁端下缘与中支座高差约为 6 mm，采用在第 1 跨梁体上适当加载，以抬高梁体右端，附以梁端的抬升措施，以完成第 6 次顶推到右支座处。

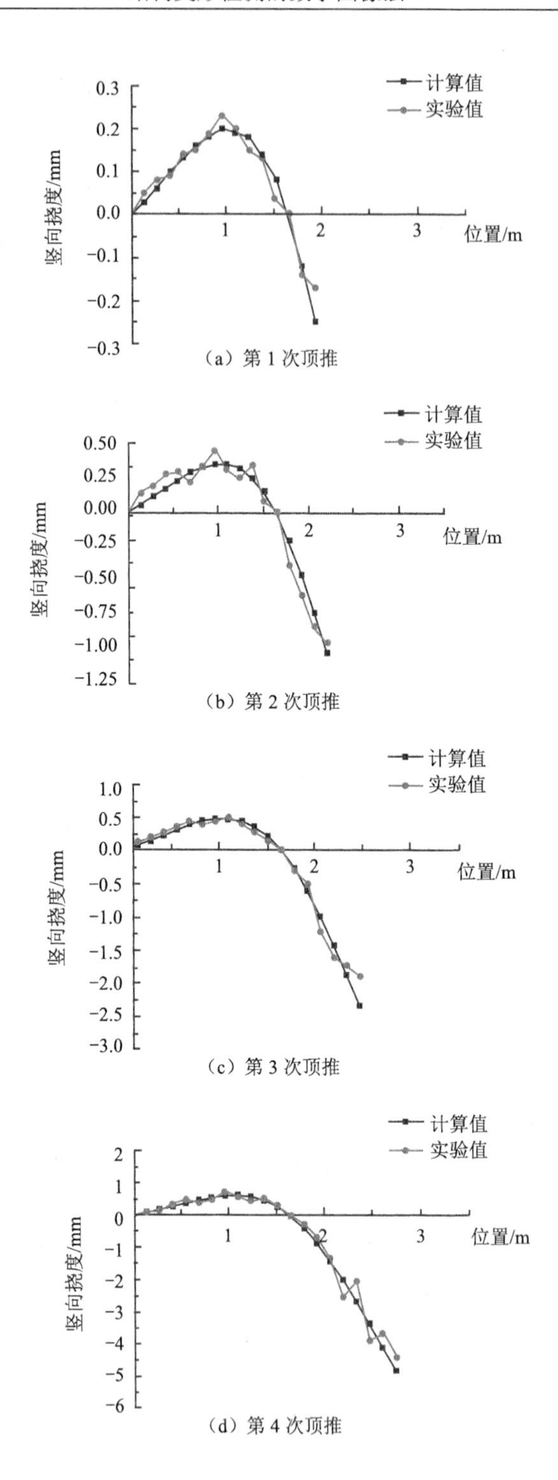

（a）第 1 次顶推

（b）第 2 次顶推

（c）第 3 次顶推

（d）第 4 次顶推

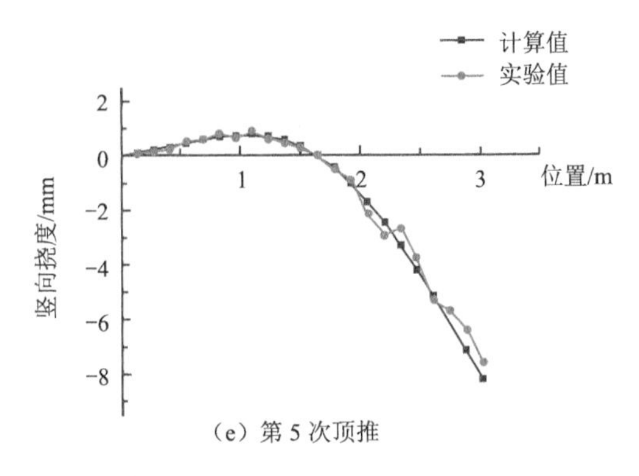

（e）第 5 次顶推

图 9-36　第 2 跨顶推中施工荷载作用下全梁各点挠度计算值与实验值

五、两跨连续箱梁虚实结合顶推施工

采用虚拟现实建模语言 VRML 构建 3D 虚拟施工环境及箱梁模型。图 9-37 和图 9-38 为 3D 箱梁横截面，图 9-38 为斜撑所在横截面。图 9-39 为 3D 平台及其上面的箱梁。

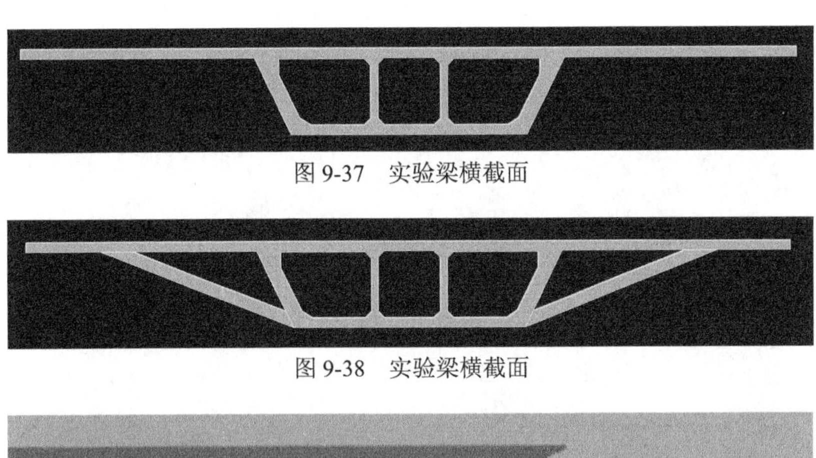

图 9-37　实验梁横截面

图 9-38　实验梁横截面

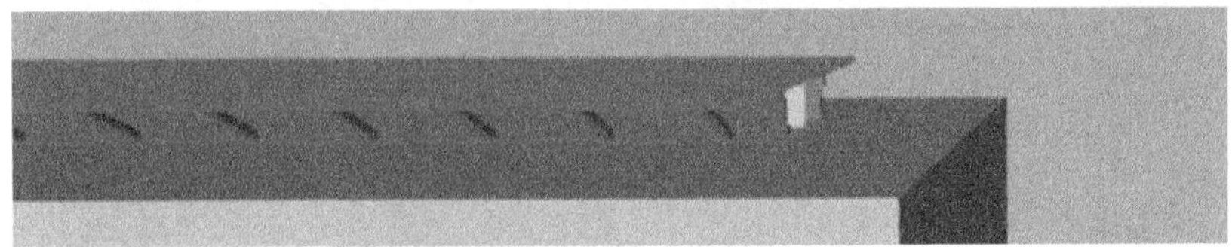

图 9-39　顶推施工前的桥跨结构

3D 模型与有限元模型对应，梁体按单元分块，每块的平移、转动域与顶推平移及计算和检测变形数据链接，虚拟环境中 1 个红色模型按计算值变形，另 1 个蓝色模型按实测值变形。第 2 跨各次顶推过程，施工荷载作用下箱梁变形状态如图 9-40～图 9-45。

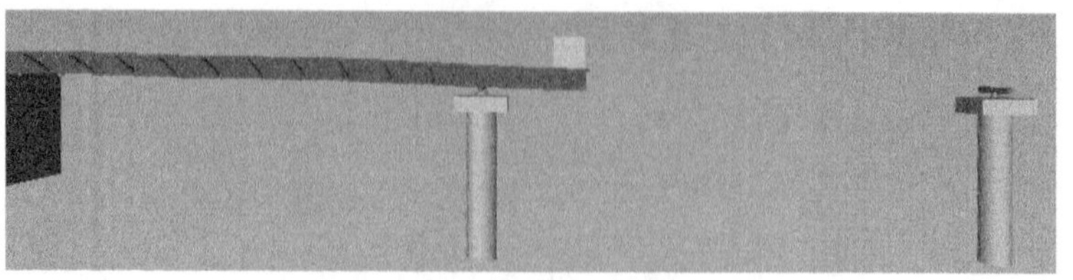

图 9-40　第 2 跨第 1 次顶推

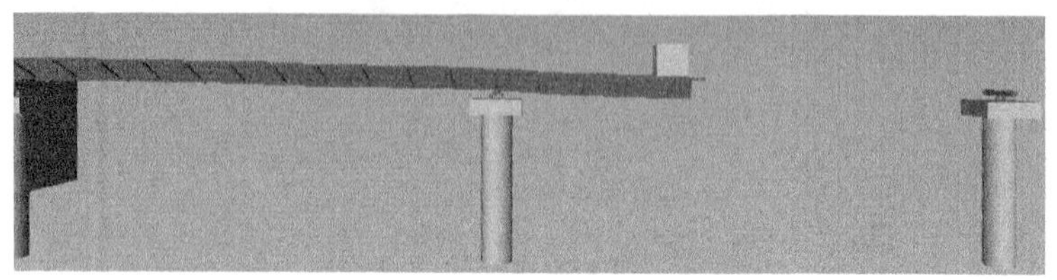

图 9-41 第 2 跨第 2 次顶推

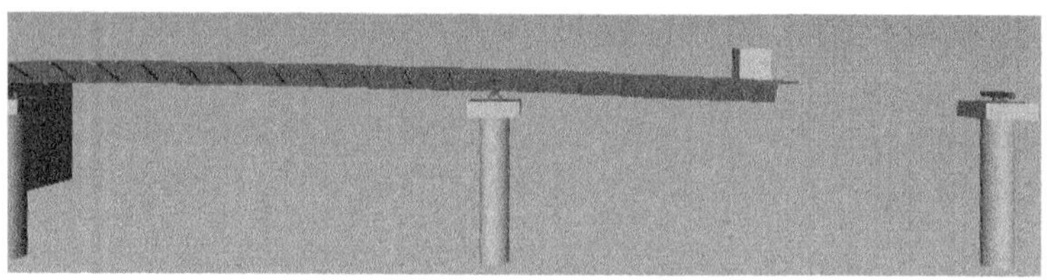

图 9-42　第 2 跨第 3 次顶推

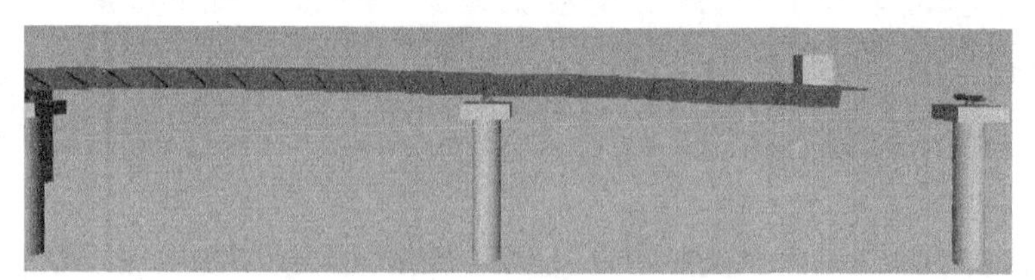

图 9-43　第 2 跨第 4 次顶推

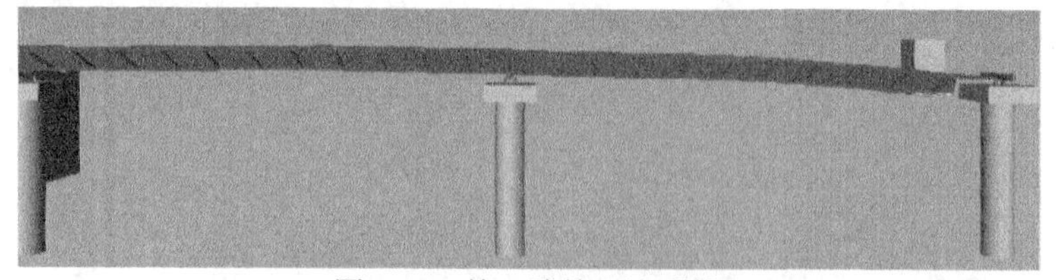

图 9-44　第 2 跨第 5 次顶推

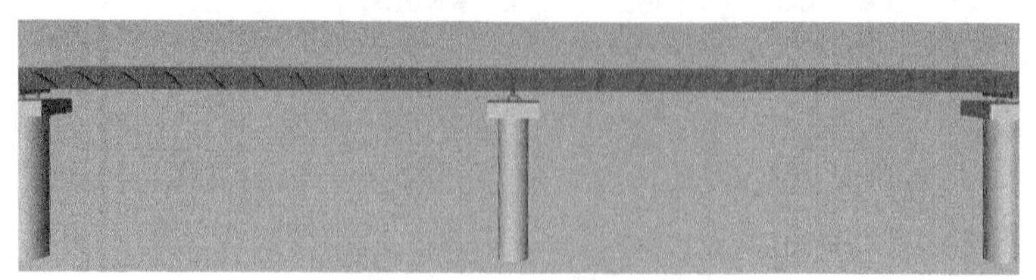

图 9-45　第 2 跨第 6 次顶推

整个顶推过程中计算预测值与实测值相差较小，图 9-40～图 9-43 看不出预测与实测的差别，只是在图 9-44 梁右端下缘显示出明显的差别（深色部分）。施工荷载作用下梁体下挠明显，最后一次顶推困难。解决办法：一是撤掉施工荷载；二是在第 1 跨加载；三是设前导梁；四是设临时墩如图 9-46 所示。

图 9-46　设置临时墩时第 2 跨第 5 次顶推

第五节　独塔斜拉桥悬臂拼装施工虚实结合模型试验

斜拉桥建设主梁多采用悬臂拼装或现浇施工，为了研究斜拉桥施工的虚实结合技术，进行了斜拉桥悬臂拼装施工模型试验。模型为独塔双索面双跨钢斜拉桥，漂浮体系，塔梁间设置活动支座限制主梁相对主塔的竖向位移，主梁纵向位移不受限制。桥梁模型全长 5.5 m，跨径组合为 2.75+2.75 m。主梁分 11 个节段，各节段长×宽×高为 0.5 m×0.3 m×0.023 m，节段之间采用Φ5 mm 螺栓连接，主梁材料为不锈钢，杆件横截面为 23 mm×36 mm×0.5 mm（高×宽×厚）的薄壁箱型。斜拉索采用直径为 1 mm 的 Strand1470 钢丝。桥梁试验模型如图 9-47 所示，采用 VRML 语言建立的 3D 模型如图 9-48 所示。

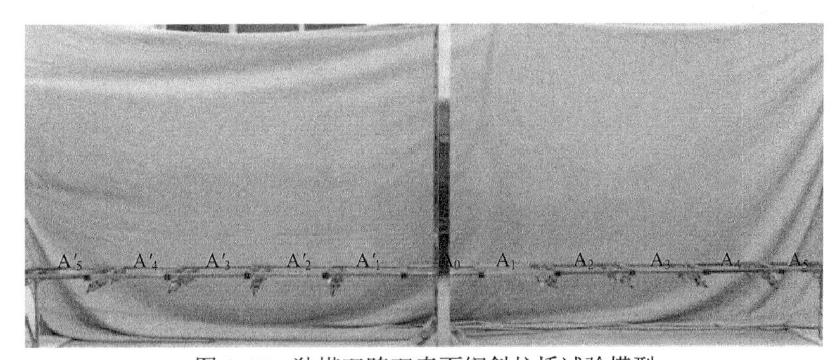

图 9-47　独塔双跨双索面钢斜拉桥试验模型

主梁施工顺序为①安装 A_0 号梁并临时固定；②拼装 A_1、A'_1 号梁并挂索，取消 A_0 号梁的临时固定，……；③拼装 A_5、A'_5 号梁并挂索，完成拼装。

施工控制过程：①计算各次拼装时主梁变形和高程；②建立图像参考基面；③图像检测主梁变形及高程，测量索力；④计算预测变形及实测变形导入虚拟施工环境中主梁节段的平移及转动域，判断施工误差；⑤通过梁索锚固调整主梁节段高程。

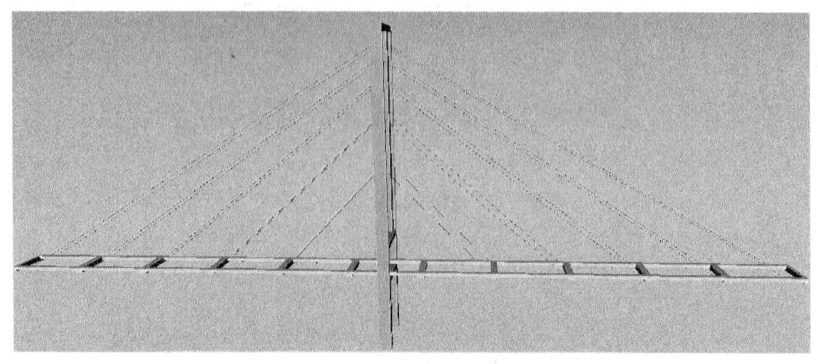

图 9-48　独塔双跨双索面钢斜拉桥 3D 模型

一、主梁拼装各阶段斜拉桥模型计算

主塔与主梁均采用空间梁单元，索采用杆单元，由于索总是在受拉区工作，索在平衡位置的变形均属于弹性伸缩，变形特性与杆相同。桥梁在施工各阶段的有限元模型如图 9-49 所示。

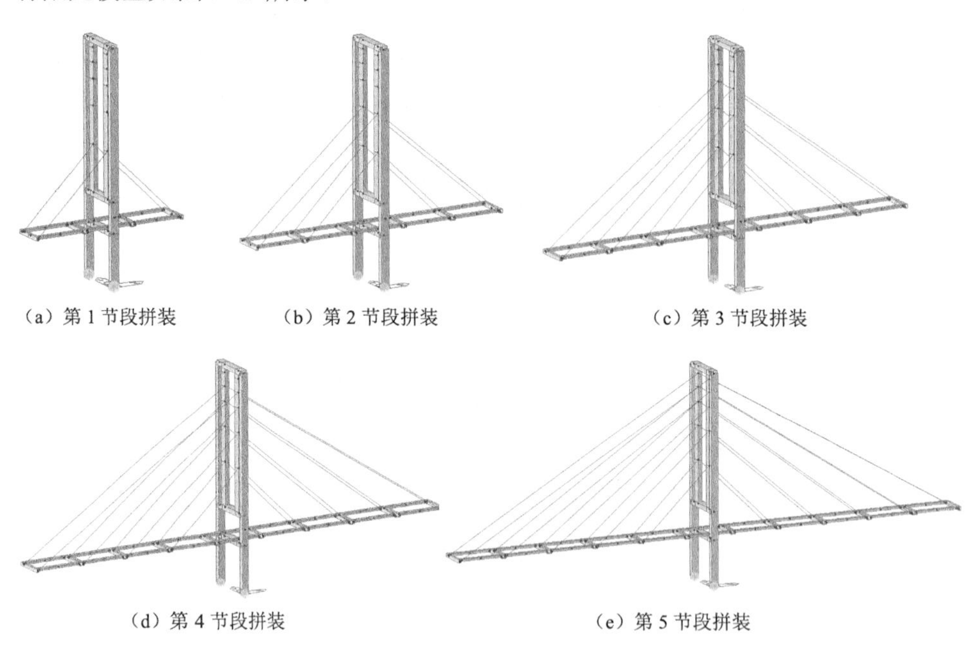

图 9-49　桥梁模型主梁拼装各阶段有限元模型

由于主梁太轻，自重作用下主梁变形太小，索力太小，并且拼装 4、5 号梁时，1、2 号梁有上翘情况，索有不受拉情况。因此主梁设置配重。又由于索力检测传感器设在梁下，检测主梁的上边缘较方便，因此将配重吊在梁下如图 9-50 所示。初步计算及试验结果相差较大，经分析认定为螺栓连接建模不当，经模型修正后重新计算，可得施工各阶段主梁各节段在自重和施工荷载作用下预测变形如表 9-6 和表 9-7 所示。模型修正过程及结果见第十章第八节。

图 9-50　施工控制效果图

表 9-6　自重下主梁计算预测变形　（单位：mm）

工况＼节点	A_1	A_2	A_3	A_4	A_5
1 号节段拼装	0.79				
2 号节段拼装	1.27	2.60			
3 号节段拼装	1.92	4.24	6.33		
4 号节段拼装	3.65	7.15	10.65	13.31	
5 号节段拼装	4.82	9.77	15.13	20.76	24.41
预测高程	4.03	7.17	8.80	7.45	0
实测各阶段高程	4.18	7.20	8.67	7.43	0.66
实测最终高程	0	0.06	0.10	0.40	0.66

表 9-7　自重+施工荷载作用下主梁计算预测变形　（单位：mm）

工况＼节点	A_1	A_2	A_3	A_4	A_5
1 号节段拼装	1.60				
2 号节段拼装	2.28	4.41			
3 号节段拼装	2.39	5.45	9.67		
4 号节段拼装	4.40	8.82	13.48	19.03	
5 号节段拼装	5.67	11.65	18.34	25.64	33.21

二、主梁悬臂拼装施工过程

主梁悬臂拼装施工过程如下：

（1）A_0 节段临时固定于主塔并调平（图 9-51）。调整相机光轴与主塔支座平齐，以主塔支座顶部、桥两端支座顶部及相机三点为测量基面。对图像进行标定。

（2）拼装 A_1 及 A'_1 节段并挂索张拉如图 9-52 所示，按表 9-6 设置预拱度，按照图像检测所得主梁的变形（如图 9-53），通过索长调整梁端高程。采用 VRML 语言建立斜拉桥悬臂拼装施工虚拟环境，以及环境中的 2 个斜拉桥 3D 虚拟模型如图 9-54 所示，2 个模型分别与计算预测和图像检测数据链接，即预测或实测数据链接到 3D 模型中主梁各节段的平移及转动域，实现虚拟环境中主梁变形的预演及实测重现。当预测与实测数据误差较大时，图 9-54 中深色与浅色主梁位置差别较明显时，继续调整，当高程相差 1 mm 以内时，认为满足要求。本节段拼装及调整完成后，主梁梁端高程为 4.18 mm，与 4.03 mm 的预测相差 0.15 mm。

图 9-51　A_0 节段临时固定

图 9-52　A_1 节段拼装

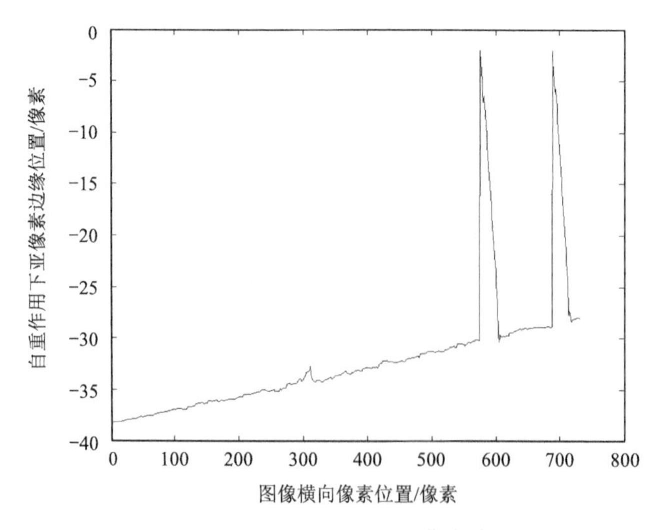

图 9-53　A_1 节段亚像素边缘

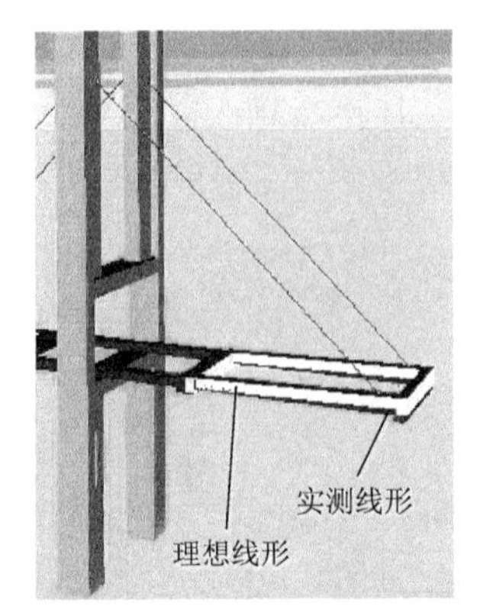

图 9-54　A_1 节段虚拟拼装，预测与实测变形比较

（3）拼装 A_2 及 A'_2 节段并挂索张拉如图 9-55 所示，虚拟环境中对应状态如图 9-56 所示。经调整，检测主梁梁端高程 7.20 mm，与 7.17 mm 的预测相差 0.03 mm。

图 9-55　A_2 节段拼装

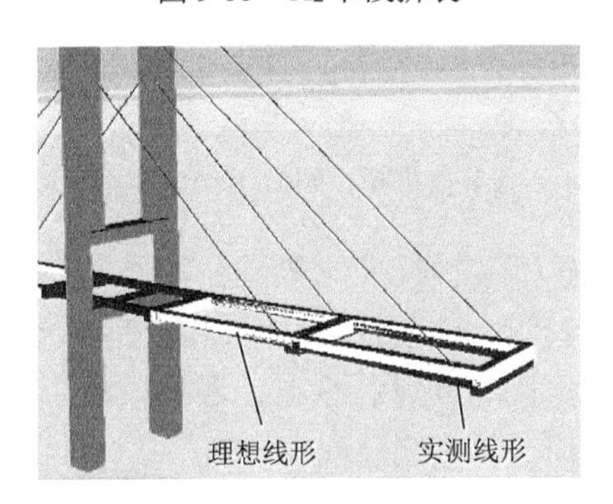

图 9-56　虚拟施工控制，预测与实测变形比较

（4）拼装 A_3 及 A'_3 节段并挂索张拉。经调整，检测主梁梁端高程 8.67 mm，与 8.80 mm 的预测相差 0.13 mm。

（5）拼装 A_4 及 A'_4 节段并挂索张拉。经调整，检测主梁梁端高程 7.43 mm，与 7.45 mm 的预测相差 0.02 mm。

（6）拼装 A_5 及 A'_5 节段并挂索张拉。经调整，检测主梁梁端高程 0.66 mm，与 0.00 mm 的预测相差 0.66 mm。误差在 1mm 之内，不作调整（图 9-57）。

图 9-57　A_5 节段拼装

由图 9-58 可知，施工控制完成后斜拉桥实测线形结果与理想线形吻合较好，最终高程误差 0.66 mm，达到了预期的施工控制目标，说明了上述虚实结合施工控制方法的有效性。

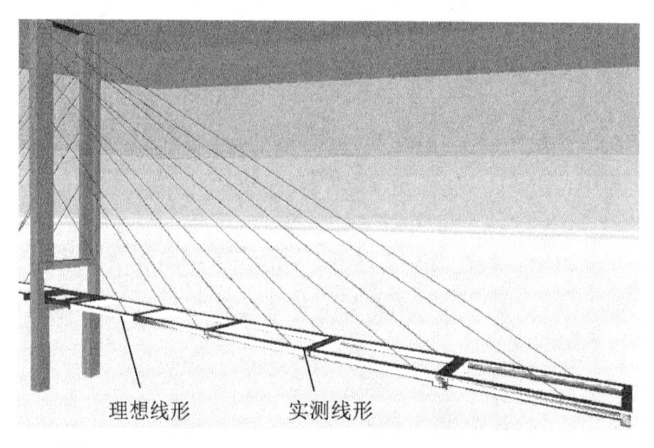

图 9-58　A_5 节段虚拟拼装，预测与实测变形比较

由表 9-7 可知，拼装施工各阶段，梁端高程与预测高程的误差控制在 0.15 mm 以内，主要原因是边调整边检测，误差较小时停止调整。最终线形，高程误差最大在第 5 节段梁端为 0.66 mm，从此点到主塔处主梁高程误差逐渐减小，全桥最终线形较好，高程误差较小，说明计算预测高程较准确，并且各拼装阶段的施工监测较准确，施工控制措施适当，控制精度较高。靠前各节段的误差累积对全桥线形的影响较大，因此调整后的精度高一点，最后节段的高程误差不超过 1 mm，对全桥的线形影响可忽略。

在虚拟施工环境实施以上拼装过程，由于主梁各节段的平移及转动域值来自于计算预测或实测，主梁各节段的变动与真实环境主梁各节段的变动是一样的，是真实环境的精准重演。虚拟环境的重要性及优点主要不是重演真实环境，而是在于超前预演真实环境。图 9-54、图 9-56、图 9-58 中浅色部分即是对主梁拼装的预演。

参 考 文 献

[1] 汪成为，高文，王行仁. 灵境（虚拟现实）技术的理论、实现及应用[M]. 北京：清华大学出版社，1996.

[2] 王健美，张旭，王勇，等. 美国虚拟现实技术发展现状、政策及对我国的启示[J]. 科技管理研究，2010，30(14)：37-40.

[3] AbouRizk S，Halpin D，Mohamed Y，et al. Research in modeling and simulation for improving construction engineering operations[J]. Journal of Construction Engineering and Management ，2011，137(10)：843-852.

[4] Lee S，Nikolic D，Messner J I，et al. The development of the virtual construction simulator 3：An interactive simulation environment for construction management education[J]. Computing in Civil Engineering，2011：454-461 .

[5] AbouRizk S. Role of simulation in construction engineering and management[J]. Journal of Construction Engineering and Management，2010，136(10)：1140-1153.

[6] Nikolic D，Jaruhar S，Messner J I. Educational simulation in construction：Virtual construction simulator[J]. Journal of Computing in Civil Engineering ，2011，25(6)：421-429.

[7] Rekapalli P V，Martinez J C. Discrete-event simulation-based virtual reality environments for construction operations：Technology introduction[J]. Journal of Construction Engineering and Management，2011，137(3)：214-224.

[8] Kamat V R，Martinez J C，Fischer M，et al. Research in Visualization techniques for field construction[J]. Journal of Construction Engineering and Management，2011，137(10)：853-862.

[9] Rekapalli P V，Martinez J C. Runtime user interaction in concurrent simulation-animations of construction operations[J]. Journal of Computing in Civil Engineering ，2009，23(6)：372.

[10] Behzadan A H，Kamat V R. Automated generation of operations level construction animations in outdoor augmented reality[J]. Journal of Computing in Civil Engineering ，2009，23：405-417.

[11] 李国成，王靖涛. 复杂结构施工的虚拟实现[J]. 建筑结构学报，2002，23(2)：75-78.

[12] 李国成，王靖涛. 虚拟现实技术用于复杂结构施工研究[J]. 土木工程学报，2003，36(2)：95-99.

[13] 李国成，黎丹，李炜明. 虚拟现实技术在岩土工程中的应用简述[J]. 建筑技术，2006，37(3)：209-211.

[14] 张伟，杨新华，魏爽. 工程结构虚拟装配引擎的动画设计实现[J]. 微计算机信息，2007，23(6-1)：274-276.

[15] 雷军波，李世其. 工程施工中虚拟仿真技术的应用[J]. 施工技术，2003，32(12)：20-21.

[16] 王晓. 基于 Creator/Vega 的公路虚拟仿真技术[J]. 科技导报，2011，29(14)：63-66.

[17] 赵海涛，刘越平. 基于虚拟现实的建筑纠偏施工[J]. 施工技术，2005，34(2)：56-57.

[18] 刘铮，孙俊，刘利先. 基于虚拟现实技术的建筑施工安全研究[J]. 昆明理工大学学报（理工版），2004，29(5)：100-103.

[19] 刘铮，孙俊，邵剑龙. 基于虚拟现实技术的施工安全危险源辨识库研究[J]. 施工技术，2004，33(12)：51-53.

[20] 杨波，蔡雪梅. 基于虚拟现实技术的桥梁施工模拟[J]. 交通标准化，2011，(21)：146-148.

[21] 陈正斌，殷祥林. 桥梁施工虚拟现实技术[J]. 重庆交通大学学报(自然科学版)，2009，28(1)：26-28.

[22] 魏鲁双，姜华，彭运动. 虚拟仿真技术在大型桥梁工程中的应用[J]. 华北水利水电学院学报，2010，31(5)：16-20.

[23] 黄江，龚锐生，王浩然，等. 建筑虚拟技术在东亚运动会场馆建设中的应用与实践[J]. 施工技术，2010，39(11)：113-115.

[24] 张琳，陈操宇. 施工管理虚拟环境中的 CAD 识别和三维重构[J]. 计算机工程与设计，2006，27(7)：1235-1237.

[25] 吴晓，丁国富，程文明. 危险环境中的虚拟远程作业系统实验仿真[J]. 计算机工程与应用，2005，(35)：19-22.

[26] 张希黔，张利. 虚拟仿真技术在建筑工程施工中的应用现状和展望[J]. 施工技术，2001，30(8)：31-32.

[27] 张利，张希黔，陶全军. 虚拟建造技术及其应用展望[J]. 建筑技术，2003，34(5)：334-337.

[28] 张利，石毅，张希黔. 虚拟施工技术应用实践和研究开发展望[J]. 工业建筑，2003，33(11)：49-51.

[29] 侯筱婷，李昌华，来炳恒. 虚拟施工关键技术研究[J]. 机械科学与技术，2011，30(7)：1196-1201.

[30] 郭亨，崔峰. 虚拟现实技术在水运工程中的应用与展望[J]. 水运工程，2010，(12)：23-26.

[31] 廖明军，常力元，王凯英. 虚拟现实技术在土木工程中的应用[J]. 北华大学学报（自然科学版），2006，7(6)：567-569.

[32] 南登科，韩建国，王同锤. 虚拟现实野外采集系统软件的开发及实现[J]. 断块油气田，2009，16(1)：42-44.

[33] 向中富. 桥梁施工控制技术[M]. 北京：人民交通出版社，2001.

[34] 徐君兰. 桥梁施工控制[M]. 北京：人民交通出版社，2000.

[35] 张俊平，周建宾. 桥梁检测与维修加固[M]. 北京：人民交通出版社，2006.

[36] Akincia B，Boukampa F，Gordona C. A formalism for utilization of sensor systems and integrated project models for active construction quality control[J]. Automation in Construction，

2006，15(2)：124-138.

[37] Navon R. Automated project performance control of construction projects[J]. Automation in Construction，2005，14(4)：467-476.

[38] 孙全胜，吴桐. BP 神经网络法在斜拉桥换索施工控制中的应用研究[J]. 中国安全科学学报，2010，20(7)：21-25.

[39] 李乔，卜一之，张清华. 基于几何控制的全过程自适应施工控制系统研究[J]. 土木工程学报，2009，42(7)：69-77.

[40] 孟庆成，齐欣，李乔，等. 基于灰色-神经网络的大跨度斜拉桥参数识别[J]. 西南交通大学学报，2009，44(5)：704-709.

[41] 卜一之，吴国胜，大跨度斜拉桥参数识别方法研究与应用[J]. 桥梁建设，2009，(2)：15-18.

[42] 陈彦江，付玉辉，孙航. 灰色理论在钢管混凝土拱桥施工控制中的应用[J]. 哈尔滨工业大学学报，2007，39(4)：546-548.

[43] 陈为真，汪秉文，胡晓娅. 多因子预测模型在连续梁桥中的应用[J]. 重庆大学学报，2009，32(3)：353-356.

[44] 秦顺全. 分阶段施工桥梁的无应力状态控制法[J]. 桥梁建设，2008，(1)：8-14.

[45] 秦顺全. 斜拉桥施工中多工序并行作业技术[J]. 桥梁建设，2008，(3)：8-11.

[46] 袁帅华，肖汝诚. 基于网络的桥梁智能化施工控制系统研究[J]. 同济大学学报（自然科学版），2007，35(6)：734-738.

[47] 要文堂. 自适应法在斜拉桥施工控制中的应用[J]. 铁道标准设计，2009，(7)：50-53.

[48] 孙测世，周水兴，童建胜. 部分斜拉桥施工控制特点[J]. 重庆交通大学学报（自然科学版），2010，29(2)：177-179.

[49] 许凯明，张明中，王佶. 大跨度钢管混凝土拱桥施工阶段非线性稳定分析[J]. 西安建筑科技大学学报（自然科学版），2008，40(4)：556-560.

[50] 郑平伟，钟继卫，汪正兴. 大跨度桥梁的施工控制[J]. 桥梁建设，2009，增刊 2：19-22.

[51] 罗玲，曹淑上，况建. 大跨度桥梁施工力学理论及其应用[J]. 重庆交通大学学报（自然科学版），2008，27(2)：195-199.

[52] 吕宏亮. 钢管混凝土系杆拱桥施工控制研究[J]. 建筑技术，2008，39(10)：805-808.

[53] 刘振标，严爱国，罗世东，等. 大跨度连续刚构柔性拱组合桥施工控制[J]. 桥梁建设，2009，(6)：62-66.

[54] 张玉平，董创文. 江东大桥双塔单跨空间主缆自锚式悬索桥的施工控制[J]. 公路交通科技，2010，27(7)：　76-82.

[55] 文武松. 苏通大桥辅桥连续刚构施工控制[J]. 桥梁建设，2008，(4)：65-69.

[56] 范亮，龚尚龙，陈思甜. 特大跨径钢桁拱桥施工过程模型试验[J]. 西南交通大学学报，2010，45(4)：502-507.

第十章　梁式结构模态分析试验研究

笔者及其团队在进行图像检测研究和虚实结合施工控制研究中，为了保证研究过程顺利及成果的可靠性，需要掌握了解结构的振动特性，因此进行了一些结构模型的振动试验。

现有的桥型主要有梁桥、拱桥、刚构桥、斜拉桥和悬索桥。工程中梁桥最多，梁桥又分为简支梁桥和连续梁桥。

《公路桥涵设计通用规范》（以下简称《桥规》）[1]规定，汽车荷载的冲击力标准值为汽车荷载标准值乘以冲击系数 μ。冲击系数 μ 可按下式计算：

$$\mu=\begin{cases}0.05, & f<1.5\\ 0.1767\ln f-0.0157, & 1.5\leqslant f\leqslant 14\\ 0.45, & f>14\end{cases} \tag{10-1}$$

式中 f 为结构基频（Hz）。

《桥规》条文说明指出，结构基频宜采用有限元方法计算，对于常用结构也可以估算，并给出估算公式，连续梁桥频率估算公式：

$$f_1=\frac{13.616}{2\pi l^2}\sqrt{\frac{EJ}{m}}，\quad f_2=\frac{23.651}{2\pi l^2}\sqrt{\frac{EJ}{m}} \tag{10-2}$$

式中 EJ 为结构跨中截面的抗弯刚度，m 为结构跨中截面单位长度质量，l 为结构的计算跨径。计算连续梁的冲击力引起的正弯矩效应和剪应力效应时，采用 f_1；计算连续梁的冲击力引起的负弯矩效应时，采用 f_2。

冲击系数直接影响汽车荷载的冲击力的取值，因此引起了许多学者的重视。这方面的研究包括三类，其一是根据车桥耦合振动计算研究冲击系数[2-9]；其二是根据桥梁动载试验实测数据，研究冲击系数的取值[10-15]；其三是将我国规范与国外规范进行比较，或者对新旧规范进行比较[6, 14-16]。以上文献研究表明，计算分析或实测所得冲击系数大多比按规范规定的计算值要大。其原因可能在于这些根据理论分析或动载试验对冲击系数的研究，大多采用单个车辆，这与极限状态设计理念不符。现有的桥梁检测规范对冲击系数检测的试验有严格规定[17, 18]。试验荷载应选择重车，按试验荷载与设计荷载作用下检测部位内力的比计算试验效率，跑车试验所得实测冲击系数，乘以试验效率即为试验所得冲击系数。因此前述文献计算或试验所得冲击系数偏大的原因是没有采用重车且没有考虑试验效率。

尽管计算及实测均表明，影响冲击系数有很多因素，但由式（10-1）可见，规范仅考虑结构固有频率的影响。因此有必要研究桥梁的振动，分析桥梁各部位弯矩效应与各阶固有振动的关系。某阶振型曲率最大处，动弯矩也最大，如果此处静弯矩也最大，动静弯矩叠加对梁的安全最不利。如果出现这种情况的是最低阶模态，冲击系数取值时应按此阶频率计算。任意跨数的等截面等跨径连续梁的第一阶振型，曲率最大点大约在各跨跨中，中支点处曲率较小，连续梁在均布荷载作用下，最大正弯矩一般也在各跨跨中，因此《桥规》规定冲击系数按基频计算。但考虑中支点最大负弯矩时，确定冲击系数时不应按基频计算。

第七章介绍了基于视频检测的简支梁、二等跨和三等跨连续梁的模态分析试验。由试验结果看出，简支梁第一阶振型曲率最大值出现在跨中，在静载作用下也是跨中弯矩最大，因此冲击系数计算应采用基频。二等跨连续梁在静载作用下各跨跨中和中支点弯矩最大，第一阶振型曲率在各跨跨中值最大，中支点曲率约为 0，因此计算各跨跨中冲击系数应采用第一阶频率。第二阶振型曲率在中支点处值最大，因此计算中支点处冲击系数应取第二阶频率。这个结论与规范一致。跨数不同的连续梁在静载作用下，一般也是在跨中和中支点处弯矩最大，但三等跨第一、二阶振型曲率在中支点处均为 0，中支点处曲率最大的是第三阶振型。这点与《桥规》有出入，原因是什么？其他类型桥梁的振动特性与冲击系数有何内在关系？为此，应该开展其他梁系结构的模态分析试验。本章采用加速度检测方式对部分梁式结构进行模态分析试验。

第一节　连续梁固有振动分析

欧拉梁弯曲固有振动方程[19]：

$$EJ\frac{\partial^4 y}{\partial x^4}+\rho A\frac{\partial^2 y}{\partial t^2}=P(t) \tag{10-3}$$

式中 $P(t)$为梁上分布荷载。式（10-3）对应齐次方程的解为

$$y=Y(x)\sin(\omega t+\theta) \tag{10-4}$$

$$Y(x)=A\sin\alpha x+B\cos\alpha x+C\sinh\alpha x+D\cosh\alpha x \tag{10-5}$$

对于图 10-1 所示多跨连续梁，

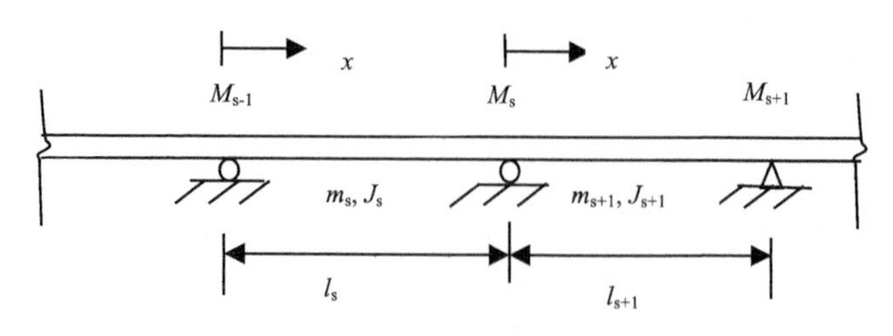

图 10-1　多跨连续梁计算图

第 s 跨的第 n 阶振型为

$$Y_{ns}(x)=A_{ns}\sin\alpha_{ns}x+B_{ns}\cos\alpha_{ns}x+C_{ns}\sinh\alpha_{ns}x+D_{ns}\cosh\alpha_{ns}x \tag{10-6}$$

其中，$\alpha_{ns}=\sqrt[4]{\dfrac{\rho A_s\omega_n^2}{EJ_s}}$，$\omega_n$ 为第 n 阶固有频率，$\rho A=m$ 为单位长度质量。并且其一、二阶导数分别为

$$Y'_{ns}(x)=\alpha_{ns}\left(A_{ns}\cos\alpha_{ns}x-B_{ns}\sin\alpha_{ns}x+C_{ns}\cosh\alpha_{ns}x+D_{ns}\sinh\alpha_{ns}x\right) \tag{10-7}$$

$$Y''_{ns}(x)=\alpha_{ns}^2\left(-A_{ns}\sin\alpha_{ns}x-B_{ns}\cos\alpha_{ns}x+C_{ns}\sinh\alpha_{ns}x+D_{ns}\cosh\alpha_{ns}x\right) \tag{10-8}$$

相邻两跨在支点处的挠度为 0，斜率和弯矩 M 须相等，即应满足以下边界条件，

$$Y_{ns}(0)=Y_{ns}(l)=0$$

$$Y'_{ns}(l_s)=Y'_{n(s+1)}(0)$$

$$EJ_sY''_{ns}(l_s)=EJ_{s+1}Y''_{n(s+1)}(0)=-M_{ns}$$

$$Y_{n(s+1)}(0)=0$$

将式（10-6）～式（10-8）带入边界条件，经整理可得：

$$M_{n(s-1)}\frac{H_{ns}l_s}{\alpha_{ns}l_sI_s}-M_{ns}\left[\frac{G_{ns}l_s}{\alpha_{ns}l_sI_s}+\frac{G_{n(s+1)}l_{s+1}}{\alpha_{n(s+1)}l_{s+1}I_{s+1}}\right]+M_{n(s+1)}\frac{H_{n(s+1)}l_{s+1}}{\alpha_{n(s+1)}l_{s+1}I_{s+1}}=0 \tag{10-9}$$

其中，$G_{ns}=c\tanh\alpha_{ns}l_s-c\tan\alpha_{ns}l_s$　$H_{ns}=\mathrm{csc}h\alpha_{ns}l_s-\csc\alpha_{ns}l_s$

式（10-9）是用于计算连续梁固有振动频率的三弯矩方程，它相当于静力分析中所用的三弯矩方程，可应用于每一对相邻桥跨。等跨径等截面连续梁，由式（10-9）可解得其固有频率和振型，二至四等跨连续梁固有频率及振型如下[19]。

二等跨（跨径 l）连续梁固有频率

$$\omega_n=\alpha_n^2\sqrt{\frac{EI}{m}}=\frac{1}{l^2}(\pi^2,3.927^2,4\pi^2,7.069^2,9\pi^2,10.210^2,\cdots)\sqrt{\frac{EI}{m}} \tag{10-10}$$

二等跨（跨径 l）连续梁去掉中支座则变为简支梁（跨径为 $2l$），简支梁第 1 阶振型为半个正弦波，为叙述方便，简称半个正弦波为 1 个波，弯曲 1 次，1 个峰或谷；2 阶为 1 个正弦波，或 2 个波；3 阶为 3 个波；n 阶振型为 $n/2$ 个正弦波，n 个波，n 个峰或谷。与简支梁相比，连续梁由于中支座限制跨中位移为 0，跨中幅值不为 0 的奇数阶振型不成立。式（10-10）及图 10-2 第 1 阶模态（频率及振型）为简支梁第 2 阶模态，弯曲 2 次，2 个波，2 个峰或谷；第 3 阶模态为简支梁第 4 阶模态，4 个波；第 1、3 阶模态之间为第 2 阶，因此应弯曲 3 次，3 个波，其中 1 次弯曲或 1 个波或 1 个峰（谷）在中支座处，振型全在一侧（上或下侧）。第 5、7…奇数阶模态为简支梁第 6、8…偶数阶模态；偶数阶模态在中支座处有 1 个波或 1 个峰（谷）。

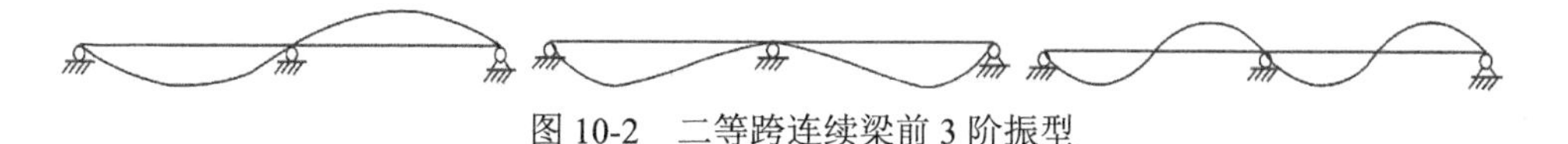

图 10-2　二等跨连续梁前 3 阶振型

三等跨连续梁固有频率：

$$\omega_n = \frac{1}{l^2}\left(\pi^2, 3.55^2, 4.30^2, \cdots\right)\sqrt{\frac{EJ}{\rho A}} \tag{10-11}$$

三等跨（跨径 l）连续梁去掉 2 个中支座则变为简支梁（跨径为 $3l$），简支梁第 n 阶振型有 n 个波。与简支梁相比，三跨连续梁由于支座限制 2 个三分点处位移为 0，三分点位移不为 0 的振型不成立。式（10-11）及图 10-3 第 1 阶模态（频率及振型）为简支梁第 3 阶模态，3 个波；第 4 阶模态为简支梁第 6 阶模态，6 个波；第 7 阶模态为简支梁第 9 阶模态，9 个波，第 $1,4,7,\cdots,3k-2$（$k=1,2,3,\cdots$）阶振型与简支梁第 $3k$ 阶振型相同，图 10-3 没有绘 4 阶以上振型。第 1、4 阶模态之间为第 2、3 阶。第 2 阶振型弯曲 4 次，4 个波，在左右边跨跨中各有 1 次弯曲即 1 个波或 1 个峰（谷），中跨四分点有 2 个波。第 3 阶振型弯曲 5 次，5 个波，3 个跨跨中各有 1 次弯曲或 1 个波，2 个中支座各 1 个波。振型全在梁的一侧（上侧或下侧）。

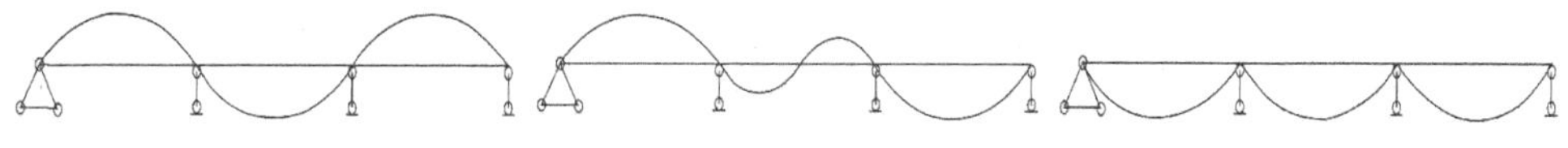

图 10-3　三等跨连续梁前 3 阶振型

四等跨连续梁固有频率

$$\omega_n = \frac{1}{l^2}\left(\pi^2, 3.40^2, 3.92^2, \cdots\right)\sqrt{\frac{EJ}{\rho A}} \tag{10-12}$$

四等跨（跨径 l）连续梁去掉 3 个中支座则变为简支梁（跨径为 $4l$），简支梁第 n 阶振型为 $n/2$ 个正弦波。与简支梁相比，四跨连续梁由于支座限制 3 个四分点处位移为 0，四分点位移不为 0 的振型不成立。式（10-12）及图 10-4 第 1 阶模态（频率及振型）为简支梁第 4 阶模态，弯曲 4 次，4 个波；第 1,5,9,…, $4k-3$（k=1,2,3,…）阶振型与简支梁第 $4k$ 阶振型相同，$4k$ 个波。图 10-4 没有绘 4 阶以上振型。第 1、5 阶模态之间为第 2、3、4 阶。第 2 阶振型弯曲 5 次，5 个波，各跨跨中各有 1 次弯曲或 1 个波，正中间支座处有 1 个波。第 3 阶振型弯曲 6 次，6 个波，各跨跨中各有 1 次弯曲或 1 个波，2 个略靠边的中支座各 1 个波，第 4 阶振型弯曲 7 次，7 个波，各跨跨中各有 1 次弯曲或 1 个波，3 个中支座各 1 个波。振型全在梁的一侧（上侧或下侧）。

图 10-4　四等跨连续梁前 3 阶振型

简支梁视为一跨连续梁，其跨径即为梁的总长。等跨径连续梁模态有以下性质：①n 跨连续梁的第 n 阶振型在梁的一侧（上侧或下侧）。②n 跨连续梁的 $n\times k-n+1$ 阶振型与 1 跨连续梁即简支梁第 $n\times k$ 阶振型相同。③n 跨连续梁第 1 阶振型与简支梁第 n 阶振型相同，第 $n+1$ 阶振型与简支梁第 $2n$ 阶振型相同。这之间连续梁第 2 到第 n 阶的振型，可参照第 1 和 $n+1$ 阶振型，按以下规律确定：第 2 阶振型弯曲 $n+1$ 次，……，第 n 阶振型弯曲 $2n-1$ 次。其他各阶振型也可依次确定。④偶数跨的第 2 阶振型，在正中间 1 个支座处有 1 个波，振型曲率出现极值，第 1 阶振型曲率在任一支座处均为 0。⑤奇数跨的第 3 阶振型，在正中间的 2 个中支座处振型有 1 个波，曲率出现极值，第 1、2 阶振型曲率在任一支座处均接近于 0。

按照线性振动理论，振型构成振动系统解的完备空间。梁在任意荷载下的动弯矩是其振型的线性组合。等跨径连续梁中，第 1 阶振型最大曲率在各跨跨中，最大动弯矩也在跨中，这与等跨径连续梁在某个最不利位置的荷载标准值作用下，最大正静弯矩位置基本一致；第 2 阶或更高阶振型最大曲率在某些跨的跨中附近，但高阶振型对应的频率较高，动刚度较大，因此对其跨中截面动弯矩起主要作用的还是第 1 阶模态，冲击系数按照基频计算是合理的[1]。

当考虑支座处负弯矩效应时，等跨径偶数跨连续梁第 1 阶振型在各中支座处曲率为 0，对此处的动弯矩没有贡献，第 2 阶振型最大曲率出现在正中间的 1 个支座处，这与等跨径连续梁在某个最不利位置的荷载标准值作用下，最大负静弯矩位置基本一致，因此对中支座处梁截面动弯矩起主要作用的是第 2 阶模态，冲击系数按照第 2 阶频率计算是合理的。奇数跨等跨径连续梁第 1、2 阶振型在各中支座处曲率近似为 0，对此处的动弯矩没有贡献，第 3 阶振型最大曲率出现在正中间的 2 个支座处，这与等跨径连续梁在某个最不利位置的荷载标准值作用下，最大负静弯矩位置基本一致，因此对中支座处梁截面动弯矩起主要作用的是第 3 阶模态，冲击系数按照第 3 阶频率计算似乎是合理的。《桥规》规定不分奇偶数跨连续梁，其负弯矩对应的冲击系数均按第 2 阶频率计算。原因在本章第三节讨论。

第二节　不同跨径组合的二跨连续梁的模态分析试验

等截面两跨连续梁如图 10-5 所示，横截面如图 7-3 所示，梁长 2.2 m，除梁长不同外，其他参数与第七章第一节介绍的试验梁参数相同。

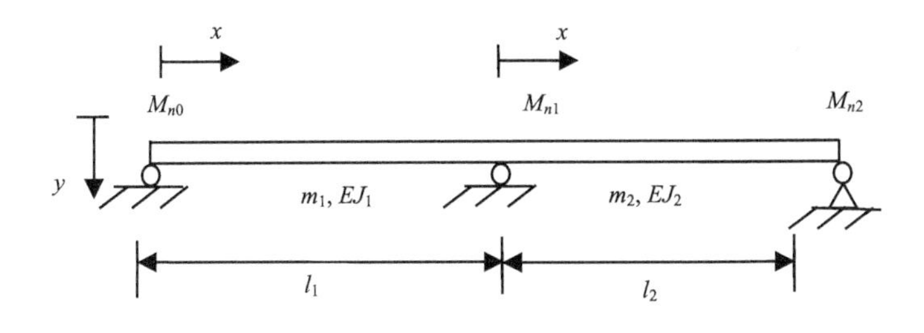

图 10-5　两跨连续梁计算图

在梁全长的 8 等分点设置 6 个加速度传感器。有限元计算模型如图 10-6 所示。

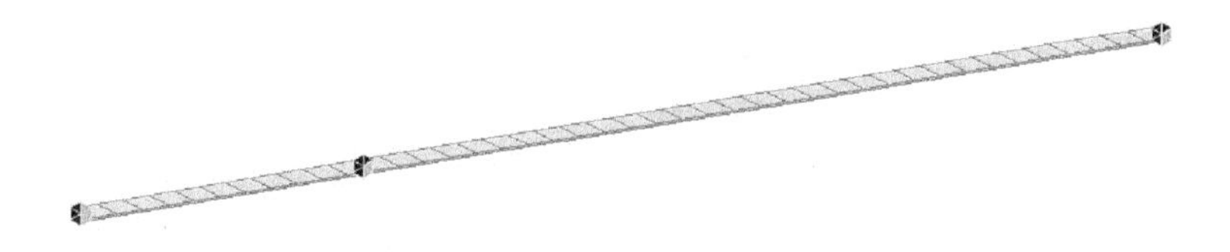

图 10-6　两跨连续梁有限元计算模型

两等跨等截面连续梁，梁上没有附加质量，式（10-10）给出精确解，前 3 阶固有频率精确解理论值与计算值见表 10-1。理论与计算振型如图 10-7 和图 10-8 所示。

表 10-1　前 3 阶固有频率计算值与理论值

阶数	理论值/Hz	计算值/Hz	误差/%
1	14.022	14.023	0.01
2	21.910	21.907	0.01
3	56.089	56.093	0.4

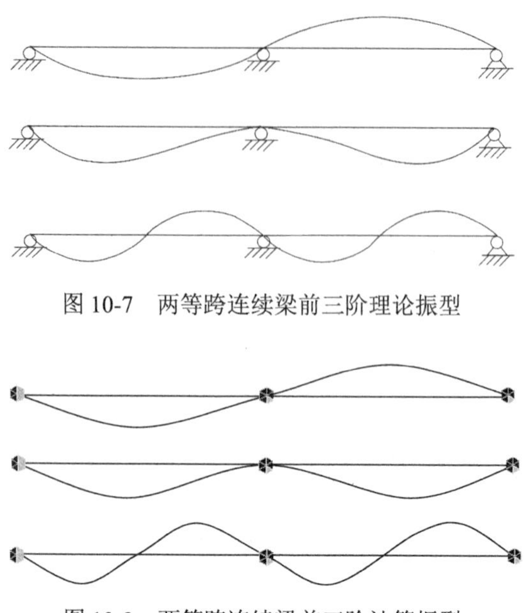

图 10-7　两等跨连续梁前三阶理论振型

图 10-8　两等跨连续梁前三阶计算振型

由表 10-1、图 10-7 和图 10-8 可知，频率计算结果与理论值误差在 0.4%以内。计算振型与理论振型符合较好。有限元计算精度及可靠性较好，可以为试验提供参照和对比。

试验时，梁上设置 6 个质量为 127.4 g 的加速度传感器，如果采用式（10-9）进行理论计算，须将 6 个集中质量沿梁长均匀分布，计算结果仍然有误差。有限元建模，可在对应节点上加上相应的惯性质量，计算精度比将传感器集中质量近似为均匀分布质量的精度要好。试验分 6 次，第 1 次进行等跨试验，第 2 次将中支点向一边偏移 10 cm，……，第 6 次向一边偏移 50 cm，依次测试梁的模态参数。试验目的是了解跨径比变化时，振型从量变到质变的规律。各次试验计算及测试前 3 阶频率如表 10-2 所示，识别振型与计算振型对照如图 10-9～图 10-11 所示。试验振型随中支座左移的变化情况如图 10-12 所示。

由表 10-2、图 10-9～图 10-11 可知，中支座在各种位置情况下前 3 阶频率计算值与实测值吻合较好，振型符合较好。

表 10-2　中支点不同偏移下的各阶频率

阶次	1			2			3		
中支座	计算值/Hz	实测值/Hz	误差/%	计算值/Hz	实测值/Hz	误差/%	计算值/Hz	实测值/Hz	误差/%
偏移 0 cm	7.026	7.014	0.17	10.975	10.720	2.38	28.101	24.103	16.59
偏移 10 cm	6.683	6.853	2.48	11.697	11.129	5.10	25.942	22.659	14.49
偏移 20 cm	6.019	6.302	4.49	13.469	13.087	2.92	23.017	19.973	15.24
偏移 30 cm	5.362	5.635	4.84	15.450	14.691	5.17	21.513	20.521	4.83

续表

阶次	1			2			3		
中支座	计算值/Hz	实测值/Hz	误差/%	计算值/Hz	实测值/Hz	误差/%	计算值/Hz	实测值/Hz	误差/%
偏移 40 cm	4.790	5.021	4.60	15.531	14.968	3.76	23.803	19.014	25.19
偏移 50 cm	4.308	4.435	2.86	15.870	15.442	2.77	27.875	27.942	-0.24

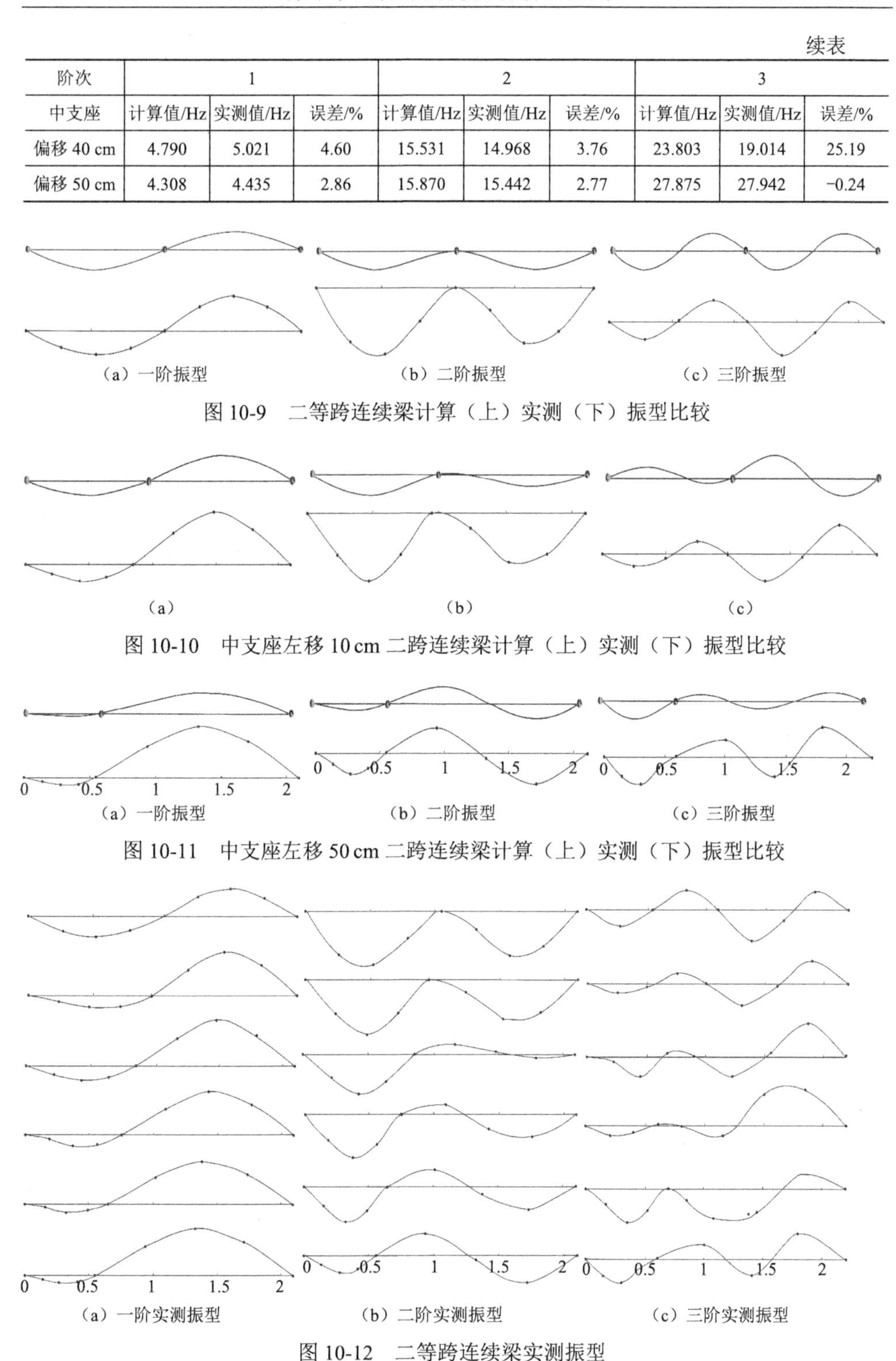

（a）一阶振型 （b）二阶振型 （c）三阶振型

图 10-9 二等跨连续梁计算（上）实测（下）振型比较

（a） （b） （c）

图 10-10 中支座左移 10 cm 二跨连续梁计算（上）实测（下）振型比较

（a）一阶振型 （b）二阶振型 （c）三阶振型

图 10-11 中支座左移 50 cm 二跨连续梁计算（上）实测（下）振型比较

（a）一阶实测振型 （b）二阶实测振型 （c）三阶实测振型

图 10-12 二等跨连续梁实测振型

中支座左移从上至下：0，10，20，30，40，50 cm

由表 10-2 及图 10-12 可知，随着中支点偏移，①第 1 阶频率逐渐降低，这是由于在振型 2 次弯曲不变情况下，两跨跨径相差增大，两跨刚度相差增大，抗弯效率降低。因此使两跨刚度大致相等，可以提高全梁的整体刚度。②第 2 阶模态，中支座左移，振型由等跨径时一侧（上或下侧）弯曲变化为两侧弯曲，即全梁振型有类似三跨连续梁一阶振型的趋势，并且两侧幅值越来越接近，因此第 2 阶频率逐渐增高。中支座在梁长三分点附近时，振型 2 个节点也在三分点附近，振型接近三等跨连续梁。③第 3 阶模态，等跨径连续梁类似于简支梁 4 阶模态，中支座左移，右边跨径增大，在振型 4 次弯曲不变情况下，两跨刚度相差增大，整体刚度降低，频率降低。中支座继续左移，振型回归，中支座左移 50 cm，约在 1/4 跨径处，即等跨径状态振型节点处，强制振型在左边跨弯曲 1 次，其他 3 次弯曲出现在右边跨，回到接近等跨径状态，频率相应回升。④第 3 阶模态频率较高，振动幅值较小，检测精度降低，模态参数识别误差较大，可以通过强迫振动试验提高参数识别精度。第七章第二节采用的梁长是本节梁长的 2 倍多，其第 3 阶频率只有 5 Hz，比本节的第 1 阶频率还低，因此其模态参数识别误差很小。

第三节　不同跨径组合的三跨连续梁的模态分析试验

第七章第三节图 7-28 所示的三跨连续梁，梁各项参数和试验设置基本相同，第七章介绍的是视频检测三等跨振动试验，本节通过加速度检测研究变跨径对梁振动的影响。有限元计算模型如图 10-13 所示。

图 10-13　有限元分析模型

由表 10-3 可以看出，由于计算过程的近似取值，有限元计算的频率值与理论精确解存在一定的误差，其相对误差为 5.8%～6.1%，与第七章视频试验时的计算结果表 7-6 基本一致。对比图 10-3 与图 10-14 可知，三等跨等截面连续梁的有限元分析 1、2 阶振型与理论振型基本一致，第 3 阶振型，理论振型 3 个波幅相同[19]（计算振型中跨波幅较大，可以通过试验判断）。因此，依据此有限元模型的计算结果与试验进行参照和对比，较为真实可靠。

表 10-3 各阶频率理论值与计算值比较

阶数	精确解值/Hz	计算值/Hz	相对误差%
1	3.141	2.965	5.8
2	4.012	3.793	5.6
3	5.897	5.533	6.1

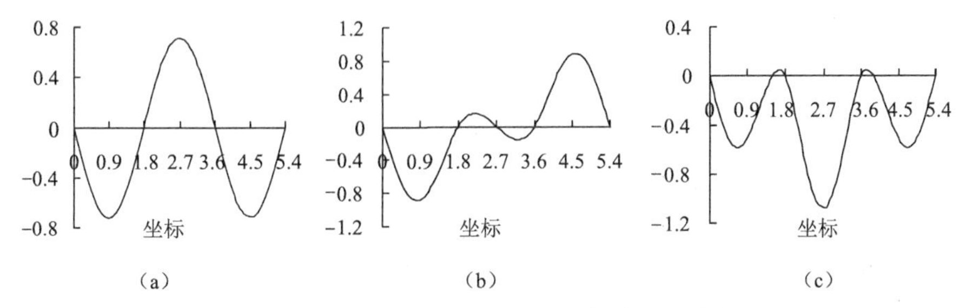

图 10-14 三等跨连续梁有限元分析的前 3 阶振型

试验设置为等跨径布置图。各个支座编号见图 10-15，分别改变 1、2 号支座的位置得到不同跨径组合的三跨连续梁模型，并计算相应的频率及振型。跨径变化如表 10-4 所示。

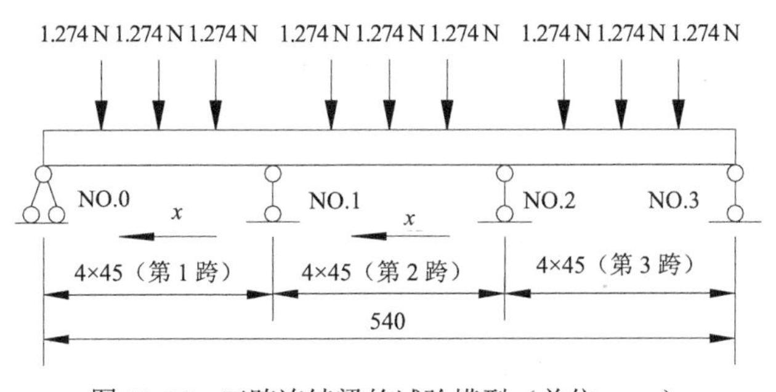

图 10-15 三跨连续梁的试验模型（单位：cm）

加速度传感器重 1.274 N，按照试验跨径的变化改变安装位置，考虑其惯性影响，在模型的相应节点上增加集中质量。在支座位置改变的同时，相应调整传感器集中质量的位置。不同跨径组合三跨连续梁有限元分析前三阶模态的频率值如表 10-4 所示。

试验采用冲击激振方式。第 1 次进行等跨径试验，第 2、3、4 次依次将 1 号中支点左移 10 cm。第 5、6、7 次试验在第 4 次试验基础上将 2 号支座依次左移 10 cm。每次试验重复 3 次，如 3 次试验结果基本一致，说明试验结果可靠。试验目的是了解跨径比变化时，振型从量变到质变的规律。

试验测试频率如表 10-4 所示，三等跨情况下，与第七章第三节视频试验频率检测结果表 7-6 相差较小，考虑试验设置的差异性，认为两者相互验证，三跨连续梁模态试验结果正确可靠。不同跨径组合各阶振型如图 10-16 所示。

表 10-4　不同跨径组合固有频率的试验测试及计算比较　（单位：Hz）

跨径组合/m ＼ 阶数	1		2		3	
	试验	计算	试验	计算	试验	计算
1.8+1.8+1.8	2.962	2.965	3.704	3.793	5.408	5.533
1.7+1.9+1.8	2.891	2.961	3.804	3.975	5.209	5.461
1.6+2.0+1.8	2.784	2.87	3.979	4.083	5.188	5.399
1.5+2.1+1.8	2.793	2.824	4.003	4.154	5.346	5.606
1.5+2.0+1.9	2.771	2.816	3.910	4.076	5.401	5.680
1.5+1.9+2.0	2.693	2.732	3.998	4.074	5.695	5.867
1.5+1.8+2.1	2.555	2.626	4.065	4.148	5.797	6.030

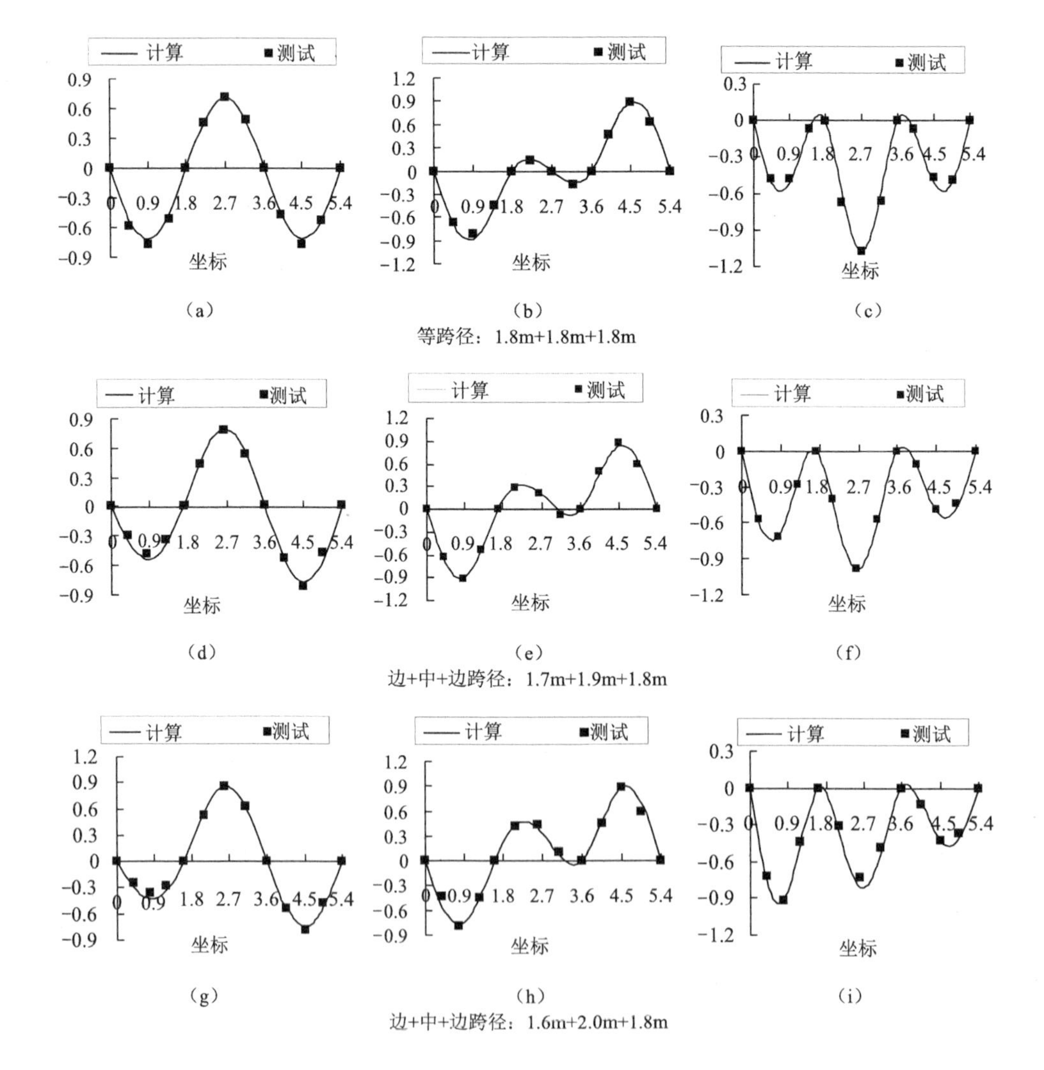

（a）（b）（c）
等跨径：1.8m+1.8m+1.8m

（d）（e）（f）
边+中+边跨径：1.7m+1.9m+1.8m

（g）（h）（i）
边+中+边跨径：1.6m+2.0m+1.8m

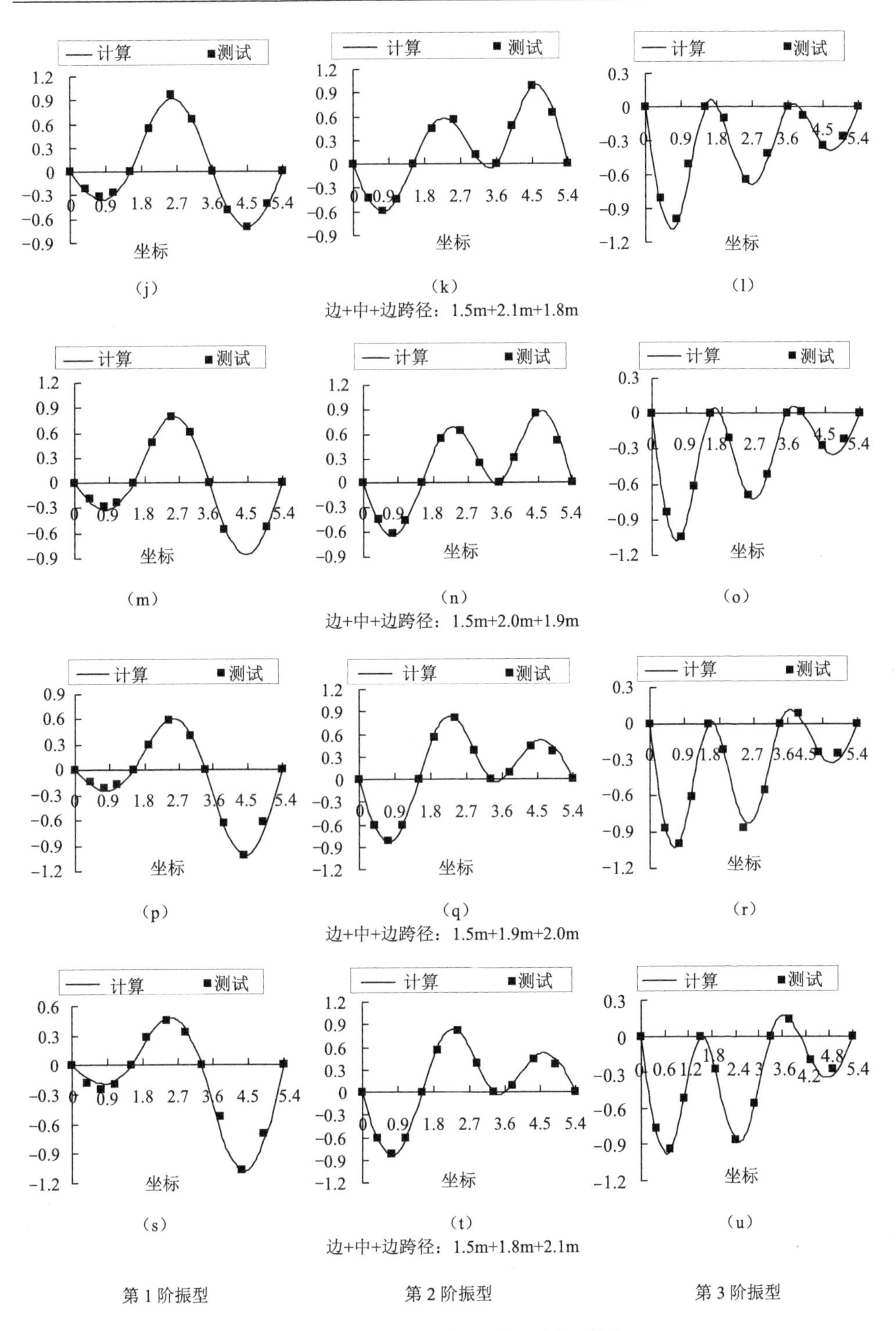

图 10-16　各跨径组合前 3 阶振型图

图 10-16 左边 1 列 7 幅一阶振型图，等跨时振型相对第 2 跨跨中正对称，各跨均为半个周期正弦波，波峰或波谷幅值相等，随支座位置的改变，1 阶振型表现为渐变过程，跨径大的一跨振幅增大，跨径小的一跨振幅减小，跨径不变的一跨则基本没有变化，频率逐渐降低，总体而言振型无本质变化。

图 10-16 中间 1 列 7 幅二阶振型图，等跨时振型相对第 2 跨跨中反对称，第 1、3 跨近似为半个周期正弦波，波形振幅相等，方向相反，第 2 跨近似为一个周期正弦波，波形振幅较两边跨小。随 1、2 号支座先后往左移动，振型由量变到质变。①第 2 跨波形首先由左右幅值相等的近似正弦波渐变为左右幅值不相等两个波，随跨径减小由 2 个波逐渐变为 1 个波，第 3 跨波形则由 1 个波逐渐变为 2 个波。②2 号支座出现反弯点，曲率由 0 逐渐增大，在第 2、3 跨跨径接近时达到最大值，类似于两等跨连续梁 2 阶振型中支点出现反弯的情况。因此三跨连续梁的第 2 阶模态在一定的条件下，振型曲线在某个中支座出现较大曲率，第 1 阶模态没有这种情况，因此《桥规》规定计算负弯矩时，冲击系数应取第 2 阶频率是符合连续梁振动规律的。③中跨跨径最大时频率最高，频率随中跨跨径减小，随之逐渐降低。

图 10-16 右边 1 列 7 幅三阶振型图，等跨径振型相对第 2 跨跨中正对称，各跨都近似为半个正弦波，中跨幅值较两边跨大。①随 1、2 号支座先后往左移动，振型在第 1、2 跨的波形幅值逐渐增大，第 3 跨波形逐渐由 1 个波向 2 个波变化，2 个波幅幅值有接近的趋势。②等跨径时，1、2 号支座处振型曲率出现极值，中支座左移，曲率极值保持在 1 号支座附近，2 号支座处振型曲率逐渐减小，曲率极值点由 2 号支座右移，向第 3 跨跨中移动。③中支座左移时，频率逐渐降低，振型在第 3 跨出现 2 个波时，频率不降反升，频率升高与第 3 跨较小波幅值增大基本同步。

由表 10-5 可知各跨径组合前三阶的有限元分析频率与试验测试频率的相对误差较小。对比有限元分析结果和试验测试结果可知，随着连续梁支座的位置不断改变，试验梁振型的变化与有限元分析的振型变化趋势基本一致。可以基于此计算模型，分析其他跨径组合的三跨连续梁各阶振型的变化规律。

表 10-5　有限元计算值与试验测试值的相对误差　　（单位：%）

跨径组合/m ＼ 阶数	1	2	3
1.8+1.8+1.8	0.1	2.3	2.3
1.7+1.9+1.8	2.4	4.3	4.6
1.6+2.0+1.8	3.0	2.5	3.9
1.5+2.1+1.8	1.1	3.6	4.6
1.5+2.0+1.9	1.6	4.1	4.9
1.5+1.9+2.0	1.4	1.9	2.9
1.5+1.8+2.1	2.7	2.0	3.9

当考虑支座处负弯矩效应时，对于不同跨径组合三跨连续梁，建议按不同的阶数频率进行计算。三跨连续梁当一边跨的跨径较小而另外两跨跨径较大时，并且较小跨径与较大两跨的跨径比为0.85～1，其中一个中支座处第2阶振型曲率较大，负弯矩对应的冲击系数计算应采用第2阶频率；当三跨跨径相差较小时，负弯矩对应的冲击系数计算应采用第3阶频率。当第3阶频率高于第2阶频率太多时，采用第3阶频率计算的冲击系数可能严重偏大，不宜采用。

第四节　不同跨径组合的四跨连续梁的模态分析试验

模型试验梁与第二节基本一样，除梁计算总长5.6 m与第三节不同以外，其他参数均一样。图10-17为计算简图，图10-18为有限元模型。四等跨连续梁振动可以采用式（10-9）及式（10-12）精确分析，理论结果可以用于有限元计算结果的验证。表10-6为有限元计算分析及理论分析四等跨连续梁前3阶固有频率。有限元计算结果相对理论分析值相对误差在6%以内，有限元计算可以作为试验的参照和比较。

表10-6　前3阶频率理论值与有限元计算值

阶数	理论值/Hz	计算值/Hz	相对差/%
1	6.57	6.84	5.9
2	7.70	7.99	3.8
3	10.24	10.70	4.5

图10-17四跨连续梁5个支座，从左到右编号为1～5。试验全过程中支座1、3和5的位置不变，支座2和支座4向内或向外对称移动。第1次试验为等跨径试验，第2、3、4次试验，支座2、4相对于等跨径位置对称内移10，20，30 cm。第5、6、7次试验，支座2、4相对于等跨径位置对称外移10，20，30 cm。

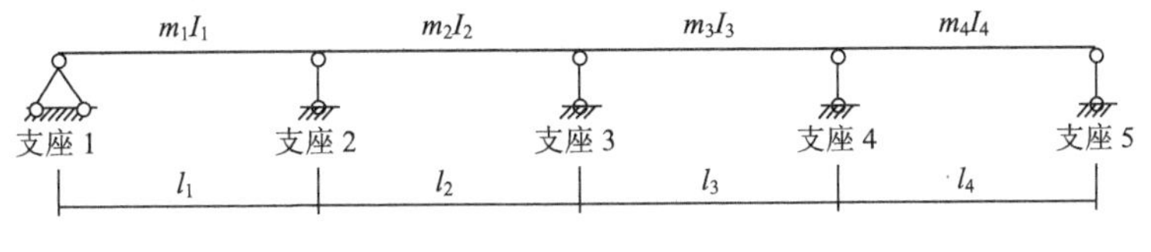

图10-17　四跨连续梁计算简图

采用8个加速度传感器采集振动信号，每跨三分点上设置1个。传感器重1.4 N，有限元模型相应节点上增加集中质量及传感器的惯性。

不同跨径比下的对称四跨连续梁的前3阶频率见表10-7，前三阶振型见图10-19～图10-21。

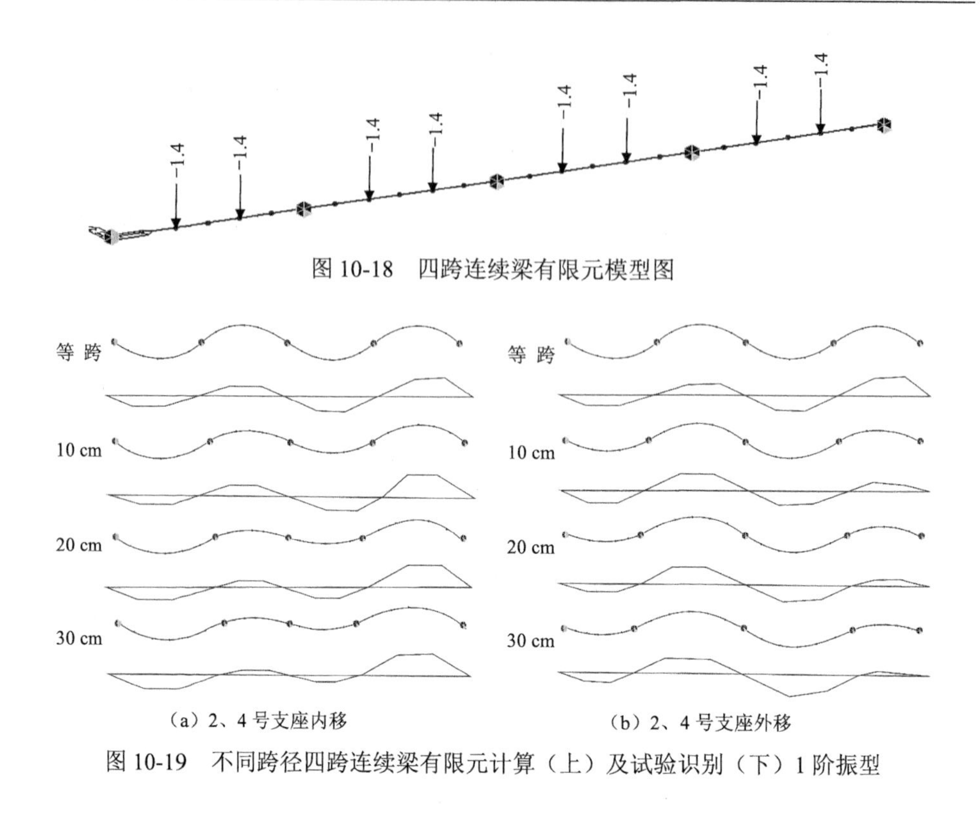

图 10-18　四跨连续梁有限元模型图

图 10-19　不同跨径四跨连续梁有限元计算（上）及试验识别（下）1 阶振型

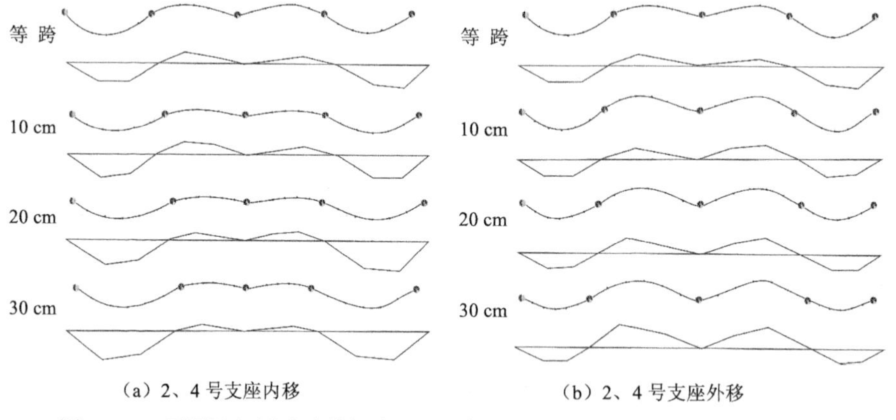

（a）2、4 号支座内移　　（b）2、4 号支座外移

图 10-20　不同跨径四跨连续梁有限元计算（上）及试验识别（下）2 阶振型

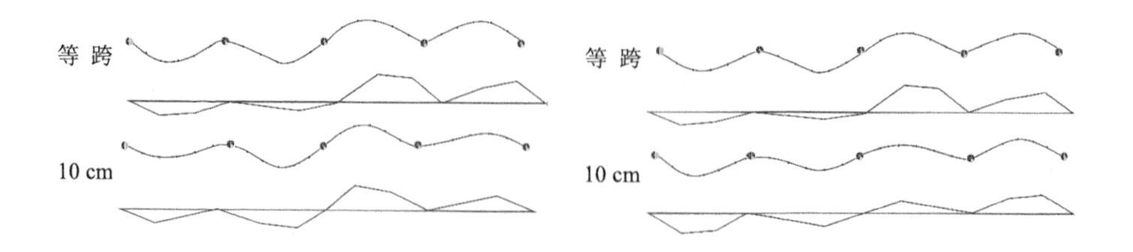

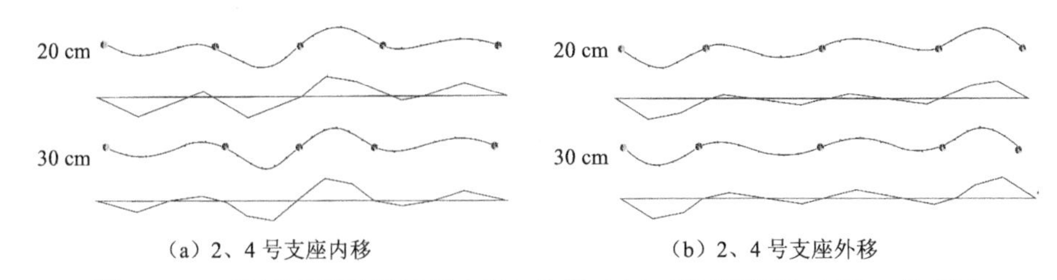

（a）2、4 号支座内移　　（b）2、4 号支座外移

图 10-21　不同跨径四跨连续梁有限元计算（上）及试验识别（下）3 阶振型

试验采用冲击激振法，采集余振信号，由频谱分析计算测点的频率响应函数，采用多模态频域拟合法识别梁的模态参数。

表 10-7　四跨连续梁前 3 阶频率计算与试验比较　（单位：Hz）

支座移动/ cm \ 阶数	1		2		3	
	试验	计算	试验	计算	试验	计算
移动 0	4.778	4.739	5.361	5.526	7.139	7.392
内移 10	4.709	4.622	5.013	5.072	7.381	7.638
内移 20	4.466	4.352	4.733	4.631	8.739	8.295
内移 30	4.117	4.041	4.383	4.239	8.763	9.235
外移 10	4.606	4.622	5.722	5.896	7.272	7.638
外移 20	4.399	4.352	5.829	5.989	7.885	8.295
外移 30	4.077	4.041	5.703	5.768	8.865	9.235

前 3 阶频率计算与实测相对误差如表 10-8 所示，最小误差为 0.35%，最大误差为 5.35%。总体趋势，高阶频率的误差略大于低阶频率。不同跨径比下的四跨连续梁的前 3 阶频率计算与试验结果吻合较好。

表 10-8　前 3 阶频率误差汇总表　（单位：%）

跨径组合/ cm \ 阶数	1	2	3
移动 0	0.82	2.99	3.42
内移 10	1.88	1.16	3.36
内移 20	2.62	2.20	5.35
内移 30	1.88	3.40	5.11
外移 10	0.35	2.95	4.79
外移 20	1.08	2.67	4.94
外移 30	0.89	1.13	4.01

有限元分析得到的不同跨径四跨连续梁的前 3 阶振型和由试验检测模态分析得到的前 3 阶阵型基本吻合。

1 阶模态中，7 组振型均是关于 3 号支座反对称，等跨径时整个振型为 2 个完整的正弦波，各跨波形幅值相等。2、4 号支座内移，2 中跨跨径变小，波形幅值变小，2 边跨跨径变大，波形幅值变大。2、4 号支座外移，2 中跨跨径变大，波形幅值变大，2 边跨跨径变小，波形幅值变小。但 1 阶振型整体上只有量变没有质变。等跨径时频率最高，2、4 号支座内、外移动都导致频率逐渐降低。

2 阶模态中，7 组振型均关于 3 号支座正对称，4 跨各有 1 个波峰（谷），3 号支座处 1 个波峰（谷）。2、4 号支座内移，2 边跨跨径变大，波幅值变大，2 中跨跨径变小，波幅值变小，波峰（或谷）逐渐靠近 2、4 号支座，整个振型由量变逐渐到质变，即 2 个中跨的峰（谷），由等跨时靠近跨中逐渐移到 2、4 号支座处。2、4 号支座外移，2 边跨跨径变小，波幅值变小，2 中跨跨径变大，波幅值变大，整体振型与等跨径相似，只有量变没有质变。2、4 号支座内移，频率逐渐降低。2、4 号支座外移，频率逐渐增高，跨径比约为 3∶4∶4∶3 时，频率最高，这时各跨波峰（谷）值大约相等。继续外移，频率降低，各跨波峰（谷）值相差增大。

3 阶模态中，7 组振型均关于 3 号支座反对称。等跨径时，每跨一个波峰（谷），2 号和 4 号支座处各有一个波峰（谷）。随着 2 号和 4 号支座的内移，这两个支座处的波峰（谷）移向梁的两个边跨，即两个边跨各有 2 个峰（谷），中间两跨及 3 号支座处仍是各有 1 个峰（谷）。随着 2 号和 4 号支座的外移，这两个支座处的波峰（谷）移向梁的两个中跨，即两个中跨各有 2 个峰（谷），两个边跨及 3 号支座处仍是各有 1 个峰（谷）。等跨径时频率最低，2 号和 4 号支座逐渐偏离等跨径时（内移或外移），频率逐渐增高。

第五节　五等跨连续梁的模态分析试验

试验对象为五等跨等截面连续梁模型如图 10-22 所示，梁长 5.5 m，桥跨布置为 5×1.1 m，共设 6 个支座，编号为 1，2，3，4，5，6，其他参数与本章第二、三节的试验梁参数相同。

图 10-22　5 跨连续梁试验模型

由于有梁上设置 10 个加速度传感器，不宜采用等截面连续梁频率方程（10-9）进行精确分析，采用有限元建模，在相应节点上增加集中质量较为合适。5 跨连续梁有限元计算模型（图 10-23），采用平面梁单元，全梁划分为 30 个单元，中间一个支座采用固定支座，其余 5 个采用活动支座，仅限制梁的竖向位移。梁上不设传感器时，频率计算如表 10-9 所示，振型如图 10-24 所示。第 1 阶模态实际上与同长度简支梁第 5 阶模态相同。因此可得其第 1 阶模态的理论解。第 1 阶频率计算值与理论值的相对误差 1.18%。第 1 阶振型为 2 个半周期正弦波。说明有限元建模正确。

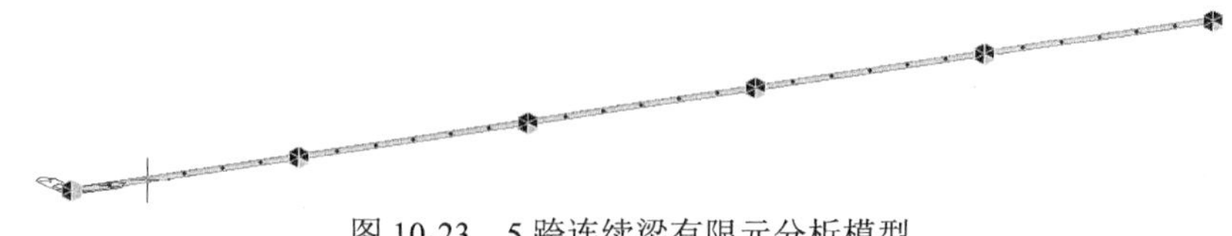

图 10-23　5 跨连续梁有限元分析模型

加速度传感器重 $G = mg = 0.143 \times 9.8 = 1.40$ N，在有限元模型 10 个相应节点上增加同等的集中质量。

表 10-9　5 跨连续梁前 5 阶频率计算值　　（单位：Hz）

阶数	1	2	3	4	5
计算	7.258	8.050	10.059	12.651	15.150
实测	7.106	7.887	10.045	11.886	13.997
理论	7.345				

采用冲击激励法，采集连续梁余振加速度信号，由频谱分析得到各测点的频率响应函数，采用频域多自由度多模态拟合法识别梁的模态参数。实测前 5 阶模态频率见表 10-9，前 5 阶实测振型如图 10-24 所示。

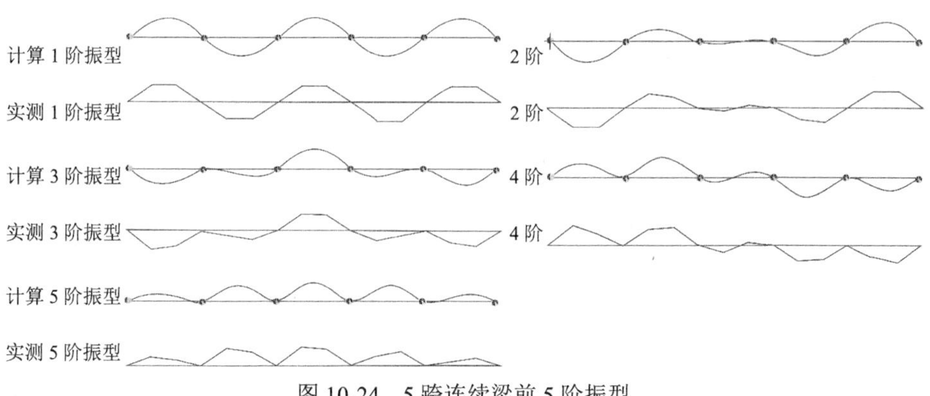

图 10-24　5 跨连续梁前 5 阶振型

5 等跨连续梁试验实测频率与有限元计算频率相对差如表 10-10 所示。结果表明：计算与实测相对差在 0.2%～7.6%。由图 10-24 可知，试验识别振型与有限元计算振型基本相同，说明计算和试验可以相互验证。实测第 1 阶频率与理论值的相对误差为 3.25%，第 1 阶振型与理论振型符合较好。

表 10-10　有限元结果与试验结果对比

阶数	有限元计算频率 f_1/Hz	试验测得频率 f_2/Hz	相对误差 $\frac{\lvert f_1-f_2\rvert}{f_1}$ /%
1	7.258	7.106	2.1
2	8.050	7.877	2.1
3	10.059	10.045	0.2
4	12.651	11.886	6.1
5	15.150	13.997	7.6

第六节　二等跨连续曲梁的模态分析试验

两等跨曲线连续梁试验模型如图 10-25 所示，曲梁长 4.5 m，两跨布置为 2×2.25 m，在曲梁中间和两端各设置一支座，共设 3 个支座，编号为 1，2，3。中间为固定支座，两端为活动支座。梁等间隔焊接 14 块 8 cm×8 cm 小铝片以方便固定加速度传感器。试验时梁上固定 8 个传感器以采集振动信号，每个传感器重量为 $G = mg = 0.138×9.8=1.35$ N。曲梁模型材料采用不锈钢方钢管，横截面如图 10-26 所示。

图 10-25　两等跨连续曲梁试验模型

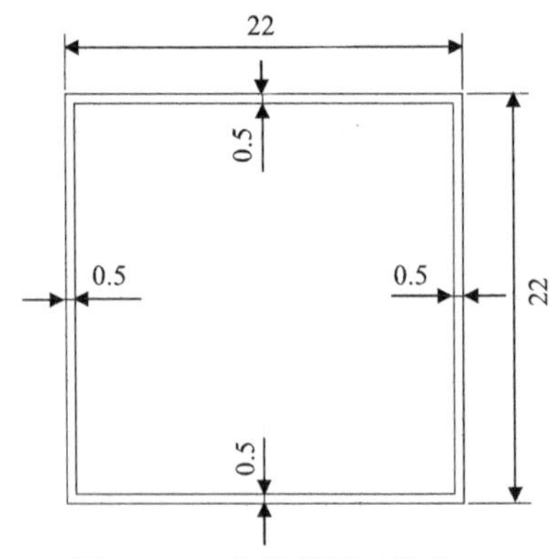

图 10-26　曲梁截面（单位：mm）

曲梁相关参数：截面面积 $A = 4.3\times10^{-5}\,\mathrm{m}^2$；截面抗弯惯性矩 $A = 4.3\times10^{-5}\,\mathrm{m}^4$；材料密度 $\rho = 8.65\times10^3\,\mathrm{kg/m}^3$；弹性模量 $E = 2.06\times10^{11}\,\mathrm{Pa}$，泊松比 $\upsilon = 0.3$，线膨胀系数为 $1.2\times10^{-5}/℃$。

有限元建模计算采用空间梁单元，在传感器所在的节点上增加相应的集中质量，有限元计算模型如图 10-27 所示。

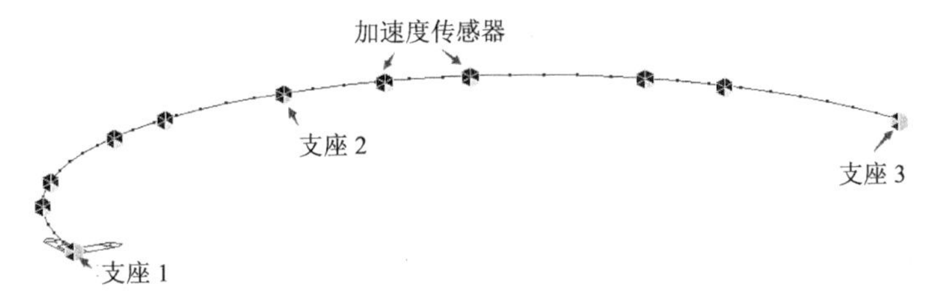

图 10-27　两跨连续曲梁有限元计算模型

有限元计算得到曲梁的前 4 阶固有频率见表 10-11，前 4 阶振型如图 10-28 所示。

表 10-11　两跨连续曲梁前 4 阶固有频率

阶数	1	2	3	4
计算/Hz	6.675	12.877	34.478	46.418
实测/Hz	5.717	12.454	35.017	46.836
$\frac{\lvert 实测-计算 \rvert}{实测}$/%	16.76	3.40	1.54	0.89
直梁理论值/Hz	9.699	15.193	37.863	49.230
$\frac{\lvert 直梁-实测 \rvert}{直梁}$/%	41.06	18.03	7.52	4.86

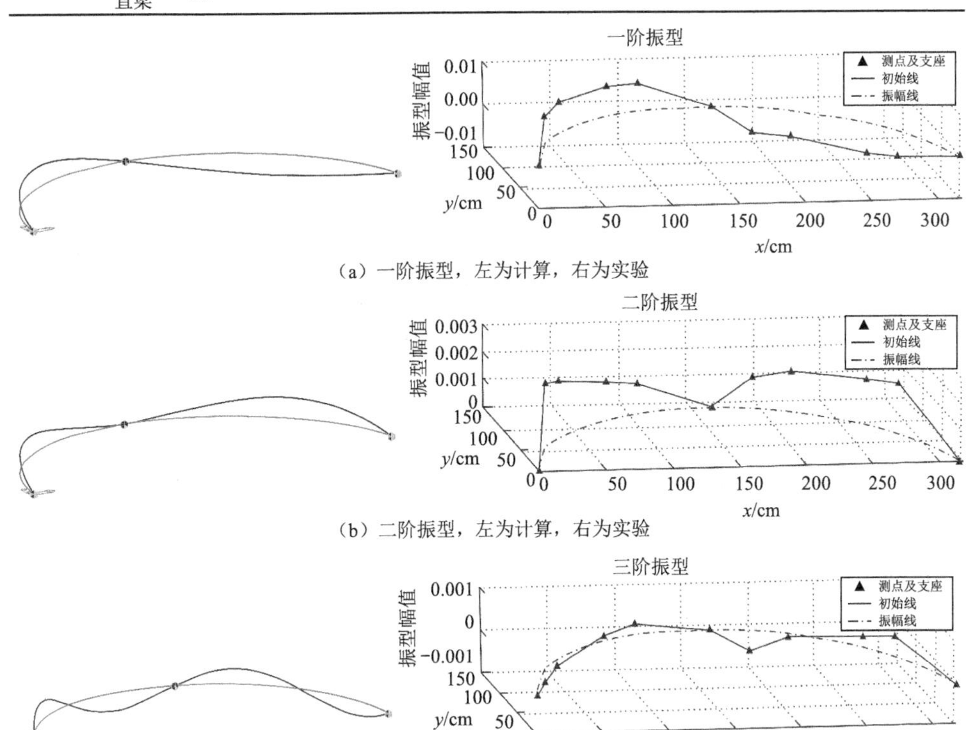

(a) 一阶振型，左为计算，右为实验

(b) 二阶振型，左为计算，右为实验

(c) 三阶振型，左为计算，右为实验

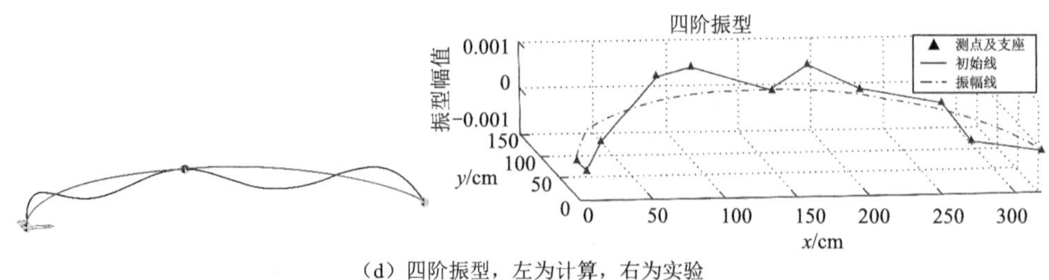

（d）四阶振型，左为计算，右为实验

图 10-28　曲梁的前 4 阶振型

模型试验设置如图 10-29 所示。

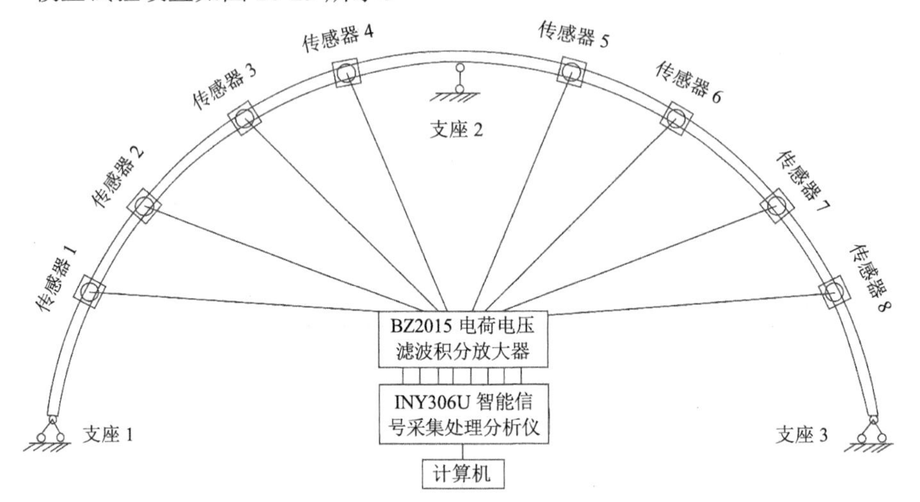

图 10-29　两跨连续梁模态分析试验设置

试验采用冲击激振，由加速度传感器采集梁的余振信号，对各测点信号进行频谱分析，获得各测点频率响应函数，采用多自由度多模态拟合法识别曲梁的振动模态参数。实测前 4 阶固有频率见表 10-11，前 4 阶振型如图 10-28 所示。

曲梁没有理论分析的精确解，为了对照，表 10-11 列出了两等跨连续直梁的理论分析精确解。由表 10-11 可知，除 1 阶频率计算与实验相对误差较大外，第 2～4 阶频率，相对误差均小于 4%。由图 10-28 振型可知，试验识别振型与有限元计算振型基本一致。

通过对二等跨连续曲梁进行的有限元分析、试验测试及对比可以得出以下结论：

（1）试验模态分析与有限元分析得到结果除去 1 阶频率相对误差较大外，其他阶频率相对误差均小于 4%，试验测得振型与有限元计算振型基本吻合。因此本次曲梁模态分析试验与有限元计算相互验证。

（2）曲梁前 4 阶频率均比同等跨径直梁相应频率低，说明曲梁刚度小于同等跨径直梁，扭转对结构抗弯刚度不利。随着频率阶数的增高，曲梁与同等跨径直梁的频率差逐渐减小，曲梁计算频率与实测频率的相对差也逐渐减小，说明曲梁低阶频率受扭转效应的影响更大，低阶频率计算受扭转效应的影响也更大。采用空间梁单元进行曲梁的计算，可能高估曲梁的抗弯刚度，静载变形计算可能偏小，低阶频率计算可能偏大，可能高估由计算得到的安全裕度。建议采用弯曲薄壁杆件类空间单元进行建模计算，或者采用模型试验对有限元计算进行检验和修正。

（3）曲梁前 4 阶振型与直梁对应振型相似，曲梁振型接近于将直梁的振型按曲梁弯曲的曲线。

（4）通过试验模态分析，可以了解曲梁的各阶模态参数，为实际曲梁桥的设计、计算、施工、监测及维护提供参照，为曲梁多轴耦合静动态分析试验研究提供参考。

第七节　三等跨连续曲梁的模态分析试验

试验曲梁模型与第六节相同，第六节为 3 点支撑 2 跨连续曲梁，本节为 4 点支撑 3 跨连续曲梁，曲梁计算全长 4.5 m，跨径布置为 3×1.5 m，有限元建模采用空间梁单元如图 10-30 所示，全梁划分为 51 个梁单元，中间的支座限制梁的 3 个方向线位移，其余 3 个支座限制梁的垂向位移。试验采用 9 个加速度传感器如图 10-31 和图 10-32。加速度传感器所在的节点上，增加传感器的集中质量。

图 10-30　三等跨连续曲梁有限元模型

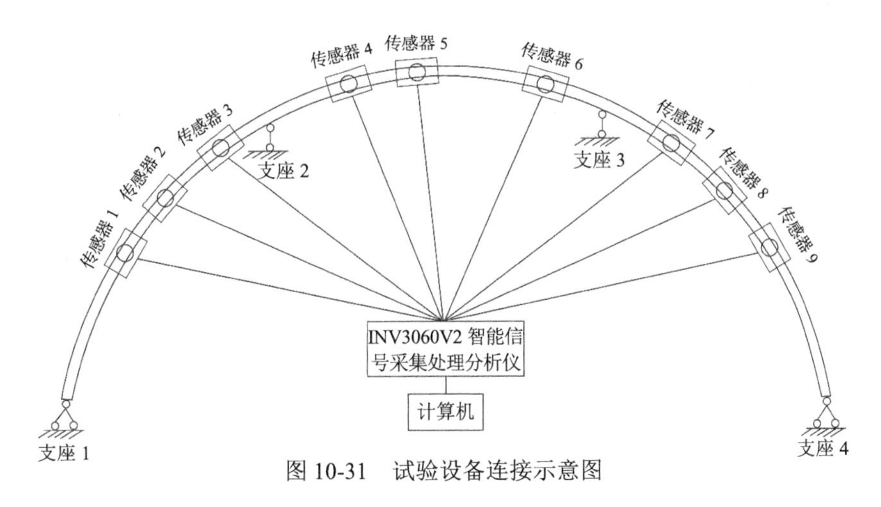

图 10-31　试验设备连接示意图

图 10-32　三等跨连续曲梁试验模型及设置

有限元分析计算所得三跨连续曲梁前 3 阶频率见表 10-12，前 3 阶振型如图 10-33 所示。

采用冲击激励法，由加速度传感器采集曲梁的余振信号，对信号进行频谱分析，获得各测点的频率响应函数，采用多自由度多模态拟合法识别曲梁的模态参数。

实测曲梁前 3 阶固有频率见表 10-12，前 3 阶振型如图 10-33 所示。

表 10-12　三等跨连续曲梁前 3 阶频率

阶数	1	2	3
计算/Hz	16.019	21.888	38.167
实测/Hz	16.322	22.804	38.856
$\frac{\lvert\text{实测}-\text{计算}\rvert}{\text{实测}}$/%	1.86	4.02	1.77
直梁/Hz	21.075	26.624	41.196
$\frac{\lvert\text{直梁}-\text{实测}\rvert}{\text{直梁}}$/%	22.55	17.79	5.68

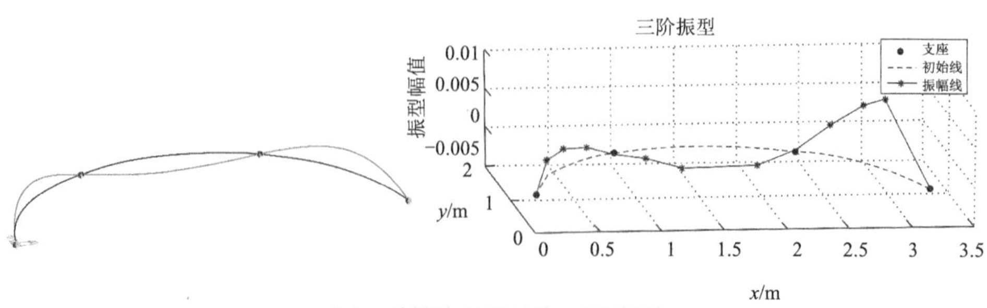

（a）一阶振型（左为计算，右为实验）

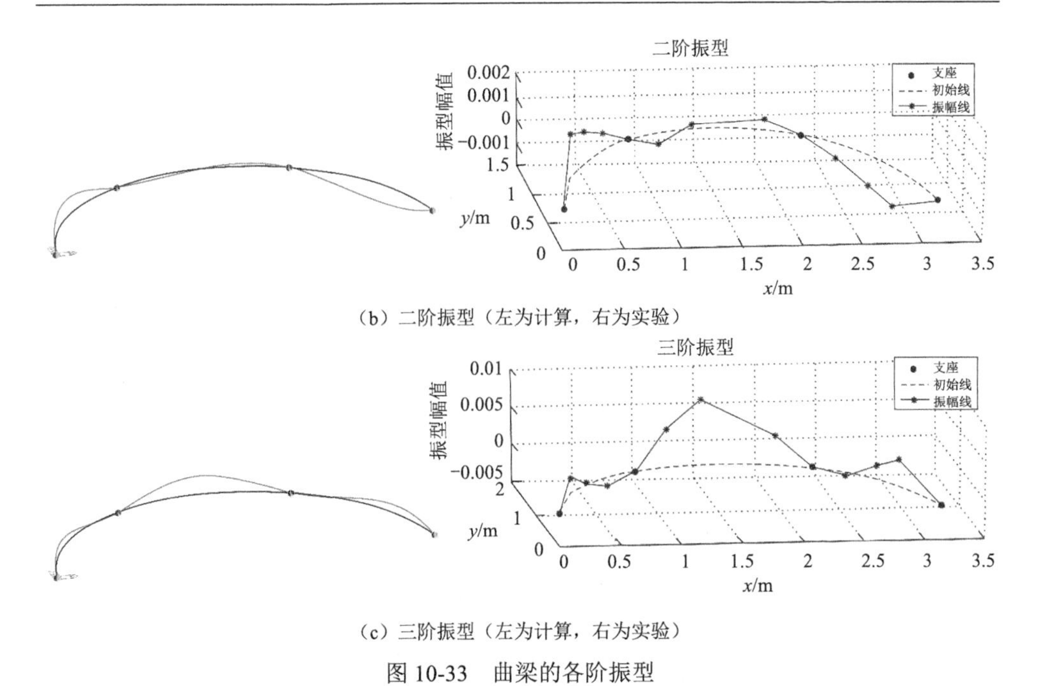

（b）二阶振型（左为计算，右为实验）

（c）三阶振型（左为计算，右为实验）

图 10-33　曲梁的各阶振型

由表 10-12 可知，曲梁计算及实测前 3 阶固有频率相对误差较小。由图 10-33 可知，试验实测振型与有限元计算所得振型基本符合。说明计算与试验结果可以相互验证。

通过对三等跨连续曲梁进行有限元计算和试验测试及对比分析，可以得到以下结论：

（1）试验实测数据与有限元计算结果的相对差较小，试验实测振型与有限元分析振型基本吻合，实验结果与计算结果相互验证，说明本次计算及试验较成功。

（2）实测曲梁前 3 阶固有频率均小于同等跨径直梁频率，说明曲梁刚度小于同等跨径直梁刚度。

（3）曲梁与同等跨径固有频率比较，低阶相差较大，随着阶数增加，相差逐渐减小，说明扭转效应对低阶频率影响较大。

（4）比较二跨和三跨连续曲梁的试验结果，可见扭转效应对前者影响较大，因为同等长度曲梁，二等分长度大于三等分长度，二跨曲梁弧长较大，与直梁差别较大，因此振动频率相差较大。

第八节　悬臂钢桁架梁模态分析试验

桁架桥施工方式之一是悬臂拼装，第九章第二、三节介绍了桁架悬拼施工的模型试验，桁架在最大悬臂施工状态下的刚度远小于成桥状态，因此有必要研究施工桁架梁在最大悬壁状态下的振动情况。试验模型与第九章第二节一样，6 节桁架最大悬臂状态如图 10-34 所示，其中 A_0 节位于墩顶位置且与桥墩固结如图 10-35 所示，A_1～A_5 节为悬臂拼装节段，单节长 0.5 m，节与节之间采用 Φ5 mm 普通螺栓连接。

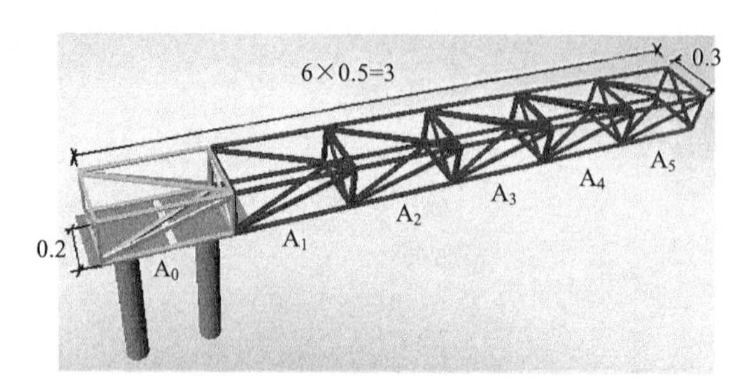

图 10-34　悬臂拼装施工状态的某钢桁梁

图 10-35　A_0 节桁架与钢管墩顶钢板螺栓连接图

现场试验模型如图 10-36 所示。

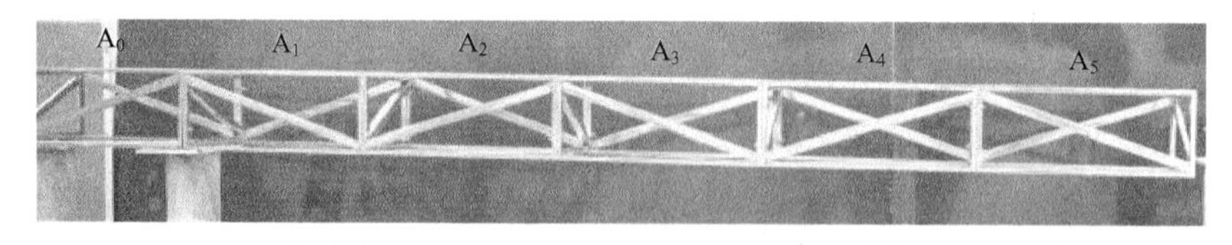

图 10-36　钢桁梁现场试验模型

钢桁梁有限元计算模型采用空间梁单元，模型共有 199 个节点，259 个单元，计算模型如图 10-37 所示。振动模态分析试验采用加速度传感器采集梁的振动信号，由于传感器的质量比钢桁梁小很多，这里忽略传感器的质量对模态参数的影响。桁架之间螺栓连接先按刚性连接模拟，A_0 节桁架与钢管墩之间螺栓连接先按固定支座考虑。

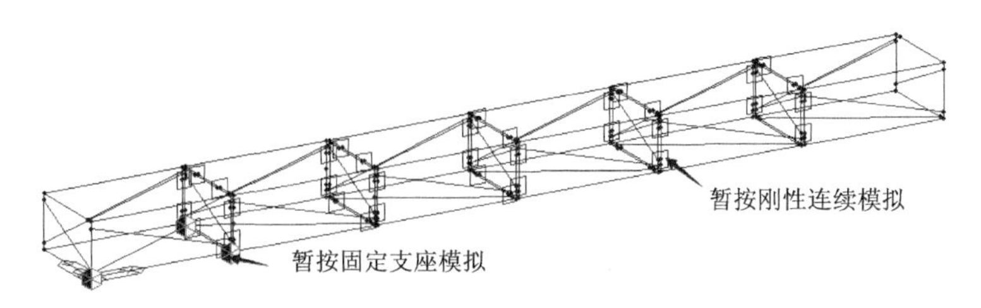

图 10-37　悬臂钢桁梁有限元计算模型

初步计算钢桁梁前 3 阶自振频率见表 10-13，前 2 阶振型如图 10-38 所示。

表 10-13　钢桁梁前 3 阶固有频率

阶数	1	2	3
振型描述	竖 弯	竖 弯	扭 转
计算/Hz	7.89	44.82	56.35
实测/Hz	3.75	20.74	36.59
$\frac{\|实测-计算\|}{实测}$/%	110.40	116.10	54.00

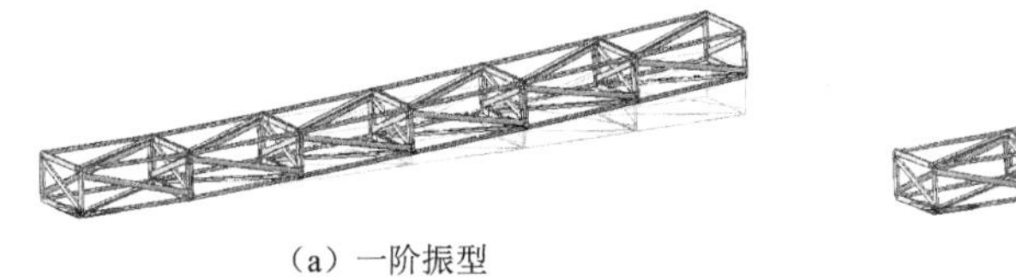

（a）一阶振型

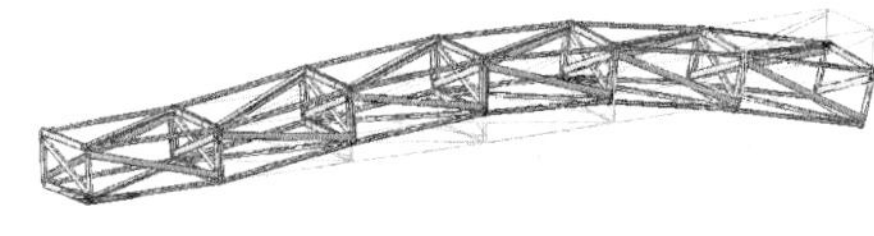

（b）二阶振型

图 10-38　钢桁梁初步计算振型

试验设置如图 10-39 所示，钢桁梁上弦节点上固定 10 个加速度传感器。采用冲击激励法，采集梁余振信号，由频谱分析方法，获得各测点的频率响应函数，采用多自由度多模态拟合法识别梁的模态参数。

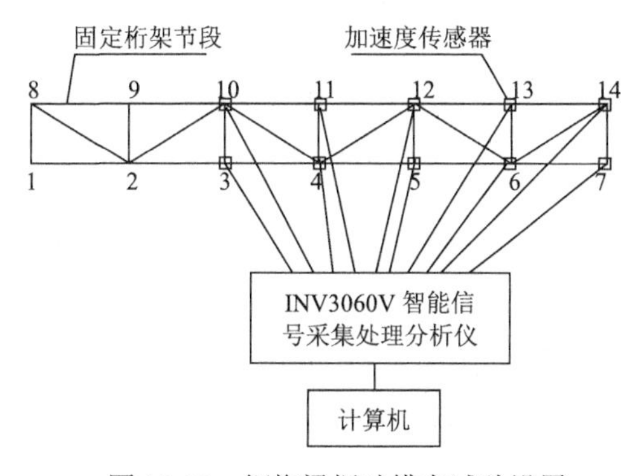

图 10-39　钢桁梁振动模态试验设置

识别钢桁梁前 3 阶固有频率见表 10-13，振型图如图 10-40 所示。

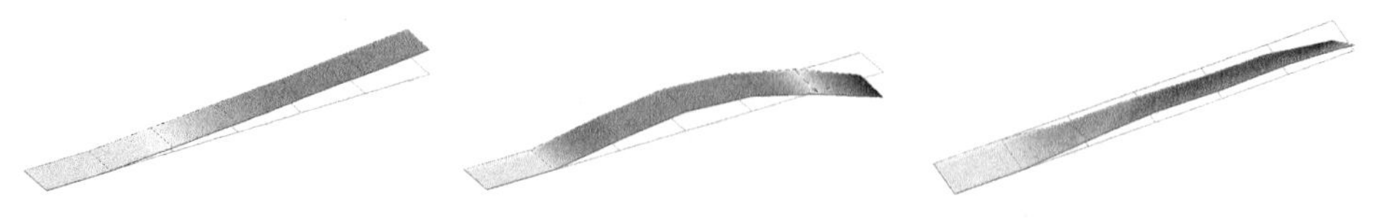

（a）钢桁梁实测一阶振型　（b）钢桁梁实测二阶振型　（c）钢桁梁实测三阶振型

图 10-40　钢桁梁前 3 阶实测振型

由表 10-13 可知，钢桁梁前 3 阶固有频率计算值与实测值相对误差达 54.00%～116.10%，由图 10-38 和图 10-40 可知，有限元计算与试验识别振型基本一致。检查建模过程，单元划分没有问题，桁架杆件材料的物理参数没有问题，几何参数没有问题，问题出在钢结构连接假设上。建模假设桁架固定于支墩上，节段连接也是固结，实际上桁架与支墩连接以及节段间的连接采用 Φ5 mm 普通螺栓，应视为弹性连接。初步建模视为刚性连接导致计算模型整体刚度偏大，结果是固有频率计算值偏大。可采用模型修正方法识别连接刚度。模型的特征方程为

$$\left(K_T-\lambda_T \boldsymbol{M}_T\right)\boldsymbol{\Phi}_T=0\text{，}\qquad \left(K_A-\lambda_A \boldsymbol{M}_A\right)\boldsymbol{\Phi}_A=0 \tag{10-13}$$

式中 K，$\boldsymbol{M}$ 为模型刚度和质量矩阵，λ，$\boldsymbol{\Phi}$ 为模型特征值和特征矢量矩阵，脚标 T 表示试验，A 表示分析。

$$K_T=K_A+\Delta K, \boldsymbol{M}_T=\boldsymbol{M}_A+\Delta \boldsymbol{M}, \lambda_T=\lambda_A+\Delta\lambda, \boldsymbol{\Phi}_T=\boldsymbol{\Phi}_A+\Delta\boldsymbol{\Phi} \tag{10-14}$$

式（10-13）两式相减，计及式（10-14），忽略二阶增量，可得

$$\left(K_A-\lambda_A \boldsymbol{M}_A\right)\Delta\boldsymbol{\Phi}+\left(\Delta K-\lambda_A \Delta\boldsymbol{M}\right)\boldsymbol{\Phi}_A=0$$

本例中，不考虑质量修正，则

$$\left(K_A-\lambda_A \boldsymbol{M}_A\right)\Delta\boldsymbol{\Phi}+\Delta K\boldsymbol{\Phi}_A=0 \tag{10-15}$$

式中只有 ΔK 为未知，$\Delta K=(\partial K/\partial P)\Delta P$，$\Delta P=\begin{bmatrix}k_l & k_s\end{bmatrix}^{\mathrm{T}}$。$k_l$, k_s 分别为螺栓的伸缩和剪切刚度。由式（10-15）识别螺栓连接纵向伸缩刚度为 1.2 kN/mm，横向剪切刚度为 0.5 kN/mm。

基于修正后的有限元计算模型重新计算，得钢桁架 1 阶固有频率为 3.77 Hz，2 阶固有频率为 21.48 Hz，3 阶固有频率为 36.88 Hz，相对实测值的误差分别为 0.53%，3.57%、0.79%，相对误差小于 4%。前 3 阶振型与图 10-38 没有明显的差别。

通过对钢桁梁悬臂施工状态进行的有限元分析、模态试验测试及对比分析，可以得出以下结论：

（1）钢桁梁悬臂施工状态有限元建模时，螺栓连接按刚性连接考虑时，计

算频率相对实测频率的误差最大至 116.1%，说明普通螺栓连接按刚性连接不一定合理，应考虑连接的弹性。

（2）钢桁梁悬臂施工状态动态特性可以采用有限元计算方法，计算结果应与简化模型的理论分析精确解进行参照，或者由试验实测进行验证，或者依据同类结构的经验进行判断。

（3）钢桁架结构，构件几何特性、材料物理特性差异性较小，按梁单元建模精度及可靠度较好，重点是构件间的连接刚度问题，可通过局部分析试验识别连接刚度。

（4）钢桁梁最大悬臂状态的 1 阶振型类似于梁在均布荷载下的静变形，梁的 1 阶振动对悬臂施工最不利，第 3 阶振型为扭转，施工中应注意振动荷载横向分布的对称性。

第九节　连续梁顶推施工过程试验模态分析

一、试验概述

试验模型与第九章第四节模型相同，为带斜撑的单箱三室有机玻璃展翅箱型梁，如图 9-14 和图 9-15 所示，梁全长 3400 mm，跨径组合为 2×1650 mm，具体尺寸见表 9-5。3 个支墩上各设 1 个钢管柱模拟支座，0#支墩左边为箱梁放置平台，平台与支墩顶面平齐，顶推前箱梁放置在平台上面，由钢管柱支撑。

顶推施工分 8 个阶段，每个阶段将箱梁向右顶推 1/4 跨径，检测此阶段箱梁的前 2 阶模态参数，并与计算结果进行对比。

二、计算过程

顶推施工过程中两跨连续梁有限元计算模型，分别采用板壳+梁单元和梁单元建模。板壳+梁单元模型如图 10-41 所示，箱梁顶、底、腹板采用板壳单元，斜撑采用梁单元，梁单元模型如图 10-42 所示，划分为 34 个单元，35 个节点。考虑梁上加速度传感器的惯性影响，在传感器所在的节点上增加传感器的集中质量。施工各阶段模型梁的前两阶频率见表 10-14。

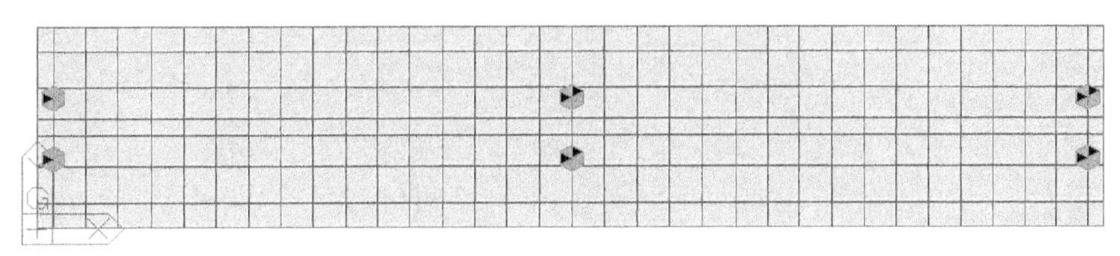

（a）

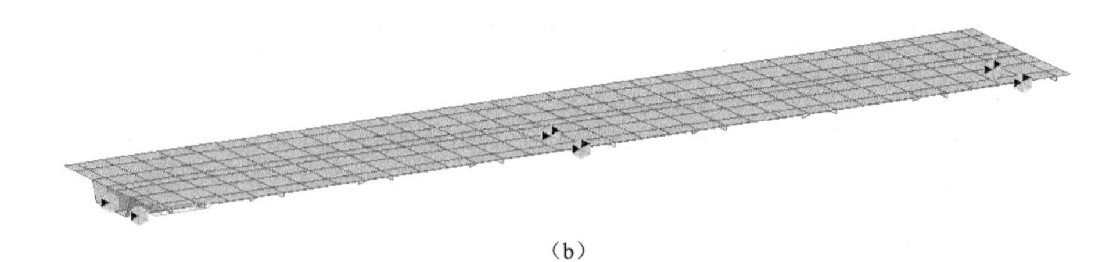

（b）

图 10-41　板壳+梁单元箱梁计算模型

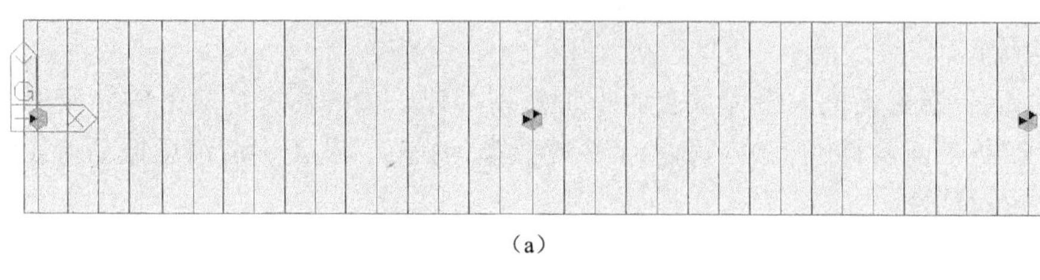

（a）

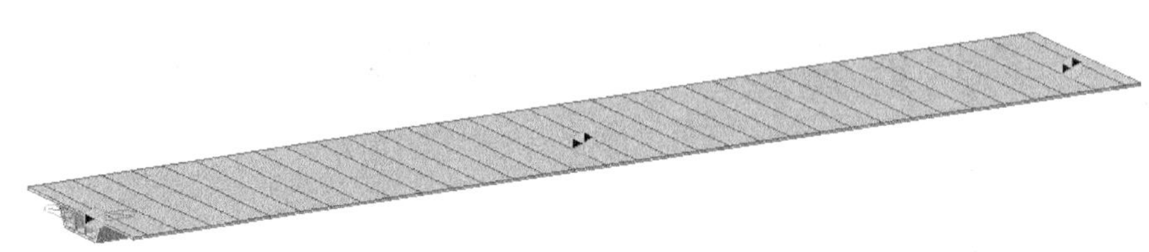

（b）

图 10-42　梁单元箱梁计算模型

有限元计算所得 8 个施工阶段中梁模型的前 2 阶固有频率见表 10-14。

表 10-14　顶推各阶段箱梁前两阶频率

顶推完成位置	阶数	板壳元计算/Hz	梁单元计算/Hz	实测/Hz	板计算误差/%	梁计算误差/%
第 1 跨 1/4 跨径	1	26.284	23.582	25.538	2.921	7.659
	2	46.528	45.351	47.755	2.569	5.034
第 1 跨 跨中	1	12.603	11.311	11.902	5.890	4.966
	2	19.900	17.447	18.848	5.581	7.433
第 1 跨 3/4 跨径	1	7.745	6.886	7.286	6.300	5.490
	2	21.810	19.463	20.642	5.658	5.712
中支座	1	24.825	22.497	23.381	6.176	3.781
	2	37.315	36.875	38.942	4.178	5.308
第 2 跨 1/4 跨径	1	26.284	23.582	25.599	2.676	7.879
	2	46.528	45.351	47.825	2.712	5.173
第 2 跨 跨中	1	12.603	11.311	12.241	2.957	7.597
	2	19.900	17.447	18.856	5.537	7.472

续表

顶推完成位置	阶数	板壳元计算/Hz	梁单元计算/Hz	实测/Hz	板计算误差/%	梁计算误差/%
第 2 跨 3/4 跨径	1	8.587	7.608	8.020	7.070	5.137
	2	27.367	25.932	27.126	0.888	4.402
右支座	1	24.825	22.497	24.318	2.085	7.488
	2	37.315	36.875	39.624	5.827	6.938

表 10-14 中计算误差=|计算值-实测值|/实测值。

三、连续梁顶推过程及模态分析试验

连续箱梁顶推施工前放置在准备平台上如图 10-43 所示，左边 3 个支座是平台上设置的临时支座（虚线），右边 3 个是永久支座。分 8 次将箱梁顶推到位，每次顶推 1/4 跨径。

图 10-43　顶推施工准备阶段箱梁停放位置

第 1 次顶推，梁前端前出到第 1 跨的 $l/4$ 处。在连续梁上部沿梁长（$L=2l$）设置 6 个加速度传感器如图 10-44 所示，图 10-44 中从上到下依次为，箱梁位置、板壳单元模型计算振型、梁单元模型计算振型及试验识别振型。

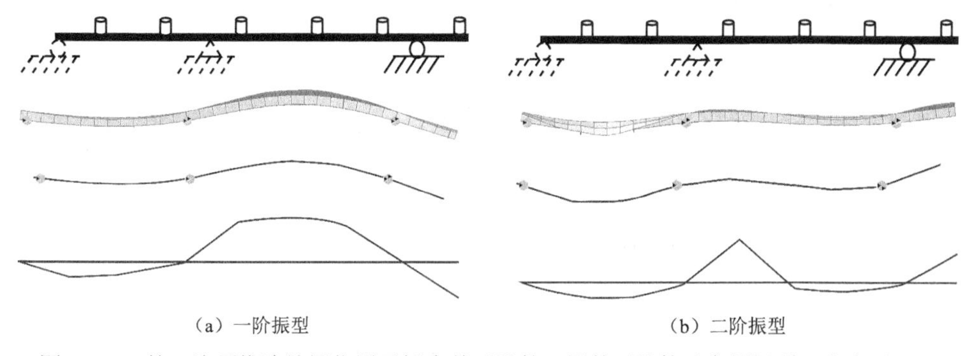

（a）一阶振型　　（b）二阶振型

图 10-44　第 1 次顶推连续梁位置及板壳单元计算、梁单元计算及实测振型（自上至下）

由图 10-44 可知，第 1、2 阶振型在梁前端出现极大值，因此在施工中，应避免在梁前端施加动荷载，如果动荷载难以避免，应该使动荷载频率远离梁的 1、2 阶固有频率。除梁前端外，振型在平台的临时支座中间也会出现极大值，可以在平台适当位置设置临时缓冲支座。

第 2 次顶推，梁前端前出到第 1 跨的跨中。连续梁上部设置 6 个加速度传感器如图 10-45 所示。

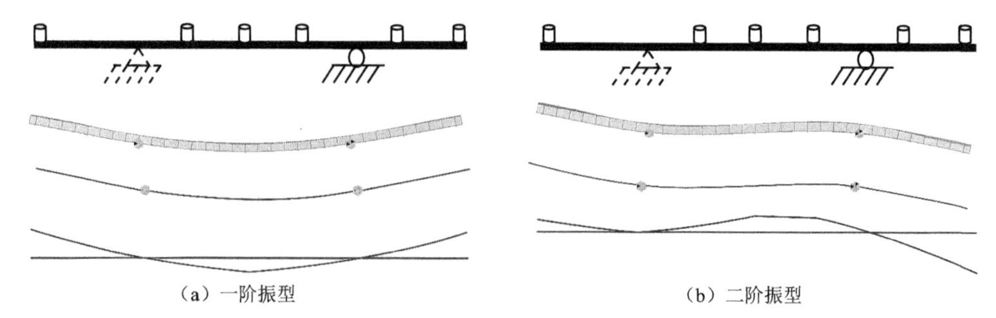

（a）一阶振型　　（b）二阶振型

图 10-45　第 2 次顶推连续梁位置及板壳单元计算、梁单元计算及实测振型（自上至下）

由图 10-45 可知，第 1、2 阶振型在梁前端出现极大值，支座附近振型曲率出现极大值，与此处静弯矩极大值联合作用，应进行抗弯计算评估。振型在平台临时支座中间及梁左端出现极大值。

第 3 次顶推，梁前端前出到第 1 跨的 3/4，如图 10-46 所示。

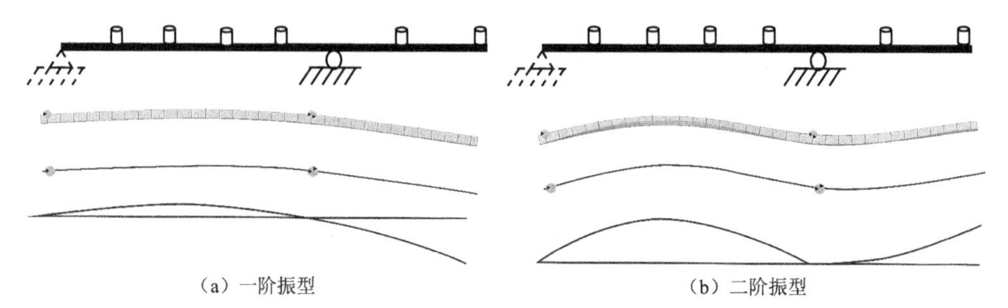

（a）一阶振型　　（b）二阶振型

图 10-46　第 3 次顶推连续梁位置及板壳单元计算、梁单元计算及实测振型（自上至下）

由图 10-46 可知，第 1、2 阶振型在梁前端出现极大值，第 2 阶振型曲率在支座处出现极大值，是 8 个施工阶段中结构变形及受力状态中最不利的。由此推论，结构变形及受力状态中最不利位置是在顶推到中支座处且梁端尚未落到支座上，梁体处于最大悬臂的位置。

第 4 次顶推，梁前端前出到中支座，如图 10-47 所示。连续梁状态类似于施工完成状态。

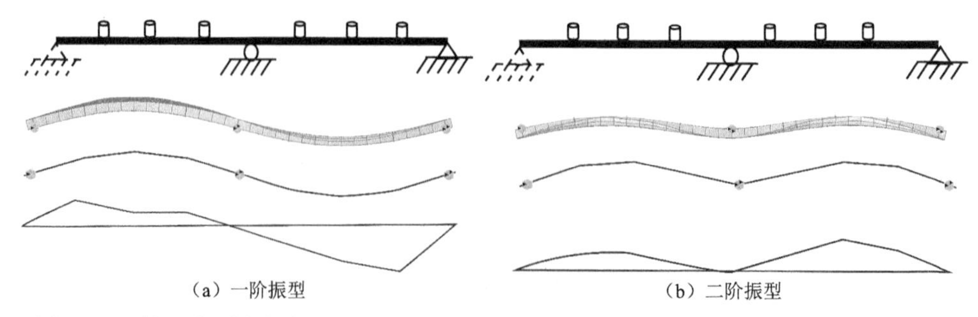

（a）一阶振型　　（b）二阶振型

图 10-47　第 4 次顶推连续梁位置及板壳单元计算、梁单元计算及实测振型（自上至下）

第 5 次顶推，梁前端前出到第 2 跨的 1/4，如图 10-48 所示。

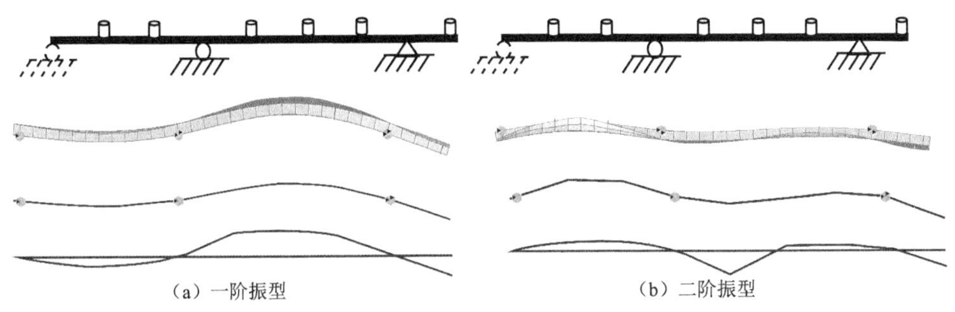

（a）一阶振型　（b）二阶振型

图 10-48　第 5 次顶推连续梁位置及板壳单元计算、梁单元计算及实测振型（自上至下）

第 6 次顶推，梁前端前出到第 2 跨的跨中，如图 10-49 所示。

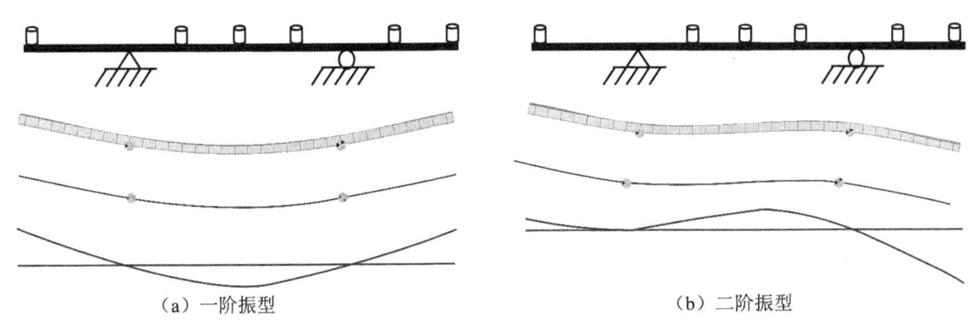

（a）一阶振型　（b）二阶振型

图 10-49　第 6 次顶推连续梁位置及板壳单元计算、梁单元计算及实测振型（自上至下）

第 7 次顶推，梁前端前出到第 2 跨的 3/4，如图 10-50 所示。

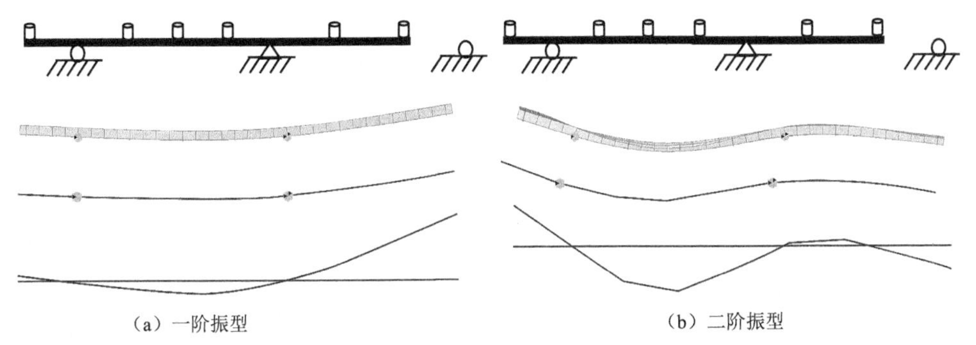

（a）一阶振型　（b）二阶振型

图 10-50　第 7 次顶推连续梁位置及板壳单元计算、梁单元计算及实测振型（自上至下）

第 8 次顶推，梁前端前出到右支座处，顶推完成，如图 10-51 所示。

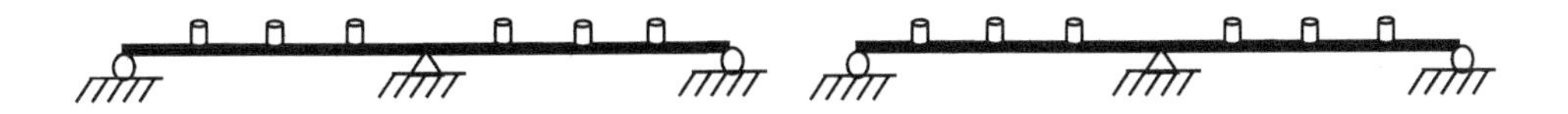

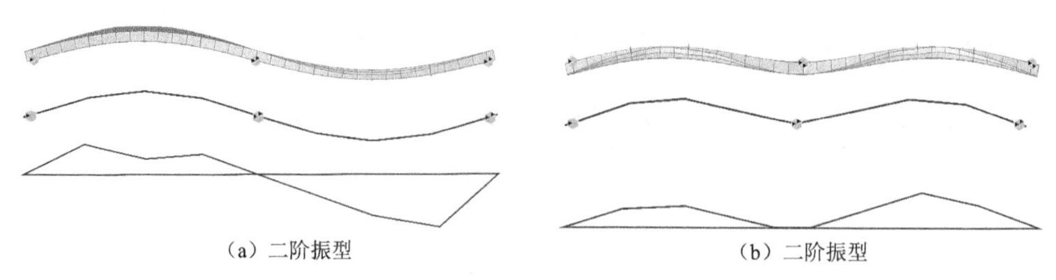

图 10-51　第 8 次顶推连续梁位置及板壳单元计算、梁单元计算及实测振型（自上至下）

第 5、6 和 8 次顶推，连续梁振型分别与第 1、2 和 4 次顶推时的振型一样，固有频率一样，因为结构一样且边界条件一样（支座位置的布置一样）。在第 7 次顶推时，由于桥墩位置固定，支座不能移动，梁体为两支座双悬臂状态。第 3 次顶推，一个临时支座可以移动到梁的左端，梁体为两支座单悬臂状态，因此其振动特性如频率及振型不一样。从表 10-14 的频率看，单悬臂状态频率较双悬臂状态的频率低，说明两支座间距较大，对抗弯更不利，间距较小的双悬臂状态更好一点。

顶推施工中较危险的状态，一是对称双悬臂状态如图 10-45 和图 10-49 所示，这时结构固有频率最低，刚度最小，1 阶振型极大值出现在梁体中部，这也是静变形及静正弯矩极大值位置，静动效应叠加对结构受力和施工质量影响较大，更为不利的是，梁体中部成桥状态在中支座处，内力为极大值负弯矩，对称双悬臂施工状态时此处为极大值静动正弯矩。结构设计时应充分考虑。钢筋混凝土或预应力混凝土梁尤其要注意，考虑成桥状态，中支座截面上部配受力筋，考虑施工状态时是下部配受力筋，两者要兼顾。二是梁端接近中支座或右支座时梁体前部处于最大悬臂状态，梁端的静动变形极大值和悬臂根部的静动弯矩极大值对梁体的受力安全及施工质量是最不利的。连续梁各部分在各个施工阶段的变形不同，截面弯矩在各个阶段也不一样，正负弯矩发生变化，说明顶推施工时梁的受力状态变化较大，截面受力状态与运营时受力状态相差很多。因此在实际施工中，为满足连续梁桥的受力和抗裂要求，需要张拉大量临时预应力筋，并在顶推结束后再拆除灌浆。

由表 10-14 可知，板壳单元和梁单元有限元模型计算所得各施工状态梁的前 2 阶固有频率值吻合较好，计算频率与实测频率的误差在 8%以内，板壳单元模型计算结果更好一点。由图 10-44～图 10-51 可知，两种单元模型计算梁体振型相互符合较好，与试验识别振型符合较好。说明两种单元模型进行箱梁顶推施工各阶段的结构振动分析均是可靠的，划分更细的板壳元模型更好一点，梁单元模型更简洁、计算量更小一点。

四、顶推施工中二跨连续梁振型3D重现

采用 VRML 语言建立顶推施工虚拟环境及连续梁桥 3D 模型。建模过程见第

九章第四节，3D 箱梁如图 9-37～图 9-39 所示。由 VRML 建立的是 3D 刚体，需对箱梁细分，这里 3D 模型与有限元模型对应，梁体按单元分块，每块的平移、转动域与计算振型数据链接。连续箱梁桥模型在顶推施工过程中的 8 个施工阶段前两阶振型 3D 图如图 10-52 所示。

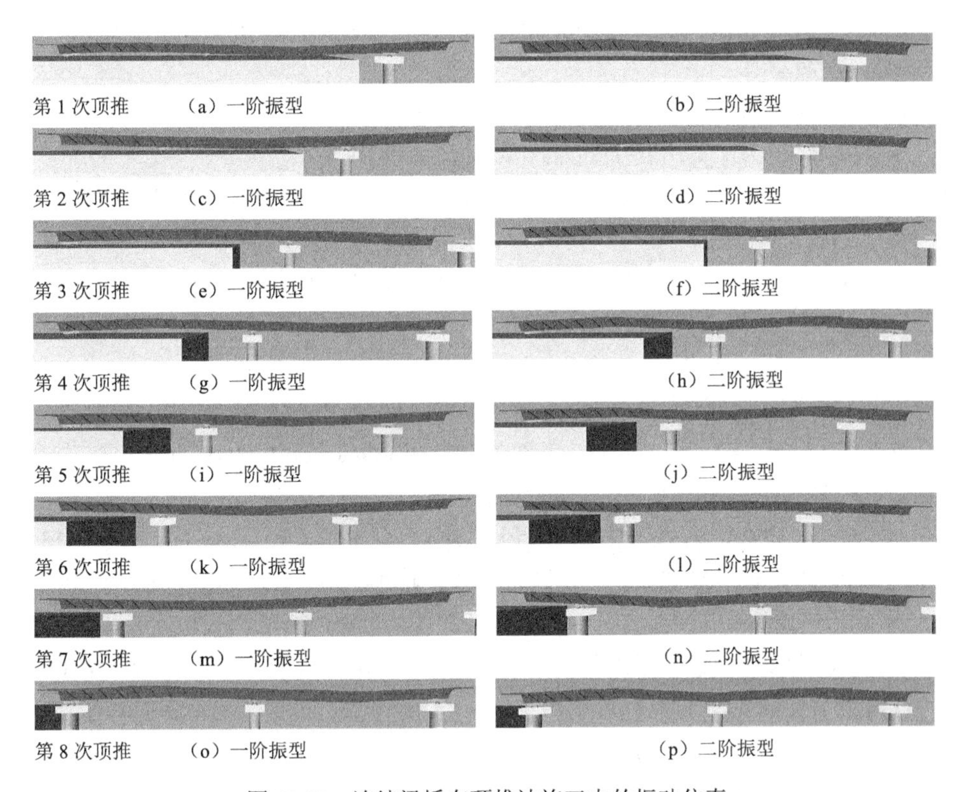

第 1 次顶推　(a) 一阶振型　(b) 二阶振型

第 2 次顶推　(c) 一阶振型　(d) 二阶振型

第 3 次顶推　(e) 一阶振型　(f) 二阶振型

第 4 次顶推　(g) 一阶振型　(h) 二阶振型

第 5 次顶推　(i) 一阶振型　(j) 二阶振型

第 6 次顶推　(k) 一阶振型　(l) 二阶振型

第 7 次顶推　(m) 一阶振型　(n) 二阶振型

第 8 次顶推　(o) 一阶振型　(p) 二阶振型

图 10-52　连续梁桥在顶推法施工中的振动仿真

由于加速度测点只有 6 个，即全梁每阶识别振型只有 6 个点的数据，用于 3D 模型的变形演示数据太少，计算振型数据足够多且经试验识别振型数据的检验，可以真实描述箱梁的振动特性。将 3D 模型中振型设 s 置插值点，可以在虚拟环境中动画演示箱梁的振型。

参 考 文 献

[1] 中华人民共和国行业标准. 公路桥涵设计通用规范（JTG D60—2015）[S]. 北京：人民交通出版社，2015.

[2] 盛国刚，彭献，李传习. 连续梁桥与车辆耦合振动系统冲击系数的研究[J]. 桥梁建设，2003，(6)：5-7.

[3] 桂水荣，陈水生，任永明. 先简支后连续梁桥车辆冲击系数影响因素研究[J]. 公路交通科技，2011，28(5)：54-60.

[4] 宁晓骏，赵海清. 刚构桥梁的主梁设计参数对冲击系数的影响研究[J]. 交通标准化，2010，(22)：109-111.

[5] 宋一凡，贺拴海. 公路桥梁冲击系数的影响因素分析[J]. 西安公路交通大学学报，2001，21(2)：47-49.

[6] 漆景星. 公路桥梁冲击系数计算方法研究[J]. 公路，2011，(7)：85-88.

[7] 姜长宇，张波. 关于公路桥梁冲击系数的探讨[J]. 交通标准化，2005，(12)：38-40.

[8] 姜维成，于立新. 基于阻尼对连续梁桥冲击系数影响的研究[J]. 吉林建筑工程学院学报，2007，24(3)：19-21.

[9] 张元文，姜长宇. 公路连续梁桥冲击系数的探讨[J]. 山西建筑，2008，34(14)：347-348.

[10] 孙伟良. 多跨先简支后连续钢筋混凝土空心板桥梁冲击系数研究[J]. 石家庄铁道学院学报，2007，20(2)：52-56.

[11] 赵剑. 梁桥冲击系数实测值拟合回归分析[J]. 河南科技，2010，(16)：213-214.

[12] 施尚伟，赵剑，舒绍云. 梁桥冲击系数实测值与规范取值差异分析[J]. 世界桥梁，2010，(2)：80-82.

[13] 田玉梅，何东坡，徐岩. 桥梁冲击系数的探讨[J]. 东北林业大学学报，2001，29(1)：88-89.

[14] 闫永伦，周建廷. 关于我国现行《公路桥涵设计通用规范》“冲击系数”规定的几点探讨[J]. 公路，2003，(6)：14-16.

[15] 许士强，陈水生，桂水荣. 公路桥梁汽车冲击系数对比研究[J]. 工程建设与设计，2006，(12)：73-75.

[16] 刘舒，王宗林. 关于新旧规范中冲击系数的讨论[J]. 中国科技信息，2005，(23)：121.

[17] 中华人民共和国行业推荐性标准. 公路桥梁荷载试验规程（JTG/T J21—01—2015）[S]. 北京：人民交通出版社，2016.

[18] 中华人民共和国行业标准. 城市桥梁检测与评定技术规范（CJJ/T 233—2015）[S]. 北京：中国建筑工业出版社，2016.

[19] 宋一凡. 公路桥梁动力学[M]. 北京：人民交通出版社，2000.